JICHENGHUA ZHIZI ZHILIAO XITONG ZONGHE JIANZAO GUANLI

集成化质子治疗系统
综合建造管理

主　编◎唐洲平　谢　华　杜永奎
副主编◎徐步云　刘　飞　武　超　宋　双　马　力

华中科技大学出版社
http://press.hust.edu.cn
中国·武汉

内 容 简 介

本书内容共分为八章,包括质子治疗系统概述、质子治疗系统设备、质子治疗系统报批报建管理、集成化质子治疗系统设计施工管理、集成化质子治疗系统工程监理管理、集成化质子治疗系统调试和验收管理、集成化质子治疗系统运行和维护管理、集成化质子治疗系统后续与展望。

本书可给广大读者提供具有实用性和可操作性的参考指导,有利于提高质子治疗中心项目建设资金的使用效率,缩短质子治疗中心项目的建设周期,提升质子治疗中心项目的建设与运维水平。

图书在版编目(CIP)数据

集成化质子治疗系统综合建造管理/唐洲平,谢华,杜永奎主编. —武汉:华中科技大学出版社,2024.3
ISBN 978-7-5772-0255-6

Ⅰ. ①集… Ⅱ. ①唐… ②谢… ③杜… Ⅲ. ①质子-放射疗法-保健建筑-工程管理 Ⅳ. ①TU246.9

中国国家版本馆 CIP 数据核字(2024)第 050117 号

集成化质子治疗系统综合建造管理　　　　　　　　　　　唐洲平　谢　华　杜永奎　主　编
Jichenghua Zhizi Zhiliao Xitong Zonghe Jianzao Guanli

策划编辑:余　雯
责任编辑:丁　平　曾奇峰
封面设计:原色设计
责任校对:刘　竣
责任监印:周治超
出版发行:华中科技大学出版社(中国·武汉)　　　电话:(027)81321913
　　　　　武汉市东湖新技术开发区华工科技园　　　邮编:430223
录　　排:华中科技大学惠友文印中心
印　　刷:湖北新华印务有限公司
开　　本:889mm×1194mm　1/16
印　　张:20
字　　数:420 千字
版　　次:2024 年 3 月第 1 版第 1 次印刷
定　　价:288.00 元

《集成化质子治疗系统综合建造管理》编写委员会

顾　问　王　伟　华中科技大学同济医学院附属同济医院
　　　　刘继红　华中科技大学同济医学院附属同济医院
主　审　唐锦辉　华中科技大学同济医学院附属同济医院
主　编　唐洲平　华中科技大学同济医学院附属同济医院
　　　　谢　华　中建三局集团有限公司
　　　　杜永奎　中建三局集团有限公司
副主编　徐步云　中建三局集团有限公司
　　　　刘　飞　华中科技大学同济医学院附属同济医院
　　　　武　超　中建三局集团有限公司
　　　　宋　双　华中科技大学同济医学院附属同济医院
　　　　马　力　迈胜医疗设备有限公司

编写委员会成员（排名不分先后）

孙同盼　俞刚林　祝　伟　张华楸　张　飞　林华敏　黄心颖　钟贤鸿　李志正
孔亚东　陈芬芬　王义志　罗湘枝　王梅杰　汪　浩　邓昌福　倪朋刚　杨华荣
黄晓程　李佳俊　饶　亮　张　浩（医疗产品线）　许越鑫　周　力　江承成
张　平　魏少雄　孙善赟　朱万斌　王永伟　刘增雨　李宇峰　杨　立　胡志勇
梅振作　徐少伟　马铜昌　刘　琪　王峻峰　李定宇　林文生　卢晓光　刘顺芳
潘　歆　涂宣成　谢家兵　朱小华　朱元凯　邹思娟　秦春元　桑裕松　廖石磊
卢　卫　刘惠斌　鲁栋权　李明理　白雪岷　崔治国　陈生高　李国洲　杨　婧
谭　鄂　刘士涛　徐天艺　陈建樵　顾笑悦　冯　舒　郑　粟　程文楷　陈　玲
倪　冰　余绍金　王晓阳　刘小将　肖锦鹏　金　潇　闫　航　何靖宇　孙　静
原　浩　姚　莘　刘　浩　李树庭　骆　芳　徐　鸿　姜　毅　祝志胜　杜诚成
严红清　黄亚洲　梅世鹏　王荣辉　高　瑞　杨　浩　龚兴勇　邱　天
张　浩（机电设计）　李永林　张　坤　张　敬　程如风　成宇飞　杜　力

审稿委员会成员（排名不分先后）

袁响林　余地华　朱小华　姚　莘　刘　清

编写委员会秘书　孙同盼　张　飞　林华敏　李志正

参编单位（排名不分先后）

华中科技大学同济医学院附属同济医院

中建三局集团有限公司

中建三局总承包建设有限公司

中南建筑设计院股份有限公司

中韬华胜工程科技有限公司

迈胜医疗设备有限公司

通用电气医疗系统贸易发展（上海）有限公司

上海联影医疗科技股份有限公司

中国原子能科学研究院

专家推荐

在 20 世纪下半叶，质子治疗开始兴起，目前已成为全球放射治疗领域研究的前沿和热点。质子治疗是放射治疗的深层阶段，是一种无痛、无创的治疗方式，它可以极好地保护人体重要组织器官，减轻放射治疗副作用，减少放射治疗对正常组织的损伤，延长患者生存时间，有效保障患者生活质量。近年来，质子重离子治疗市场需求增加，带动质子重离子治疗中心建设速度加快。截至 2023 年 6 月，全球范围内已运营的质子重离子治疗中心达到 100 多家，而中国仅 5 家，远远满足不了我国就医治疗需求，因此质子重离子治疗中心的建设迫在眉睫。

质子重离子治疗设备既是最尖端的医疗设备，又是医院建设发展的深层次需求，其建设复杂性突出体现在建筑设计及功能要求复杂、辐射防护难度大、结构及预埋件施工安装精度高、设备安装调试复杂等方面，质子重离子治疗中心的建设周期一般分为环评审批及设计、施工、设备安装及调试、临床运营四个阶段。《集成化质子治疗系统综合建造管理》围绕上述四个阶段展开编写，是各参编单位集体智慧的结晶，内容汲取了新理念、新技术和新方法，指导性和实用性强，是一本值得拥有的专业工具书。该书的问世，必将为后续质子重离子治疗设备的规划建设与运营管理提供强有力的技术指导和参考依据。

前 言

　　近年来，在社会经济高速发展和物质生活水平不断提升的背景下，人民群众对高水平医疗服务的需求日益强烈，这推动了我国医院由扩大规模的粗放型增长向高端医疗集约型增长的转变，医院综合建设趋于向精细化、科学化、人性化、可持续方向发展。随着新技术、新理念的出现，医院不断转型升级，智慧医院从概念到实践，为患者提供了更为便捷、更加高端优质的服务。质子治疗作为国际公认的最权威的癌症治疗尖端技术，在延长患者生命、减少患者痛苦、促进患者康复等方面具有不可替代的作用。国内大型科研机构和综合性三甲医院在新建或改扩建规划时将质子治疗中心作为不可或缺的高端配置，有助于加快构建高端就医和诊疗新格局，更有利于发挥其作为各地医学中心的引领辐射作用。

　　21世纪以来，质子治疗中心在全球迎来建设潮，中国也不例外，越来越多的机构和医院投入质子治疗中心的研发、建设和运营之中，据不完全统计，目前国内在建或拟建项目超过70个。随着质子治疗中心的大面积建设，急需相关质子治疗中心建设的指南和标准以满足当前建设的需求，为适应质子治疗中心建设的需要，满足专业读者的知识需求，本书特对华中科技大学同济医学院附属同济医院质子治疗中心建设项目进行了总结。

　　为了更全面地总结质子治疗中心建造关键技术，我们邀请了参与项目建设的医疗机构、环评单位、设计单位、施工单位、监理单位、设备供应单位、安装单位等组织机构的专家加入编写委员会，从不同角度提出意见、研讨解决方案，共同参与本书的编写及审稿工作。全书内容全面、系统和实用，同时具有前瞻性。本书既增加了质子治疗系统现状与未来发展趋势分析，又补充了读者普遍关注的质子治疗系统环评、设计、施工、监理、安装和调试运维等内容，给广大读者提供了具有实用性和可操作性的参考指导，有利于提高质子治疗中心项目建设资金的使用效率，缩短质子治疗中心项目的建设周期，提升质子治疗中心项目的建设与运维水平。

　　本书在编写过程中得到业内诸多领导、同仁的悉心指导和帮助，并参考了大量的文献资料，在此谨向支持和关心本书出版工作的领导、同仁和参考文献的作者致以衷心的感谢！由于编委们日常工作任务繁重，编写时间仓促，有些内容尚不够完善，虽经多轮校对审核，但仍可能会有疏漏或欠妥之处，恳请读者批评指正，也期盼各位同仁不吝赐教，以助我们在将来不断修订完善。

唐洲平

目　录

第一章

质子治疗系统概述

第一节 历史回顾及发展现状

一、质子治疗设备发展历程

(一)质子治疗系统的发展史

英国物理学家 William Henry Bragg 在 1903 年发现布拉格峰效应。1946 年,美国 R. Wilson 在 *Radiology* 杂志上发表论文,提出用质子治疗肿瘤的建议,他指出质子具有以下三种内在物理性能:①质子布拉格峰(Bragg 峰)在射程终点处的剂量值比入口处的剂量值大三四倍,在射程终点后的剂量值等于零。此特点用于治疗肿瘤,使肿瘤处的剂量值为最大值,可得到最大的治疗效果,肿瘤后面的正常细胞不受损伤,肿瘤前面的正常细胞仅受到 1/3 左右肿瘤剂量值的较小损害。②单一能量的质子流在相同的射程(深度)传递最大剂量值,不同深度的肿瘤可用不同能量质子来照射治疗,固定深度的肿瘤可用单一能量质子进行若干次照射。③质子在传输时,其前进轨道不会偏离直线轨迹太远。质子具有相对较小的散射与本底,使照射野边缘比较清晰分明,阴影小,能治疗距离敏感器官很近的肿瘤。R. Wilson 在文中指出,质子的上述三种物理性能有利于治疗肿瘤,并首先提出用质子来治疗肿瘤的建议。

美国劳伦斯伯克利国家实验室在 1948 年由 J. H. Lawrence 利用 104 英寸回旋加速器上的 340 MeV 质子流和 910 MeV 氦离子首先进行质子流的生物与医学应用研究工作,并于 1954 年在该实验室进行世界上第一例质子治疗,此次治疗使用了交叉穿透照射技术来照射脑垂体,达到抑制其激素分泌来治疗乳腺癌转移的目的。劳伦斯伯克利国家实验室在 1954—1957 年用质子治疗了 30 多例患者。初期的质子治疗系统主要是使用一切高能的质子加速器,主要做核物理实验,兼做质子治疗。

经过近 30 年的质子治疗研究,质子治疗在技术与经验方面都取得极大进步。质子治疗相关专业技术基本上已得到解决,质子临床治疗方面也积累了相当丰富的实践经验,质子治疗的优越性也获得社会各界的认可。特别要指出的是,质子治疗的优越性在很大程度上取决于肿瘤的精确诊断与定位。而 20 世纪 80 年代一系列先进诊断设备的出现,如三维 CT、MRI 以及随后的 PET,极大地解决了肿瘤精确诊断与定位的难题。在这种形势下,以前质子治疗的医疗环境和条件,都是依附于有关核物理技术研究所的,没有一个是专用的质子治疗中心,这极大地限制了质子治疗的进一步推广与扩大,与此同时,全世界癌症的发病率在逐年上升,于是质子治疗专用装置缺乏与市场需求两者之间的碰撞促使有关人士提出建造专用质子治疗中心的建议。1985 年,美国 Loma Linda 大学建造专用质子治疗中心,1995 年,MGH 建造东北质子治疗中心。与此同时,1985 年全世界从事质子治疗的科研工作者和医务工作者成立了一个国际性粒子治疗合作组(Particle Therapy Co-Operative Group,PTCOG),PTCOG 是一个非正式的国际学术团体,每年组织召开若干次国际学术讨论会,出版会议摘要,并定期出一本 *Particles Newsletter*,对质子治疗给出一些建议。

质子治疗设备是一个高科技装备。随着技术的更新,商品治疗设备产品的型号和类别也在不断更新,当前国际上对质子治疗设备还没有正式的"代定义分类"。根据刘世耀先生提出的分类标准,质子治疗设备可分为四代。第一代为高能质子加速器,主要做核物理实验,兼做质子治疗;第二代为专用于质子治疗的装置,带有"常规放射治疗"的散射治疗头,即单散射治疗头、双散射治疗头、摆动治疗头;第三代为专用于质子治疗的装置,带有能进行"适形和调强放射治疗"的扫描治疗头,即铅笔束扫描头和点扫描头等;第四代为用更新技术如超导等开发的加速器。

人类花费百年时间,使应用质子治疗肿瘤从实验室阶段发展到多室阶段,但初始的大型质子治疗系统有一系列问题,使得其成本高昂。一是过于巨大,一般需要三间或更多治疗室,占地数千至近一万平方米,加速器和旋转机架各重达数百吨;二是过于昂贵,设备总体拥有成本(TCO)超过 1 亿美元,每年耗电超过 1000 万千瓦时,机房建设成本高昂;三是过于复杂,多室依赖于一台加速器,需要众多导向磁铁和聚焦磁铁完成复杂的束流输送,束流切换复杂,需要每日进行维护,并且需要专门的工程操作团队配合医疗团队实现治疗。质子治疗设备越来越朝着紧凑型、小型方向发展。2020 年,小型单室质子治疗设备数量超过了大型多室质子治疗设备,成为主流。

质子治疗设备小型化的优势在于能够实现盈利的商业模型:可以让质子治疗设备布局到地级市,缓解医疗资源紧张,解决大病只能到大城市看的社会性难题,使老百姓看病不难;集成型模块化的小型单室质子治疗设备能够使质子放射治疗走出困局,走向一个良性循环,最终实现量产,使设备成本降下来,使质子治疗费用大大降低,普惠患者。目前市面上可提供小型化质子治疗设备的公司主要有迈胜、IBA、瓦里安、日立和住友五家公司。它们各自的产品参数对比如表 1-1-1 所示。

迈胜首先提出单室集成化质子治疗系统的概念,并成功研发出世界上最小的医用质子加速器。其专注于研发生产集成化质子放射治疗设备,生产的质子放射治疗设备是全球首创的集成化、高性价比的单室和"1+N"多室质子治疗系统,产品已经进入美国、欧洲和中国市场。

表 1-1-1 小型化质子放射治疗系统比较

	迈胜 Mevion S250i	IBA Proteus® ONE	瓦里安 ProBeam® Compact	日立 ProBeat™单室系统	住友 Sumitomo PTS 1G
核心技术	加速器嵌入旋转机架的一体化设计；不需束流传输线路和偏转磁铁	加速器需独立机房，连接到一个束流传输线路和多个偏转磁铁	加速器需独立机房，连接到一个束流传输线路和多个偏转磁铁	加速器需独立机房，连接到一个束流传输线路和多个偏转磁铁	加速器需独立机房，连接到一个束流传输线路和多个偏转磁铁
质子利用效率	直接递送技术，效率高	大量质子在束流传输过程中由于聚焦和偏转损失	大量质子在束流传输过程中由于聚焦和偏转损失	大量质子在束流传输过程中由于聚焦和偏转损失	大量质子在束流传输过程中由于聚焦和偏转损失
降能装置	不需降能装置，辐射小	需降能装置，辐射较大	需降能装置，辐射较大	不需降能装置，辐射较小	需降能装置，辐射较大
质子源使用寿命	不需更换	需频繁更换	需频繁更换	需频繁更换	需频繁更换
机房占地面积 （含美国标准防护）	182 m²	357 m²	552 m²	430 m²	400 m²
加速器尺寸 （直径/质量）	1.8 m/15 t	2.5 m/50 t	3.2 m/90 t	5.1 m/未公布	未公布
射程深度 （最大/最小）	32 cm/1 cm	32 cm/5 cm	32 cm/5 cm	32 cm/5 cm	32 cm/5 cm
能量转换时间	100 ms 以下	900 ms	900 ms	1000～3000 ms	900 ms
靶区横向侧半影	有自适应光栅 1～3 mm	无自适应光栅 约 3 mm	无自适应光栅 约 3 mm	无自适应光栅 约 4 mm	无自适应光栅 约 3 mm

设备占地面积约为 200 m²，230 MeV 的加速器直径仅为 1.8 m，重 15 t，不再需要昂贵、复杂、稳定性低的束流传输系统，不再需要专门的加速器工程师团队，质子束直接应用到治疗室。其集成型模块化设备占地面积小，部署灵活方便，支付周期大幅度缩短，并且运维简单、成本低、运行稳定可靠。相比于传统大型设备需要庞大的专职放射治疗团队和加速器工程师团队，其仅需标准放射治疗团队和 2～3 名运维工程师；设备能耗可从 1000 万千瓦时以上减小到约 60

万千瓦时；且无须每日、每周进行保养，只需季度保养和年度保养。关键医用参数指标，比如剂量率、横向半影、换层时间、射程调节范围等，与其他产品相当。除此之外，迈胜拥有世界领先的 HYPERSCAN 超高速笔形束扫描技术和独有的自适应多叶光栅技术，其设备已被欧美多家癌症中心采用（其中 7 家为美国国家癌症研究所（NCI）指定的肿瘤医院），在全美单室质子治疗设备领域市场占有率位居第一。在中国，华中科技大学同济医学院附属同济医院和昆山西部医疗中心已率先采用其设备。华中科技大学同济医学院附属同济医院与华盛顿大学附属巴恩斯-犹太医院，均选择了迈胜 1＋1 方案。图 1-1-1 给出了已经进入临床应用和建设中的迈胜质子治疗设备。

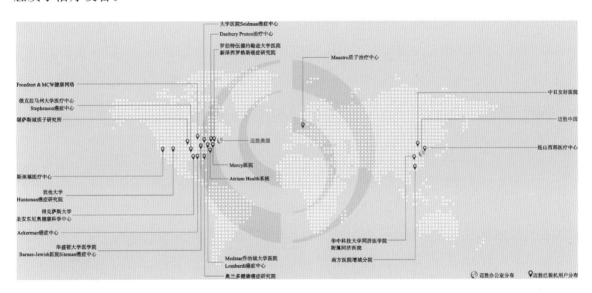

图 1-1-1 迈胜质子治疗设备地理分布

（二）质子治疗系统的发展现状

世界卫生组织曾对全球每百万人口所应拥有的电子直线加速器的台数做出建议，但至今未对质子和重离子治疗装置做出相应的建议。以日本为例，2011 年日本已建和正在建设的质子和重离子治疗中心共有 15 个，每不到 1000 万人口就有 1 个质子治疗中心，每 4000 万人口有 1 个碳离子治疗中心，具备全民进行质子和重离子治疗的社会效应和战胜癌症的条件。2004 年意大利放射治疗和临床肿瘤学学会（AIRO）给出以下结论：由于离子治疗的有效实用性，若每 100 万人口中有 2 万名癌症患者需接受常规放射治疗，其中 15％ 用碳离子治疗能有更佳的疗效。如果今后平均投资回收率能达到 50％，则每 100 万人口需有 1 个年治疗 1500 名患者的质子治疗中心和每 500 万人口有 1 个碳离子治疗中心。根据 PTCOG 的统计，截至 2022 年 9 月，美国正在运行的质子治疗系统最多，有 43 台，日本第二，有 19 台，而中国大陆仅有 4 台，中国台湾有 3 台。

二、PET/CT诊断系统发展历程

PET/CT 是结合了 PET（正电子发射体层成像,positron emission tomography）功能成像和 CT（X 射线计算机体层成像,computed tomography）解剖成像的双模态显像系统,属于众多影像学检查方法之一。其中,PET 是在分子水平进行成像的先进核医学影像设备,通过探测患者体内微量正电子核素标记药物发射的 γ 光子进行成像,能从分子水平上反映人体组织的生理、病理、生化、代谢等功能性变化和体内受体的分布情况。与 CT、MRI 等解剖成像的医学影像设备相比,PET 设备最大的优势在于能够更为早期地发现机体存在的病变,因此 PET 成像也被归类为功能成像或分子显像。PET 功能成像与 CT 解剖成像融合后,CT 的解剖成像可以提供人体内所有器官的解剖学细节信息,辅助确认 PET 检测到的疾病的位置信息。作为两种不同信息的结合的新型多模态影像设备,PET/CT 可以更好地辅助医生进行诊断。

（一）PET/CT 发展史

PET/CT 的发展起源于正电子核素的发现和临床应用。1927 年,赵忠尧先生赴美攻读博士学位,在其博士课题"硬 γ 射线在物质中的吸收系数的测量"的研究过程中,他发现当 γ 射线通过轻元素时,吸收系数与克莱因-仁科公式符合程度较高,而通过重元素时,其吸收系数则比公式给出的大得多。赵忠尧先生将这一现象描述为"反常吸收",经过反复验证和论证之后,其论文最后于 1930 年 5 月发表在《美国科学院院刊》。后续为了研究清楚"反常吸收"的来源,赵忠尧先生通过改进探测器等措施,最后从大量康普顿散射本底中发现了一种 γ 射线,强度是各向同性的,能量在 0.5 MeV 左右（相当于电子的质量）,他将此称为"特殊辐射"。该结果发表于 1930 年 10 月的美国《物理评论》上,这是世界上首次实验观测到正负电子对的湮灭辐射。同一年,英国物理学家狄拉克在理论上提出对正电子的预测,除了带负电的电子外,还应该有带正电的正电子,其具有和电子相同的质量。赵忠尧先生的实验结果启发了美国物理学家安德逊,他在 1932 年用云室进行宇宙线的实验,实验中观察到了正电子径迹,该结果与狄拉克的理论相契合,也从实验观察中验证了正电子的存在,1936 年,瑞典皇家科学院对安德逊授予了诺贝尔物理学奖。

随着正电子及其核素的发现,1951 年,麻省总医院（Massachusetts General Hospital,MGH）的 Gordon L. Brownell 和 William Sweet 等人使用了两个相对的 NaI（Tl）探测器作为脑部探针,并使用正电子发射探测器定位了脑部肿瘤,此次尝试将正电子探测技术正式引入了医学应用领域,当时的仪器形态和得到的图像见图 1-1-2。同年,杜克大学的 Wrenn 等人也在 *Science* 杂志上发表了使用正电子湮没方法对脑部肿瘤进行定位的研究成果,这是人类首次尝试将正电子应用于医学目的。1972—1974 年,Terry Jones 与 MGH 物理研究小组又一起研究了使用^{15}O 进行新陈代谢成像和血流成像的技术,此研究是正电子成像技术在药代动力学中的最初尝试。

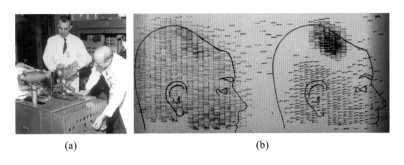

(a)　　　　　　　　　　　　　(b)

图 1-1-2　首台正电子成像装置用于对一个脑部肿瘤复发的患者进行成像

正电子在初次应用于医学目的时,尚缺乏成熟的图像重建算法。20 世纪 60 年代初,Kuhl 和 Edwards 等人开始研究使用单光子断层扫描(single photon tomography)进行图像重建的技术。他们使用的技术虽然并不是真正的断层图像重建算法,但为后来的迭代反投影技术打下了基础。20 世纪 70 年代,MGH 物理研究小组的 Chesler 发展了滤波反投影算法,使得图像重建的工程化方法真正开始变得可行。同一时期,Hounsfield 第一次尝试了使用 X-CT 进行医学诊断,Cormack 也设计了一种"CAT 扫描器",这在 1973 年进入临床应用后极大地改进了临床对大脑和其他组织病变的确诊能力。由于 Hounsfield 与 Cormack 在计算机辅助断层技术发展中的突出贡献,他们共同获得 1979 年诺贝尔生理学或医学奖。

PET 的整机系统研制在 20 世纪 70 年代之后也开始取得重大发展。1973 年,美国布鲁克海文国家实验室(Brookhaven National Laboratory)的 Roberston 建造了第一台环状断层扫描仪(图 1-1-3),但是由于取样数量不足而无法进行衰减校正以及缺失合适的图像重建算法等,

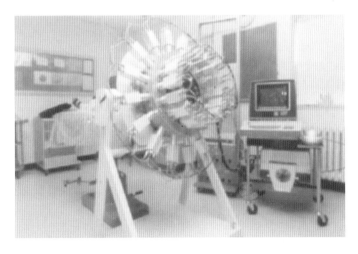

图 1-1-3　第一台环状断层扫描仪

该扫描仪并没有得到真正的断层图像。这台有 32 个探测器的环状断层扫描仪后来被运到了加拿大蒙特利尔神经学研究所（Montreal Neurological Institute），并由 Chiris Thompson、Lucas Yamato、Ernst Myer 等人在 20 世纪 70 年代后期进行完善。

同样在 1973 年，Ter-Pogossian 与 Michael E. Phelps 在美国华盛顿大学（University of Washington）建造了第一台 PET 扫描仪（PETT Ⅰ），然而这台扫描仪在图像重建方面也并不成功，但是它开始使用了一种基于傅里叶变换的重建算法。1974 年末，Phelps、Hoffman 和他们在华盛顿的同事们建造了 PET Ⅲ 并将其用于人体研究（该过程中 PETT 也简写为 PET，并成为现在广泛使用的通用名称），该系统有 48 个 NaI(Tl)探测器，呈六边形排列，可以围绕中心旋转（图 1-1-4）。探测器、床位的旋转以及图像的重建、显示都由它自身的微机系统来完成。

图 1-1-4　PETT Ⅰ(左)和 PET Ⅲ(右)

在 PET Ⅲ 研制成功后，ORTEC 公司与 Phelps、Hoffman 合作，研制了商业版 PET Ⅲ，并将其命名为 ECAT(emission computed axial tomograph)。ECAT 使用了 96 个直径为 3.75 mm 的 NaI(Tl)探测器，由一台具有 32 K 内存的 PDP-11 计算机控制。这是第一台商业化的 PET 扫描仪（图 1-1-5）。

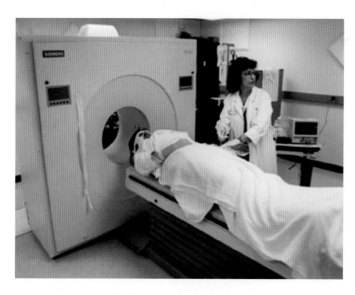

图 1-1-5　商业化的 ECAT

在 PET 系统后续的商业化进程中,探测器的材料又经历了从 NaI(Tl)到 BGO 晶体的变革,其间 M. J. Weber、R. R. Monchamp、Weber、Nester、Cho、Farukhi 和 Derenzo 等人都致力于对 BGO 晶体的推进,BGO 晶体与 NaI(Tl)晶体相比,在 PET 的应用上具备全面的优势。很快在 1978 年,蒙特利尔神经学研究所的 Chiris Thompson 和他的研究小组首次使用 BGO 晶体研制了 PET 扫描仪(图 1-1-6)。同年,ORTEC 公司首次上市了使用 BGO 晶体的 PET 产品——NeuroECAT。

图 1-1-6　首台 BGO 晶体 PET 系统(左)和首台 BGO 晶体 PET 产品(右)

除了 PET 扫描系统的发展,PET 的临床应用得益于[18]F-FDG(氟代脱氧葡萄糖)的开发应用。1978 年,Al Wolf 和 Joanna Fowler 的团队首次合成了 FDG。1986 年,Hamacher 等人发明的利用[18]F 的亲核反应合成 FDG 的技术,成为目前生产 FDG 的主要方法。1979 年,在宾夕法尼亚大学(University of Pennsylvania),Kuhl 和 Alavi 等人为一例患者注射了 FDG,并用 Mark Ⅳ 单光子发射体层成像仪(single photon emission tomograph)进行了成像实验。Phelps 等人在加利福尼亚大学洛杉矶分校(UCLA)使用 ECAT Ⅱ 首次进行了 FDG 的 PET 成像实验(图 1-1-7)。FDG 在 PET 的肿瘤成像上的成功应用,使得 PET 的临床应用得到极大的普及,迄今为止,[18]F-FDG 仍然是 PET 临床应用中使用最普遍的核素药物。

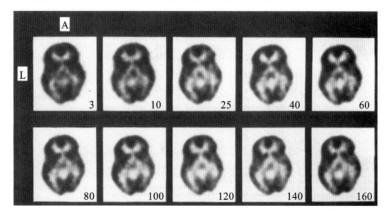

图 1-1-7　UCLA 在 ECAT Ⅱ 上首次进行了 FDG 的 PET 成像实验

世纪之交,PET/CT问世。PET/CT双模态的第一台原型机由 David Townsend 和 Ronald Nutt 等人首先研制成功,并在 1998 年 8 月安装于美国匹兹堡大学医学中心,2001 年 PET/CT 首次在瑞士苏黎世大学医院应用于临床场景,我国于 2002 年在西安和山东首次将 PET/CT 应用于临床场景。PET/CT 双模态成像不仅仅是核医学 PET 成像和影像医学 CT 技术的简单加和,其功能成像与解剖成像相结合的方式,可以进一步提高诊断的特异性和准确率,达到了"1+1>2"的效果。近年来,国内外新安装的 PET 设备主要为 PET/CT 系统,单纯 PET 系统已逐渐变得罕见。PET/CT 丰富了核医学的内涵,降低了核医学应用的门槛,同时拉近了患者和广大临床医生与核医学的距离。

(二)PET/CT 发展现状

PET/CT 设备从进入商业化至今,欧美发达国家针对 PET/CT 的市场已经进入相对成熟期,需求主要来源于存量市场的更新换代,而亚太地区受益于高端医疗需求提高、技术突破、人均可支配收入的提高等因素,其 PET/CT 市场仍处于快速发展阶段,有大量增量市场机会涌现。据 Data Bridge 以及 IPSOS 销售数据统计,2021 年全球 PET/CT 销售发生总额约 60 亿元(人民币,下同),其中美国市场约为 22 亿元,中国市场约为 19 亿元(图 1-1-8)。各大市场的预估增长速度分别如下:美国年复合增长率(compound annual growth rate,CAGR)为 3%,中国 CAGR 为 13%,世界其他地区平均约为 7%。按照 CAGR 预估,至 2025 年,中国将成为全球 PET/CT 销售发生额第一位的市场区域。预计到 2030 年,PET/CT 总市场销售额将增长到 120 亿元左右。

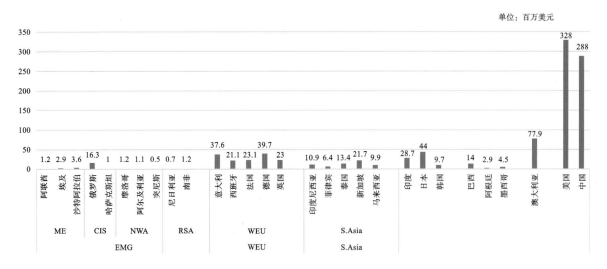

图 1-1-8　2021 年 Data Bridge 以及 IPSOS 的全球 PET/CT 销售数据

中华医学会核医学分会 2020 年普查数据显示,截至 2019 年底,中国 PET CT(含 PET/MR 23 台)装机量为 427 台,折合每百万人 0.305 台,远不及发达国家的水平。同期美国每百万人 PET/CT 保有量约为 7 台,法国每百万人 PET/CT 保有量约为 2.6 台,丹麦每百万人 PET/CT 保有量约为 8.3 台。因此,我国 PET/CT 市场发展潜力大、CAGR 高,将成为近十年发展潜力最大的销售市场。

在 PET/CT 进入商业化进程成熟期之后,近年来 PET 设备厂商纷纷推出了基于数字化探测器设备的新一代产品,新一代产品较上一代产品通常具有更高的空间分辨率、系统灵敏度和飞行时间分辨率等性能参数。同时,随着计算机处理技术的进步,新型技术如动态参数成像、AI 技术的发展革新和全身 PET 技术对近年 PET 分子影像行业的发展产生了深远的影响。

2018 年,上海联影制造的 uEXPLORER,突破了商业化 PET 长度 30 cm 的极限,扩展到了可以覆盖人体的 194 cm,是市面上第一个全身 PET/CT 成像仪器(Total-Body PET/CT),它的研制在数据量、重建难度、存储传输难度、水冷系统、造价等多个维度挑战着业界的极限。但它拥有着超越市场上常规 PET 40 倍的灵敏度,被誉为"人体内部的哈勃望远镜"和"史上最强 PET/CT"等,在国内和国际上均引起巨大反响,其成果受到央视网、人民网、新华社等国内权威媒体和国外权威机构及杂志(NIH、*Science*、*Nature*)的广泛关注和报道。uEXPLORER 为我国乃至世界核医学研究提供了超高性能的临床科研平台,助力生命科学的前沿领域研究,加速医学转化进程,推动核医学行业快速发展,让中国核医学屹立于世界之巅。

三、回旋加速器系统发展历程

回旋加速器是现代医学的基本装置。它可生产用于诊断成像和代谢治疗的放射性标记化合物。

商用回旋加速器根据其主要特性(即加速束流的能量和强度)大致可分为五类(表 1-1-2)。质子治疗回旋加速器具有最大能量和最低强度的特性,它们可以基于传统或超导技术,是为生产放射性同位素而设计的机器。70 MeV 和 30 MeV 的回旋加速器都需要大型基础设施,且防护措施非常复杂,因此非常罕见。最常见的医用回旋加速器具有 15~20 MeV 束流能的特点,是生产^{18}F($T_{1/2}$=110 min)的最好设备,^{18}F 是 PET 所需的最常见放射性同位素。

表 1-1-2　商用回旋加速器分类

分类	主要用途	典型用户	最大质子能量/MeV	最大束流/μA
A	质子疗法	医院	200~250	10^{-3}
B	放射性同位素生产/研究	研究实验室	70	500~700
C	SPECT 放射性同位素生产	研究实验室/企业	30	500~1000

分类	主要用途	典型用户	最大质子能量/MeV	最大束流/μA
D	PET 放射性同位素生产	医院/企业	15～20	100～400
E	PET 放射性同位素生产	医院	10～12	50

(一)回旋加速器发展历程

1930 年劳伦斯(E. O. Lawrence,1901—1958 年)提出回旋加速器的理论并在美国通用电气(GE)纽约研发中心开展相关研究。回旋加速器的主要结构是在磁极间的真空室内有两个半圆形的金属扁盒(D 形盒)隔开相对放置,D 形盒上加交变电压,其间隙处产生交变电场。置于中心的粒子源产生带电粒子射出来,受到电场加速,在 D 形盒内不受电场力,仅受磁极间磁场的洛伦兹力,在垂直磁场平面内做圆周运动。绕行半圈的时间为 $\pi m/qB$,其中 q 是粒子电荷,m 是粒子的质量,B 是磁场的磁感应强度。如果 D 形盒上所加的交变电压的频率恰好等于粒子在磁场中做圆周运动的频率,则粒子绕行半圈后正赶上 D 形盒上电压方向转变,粒子仍处于加速状态。由于上述粒子绕行半圈的时间与粒子的速度无关,因此粒子每绕行半圈受到一次加速,绕行半径增大。经过很多次加速,粒子沿螺旋形轨道从 D 形盒边缘引出,能量可达几十兆电子伏(MeV)。回旋加速器的能量受制于随粒子速度增大的相对论效应,粒子的质量增大,粒子绕行周期变长,从而逐渐偏离了交变电场的加速状态。进一步的改进有同步回旋加速器。

早期的加速器只能使带电粒子在高压电场中加速一次,因而粒子所能达到的能量受到高压技术的限制。1930 年,劳伦斯提出了回旋加速器的理论,他设想用磁场使带电粒子沿圆弧形轨道旋转,多次反复地通过高频加速电场,直至达到高能量。1931 年,他和他的学生利文斯顿(M. S. Livingston)一起,研制了世界上第一台回旋加速器,这台加速器的磁极直径只有 10 cm,加速电压为 2 kV,可加速氢离子使其达到 80 keV 的能量,向人们证实了他们所提出的回旋加速器原理。随后,经利文斯顿资助,一台直径 25 cm 的较大回旋加速器建造成功,被加速粒子的能量可达到 1 MeV。回旋加速器的光辉成就不仅在于它创造了当时人工加速带电粒子的能量纪录,更重要的是它所展示的回旋共振加速方式奠定了人们研发各种高能粒子加速器的基础。劳伦斯因此获得 1939 年诺贝尔物理学奖。

20 世纪 50 年代,核反应堆成为大量医疗用放射性核素的一个强大供应来源。但是寿命短的 β+放射的有机元素的放射性核素无法可靠地使用核反应堆获得。从 20 世纪 40 年代末开始,虽然许多这种 β+发射器首先都是使用小型回旋加速器制造出来的,但是回旋加速器的技术重点在制造大型设备上,为的是进行核化学和核物理学相关的研究,而对放射性核素的关注度则很低。然而,从 20 世纪 60 年代开始,医用回旋加速器经历了复兴。支持放射性核素生产的活动得到极大的加强。特别是在 PET 问世后,开发了几种专门用于生产医用放射性核素的紧凑型回旋加速器。

20 世纪 60 年代后,在世界范围掀起了研发等时性回旋加速器的高潮。磁场的变化通过 9 对圆形调节线圈来完成,磁场的梯度与半径的比率为 $(3.5\sim4.5)\times10^{-3}$ T/cm。磁场方位角通过 6 对谐波线圈进行校正。RF 系统由 180° 的两个 Dee 组成,其操作电压达到 80 kV,RF 振荡器是一种典型的 6 级振荡器,其频率范围在 $8.5\sim19$ MHz。通常典型的离子源呈放射状,并且可以通过控制系统进行遥控,在中心区域有一个可以活动的狭缝进行相位调节和中心定位。使用非均匀电场的静电偏转器(electrostatic deflector)和磁场屏蔽通道进行束流提取,在偏转仪上的最大电势可达到 70 kV。30 MeV 强度为 15 mA 的质子在径向和轴向的发射度(emittance)为 16p mm·mrad。能量扩散为 0.6%,亮度高,在靶内的束流可达到几百毫安。用不同的探针进行束流强度的测量,这些探针有普通 TV 的可视性探针、薄层扫描探针和非截断式(noninterceptive)束流诊断装置。系统对束流的灵敏度为 1 mA,飞行时间精确到 0.2 ns。束流可以传送到 6 个靶位,可完成 100% 的传送。该回旋加速器最早在 1972 年由 INP 建造,它可使质子加速达到 1 MeV,束流强度为几百毫安,主要用于回旋加速器系统(离子源、磁场等)的研究。

20 世纪 70 年代以来,为了适应重离子物理研究的需要,人们成功地研制出了能加速元素周期表上全部元素的全离子、可变能量的等时性回旋加速器,使每台加速器的使用效益大大提高。此外,还发展了超导磁体的等时性回旋加速器。超导技术的应用在减小加速器的尺寸、扩展能量范围和降低运行费用等方面为加速器的发展开辟了新的领域。同步加速器可以产生笔尖型(pencil-thin)细小束流,其离子能量可以达到天然辐射能的 100000 倍。通过设计边缘磁场来改变每级加速管的离子轨道半径。最大的质子同步加速器是芝加哥费米国家加速器实验室(Fermi National Accelerator Laboratory Chicago)的 Main Ring(500 GeV)和 Tevatron(1 TeV);较高级质子同步加速器是在日内瓦(Geneva)的欧洲核子研究中心(European Laboratory for Particle Physics,CERN)安装应用的超级质子同步加速器(super proton synchrotron,SPS),450 GeV。

(二)回旋加速器发展现状

回旋加速器是一种带电粒子加速器,其中粒子在磁场的影响下沿半径不断增加的一系列半圆形轨道运动。在每个这样的轨道上,粒子被高频发生器产生的电场加速。在过去的 85 年中,已经建造了大量的低能和中能回旋加速器,用于进行基础和应用研究。然而,在过去的 30 年中,已经开发了几种类型的特殊回旋加速器以满足医用放射性核素生产的特殊需求。它们根据生产能力进行分类。表 1-1-3 给出了更新的汇总列表。

表 1-1-3　用于放射性核素生产的回旋加速器的分类

分类	特点(带电粒子)	能量/MeV	生产的主要放射性核素
Ⅰ级	单粒子(d)	<4	^{15}O
Ⅱ级	单粒子[a](p)	$\leqslant 15$	^{11}C、^{13}N、^{15}O、^{18}F
Ⅲ级	双粒子[b](p,d)	$\leqslant 20$	^{11}C、^{13}N、^{15}O、^{18}F、^{64}Cu、^{89}Zr、^{68}Ga、^{61}Cu、^{44}Sc
Ⅳ级	多粒子[c](p,d,^{3}He,^{4}He)	$\leqslant 40$	^{38}K、^{73}Se、$^{75\sim77}Br$、^{123}I、^{124}I、$^{81}Rb(^{81}Kr)$、^{67}Ga、^{111}In、^{201}Tl、^{22}Na、^{57}Co、^{44}Ti、^{68}Ge、^{72}As、^{140}Nd、^{211}At、^{227}Ac
Ⅴ级	单粒子或多粒子[d](p,d,^{3}He,^{4}He)	$\leqslant 100$	^{28}Mg、^{52}Fe、^{67}Cu、^{72}Se、^{68}Ge、^{82}Sr、^{117}Sn、^{123}I
Ⅵ级	单粒子(p)	$\geqslant 100$	^{26}Al、^{149}Tb、^{152}Tb、^{227}Ac 等

[a] 这种能量的一些线性串联加速器在使用上也受限。

[b] 最常用于 PET 中心。

[c] 强电子直线加速器($E \geqslant 30$ MeV)正在开发中,以提供用于放射性核素生产的高强度中子或高强度和高能轫致辐射,前者诱导 (n,γ) 反应,后者诱导 (γ,p) 或 (γ,n) 反应。

[d] 入射到铍靶上的强氘核束($E \approx 40$ MeV)提供裂变中子($E \approx 14$ MeV),可用于通过 $(n,2n)$、(n,p) 或 (n,np) 反应生产放射性核素。

最小的机器(Ⅰ级)是一个只能将氘核加速到 4 MeV 的回旋加速器,即低于氘核的裂变阈值(以避免中子本底,从而加强防护)。它的实用性很久以前就已被证实,现在专门应用于医院环境中来生产用于 PET 研究的 ^{15}O,例如在柏林、伦敦、图尔库、圣路易斯等地。其还有能量低于 3.7 MeV 的小型线性双粒子(p 和 d)加速器,目的是生产 ^{15}O 和 ^{18}F,但其用途非常有限。下一级加速器(Ⅱ级)是一种单粒子负离子机,可将质子加速到 10 MeV 左右的能量。它可用于生产四种主要的 β+ 发射体,即 ^{11}C、^{13}N、^{15}O 和 ^{18}F,尽管没有氘核束会影响到 ^{15}O 的生产,而且低的质子能量使 ^{13}N 的生产量很低。下一更高级别的回旋加速器(Ⅲ级)通常指 15 MeV 以上的回旋加速器。它非常适合标准 PET 放射性核素的生产,安装在众多的 PET 中心。许多非标准的 PET 放射性核素也是使用这种回旋加速器生产出来的。一般来说,15~20 MeV 的回旋加速器能够满足更多放射性核素生产的需要,是目前医疗机构需要的最佳的配置。

四、质子治疗设备发展史

1946 年,罗伯特·威尔逊研究了质子与物质相互作用过程中的剂量分布,发现了质子衰减与 X 射线衰减的不同之处,意识到质子束可用于医学放疗。

1950 年,美国加利福尼亚大学劳伦斯伯克利国家实验室第一次用质子束治疗患者。

20 世纪 50 年代后期出现了用于脑部肿瘤治疗的质子放射治疗技术,且瑞典科学家证明了通过剂量调制器和磁场扫描仪可以控制辐射剂量在患者体内的二维强度分布,这为之后的质子放射治疗提供了坚实的理论基础。

1954 年,美国加利福尼亚大学劳伦斯伯克利国家实验室利用同步回旋加速器进行了全球首例患者质子脑垂体照射。

1961 年,美国哈佛大学核物理加速器实验室成功研制了第一个剂量旋转调制轮,使得许多配套设备如补偿器等开始投入使用,很多技术逐渐从理论转变为现实应用,质子放射治疗技术迅速发展。

1985 年,美国洛马林达(Loma Linda)大学医学中心安装了第一台医用质子治疗设备,可通过等中心机架向不同角度进行质子束流照射,与以前使用固定束的系统相反,该系统包含一个旋转机架,该旋转机架允许以任何方向照射人体的所有部位。自从该系统发展以来,旋转机架已成为质子治疗系统的标准功能。1990 年底,洛马林达大学的质子治疗系统开始用于治疗患者,20 多年内治疗了近 2 万例患者(全球离子治疗设备中治疗的患者数量最多)。至今,该系统仍在运行,并继续每天更新治疗纪录。这是真正意义上的第一台医用质子放射治疗设备,标志着质子放射治疗正式进入实用临床阶段,这也是现代质子放射治疗时代的开始。

在 1980—2000 年间,质子治疗技术应用蓬勃发展,如 1984 年在瑞士 PSI 研究所,1989 年在英国 Clatterbridge 研究所,1991 年在法国 Orsay 研究所,相继启动了一些质子项目,特别是瑞士 PSI 研究所,从 72 MeV 离子束用于眼黑色素瘤治疗开始,到 1996 年后使用 200 MeV 离子束,许多质子治疗的技术得到发展应用。大多数机构开始考虑建造专用质子治疗装置与质子治疗专用医院:1991 年,IBA 推出第一台 230 MeV 等时性回旋加速器,目前全球有超过 25 家医院使用 IBA 的商用质子治疗系统;1993 年,Accel 推出一台 250 MeV 超导等时性回旋加速器,并于 2004 年安装在里内克质子治疗中心。

经过几十年的积淀和发展,质子技术和设备逐渐从研究机构中剥离出来,成立商业公司,随着需求的增加,商用质子系统趋于成熟,很多肿瘤医院开始采购质子系统。同时更多商用质子系统供应商出现,如 IBA、瓦里安、迈胜、ProTom、日立等,医院可以有更多选择,新技术在逐渐激烈的竞争环境下不断发展。2001 年,安装在麻省总医院的 IBA 商用系统治疗了第一例患者;2006 年,得克萨斯大学安德森癌症中心安装了世界上第一台可实现二维扫描束功能的质子治疗设备;2007 年,瓦里安收购 Accel,在德国成立 Varian Medical Systems Particle Therapy GmbH;2008 年,IBA 和麻省总医院联合开发 PBS 技术,并成功治疗患者。此后,全球竞相出现质子建设大潮。

随着物理学等学科的发展和临床实践的推进,加速器小型化、质子束稳定性等问题得到逐步解决,质子 Flash 照射技术、核磁影像引导技术、调强质子放疗(intensity modulated proton therapy,IMPT)技术以及质子自适应放疗(adaptive radiation therapy,ART)技术均发展迅速。

目前,商用质子系统已经比较成熟,2012年,迈胜紧凑型质子系统获得FDA认证;2014年,IBA紧凑型质子系统Proteus®ONE治疗了第1例患者;2015年,居里实验室进行第1例动物Flash治疗的实验;2019年,ProTom基于同步加速器的小型质子系统获得FDA认证;2022年,上海艾普强粒子设备有限公司研发的中国首台质子治疗系统获批上市。

根据PTCOG官网统计,截至2020年底,全球已运营的学术型或商业型粒子治疗中心已达100余家,其中大部分为质子治疗中心,截至2019年底,已有约260150例患者接受过各类型粒子治疗,其中质子治疗约222425例,碳离子治疗约34138例,使用He、π介子及其他离子处理的约3587例,且这一数字还在极速增长当中。

目前,全球主要有比利时IBA、美国瓦里安与迈胜、日本日立及中国艾普强等公司提供商业化质子治疗解决方案,其代表产品分别为Proteus® ONE/Proteus® PLUS(IBA)、ProBeam(瓦里安)、Mevion S250/Mevion S250i(迈胜)、PROBEAT/PROBEAT-V(日立)及艾普强等。除日本日立质子系统主体结构采用同步加速器外,其余厂家皆采用回旋加速器。

从技术发展的角度来讲,我国还处于各大研究所研究开发专用设备的阶段,例如中国科学院上海应用物理研究所、中国科学院近代物理研究所、中国原子能科学研究院等,一些商业质子制造商也应运而生,比如合肥中科离子医学技术装备有限公司,但技术成熟度和稳定性整体上来说距离国际上老牌供应商还有一定的差距。从医院的角度来讲,这是一个最好的时代,政策逐渐放开,有众多的供应商和多种配置可以选择,可以在最短的时间缩短与国际大型医院在质子放射治疗上的差距,为国内患者提供技术先进的优质服务,例如华中科技大学同济医学院附属同济医院肿瘤中心引进的迈胜单室质子治疗系统,集成化高、能耗低、维护方便,半径仅0.9 m,质量仅15 t,可将质子加速到光速的70%,能量达230 MeV,出束治疗精度在1 mm之内。同时它与世界首款可覆盖人体全身的全数字化2米超大轴向视野PET/CT相结合,"四位一体"打造由生物靶区精准定位、诊断级影像精准引导、超高速质子射线精准照射、体内剂量精准测量组成的肿瘤精准打击系统,真正实现对恶性肿瘤找得到、打得准、治得好。

第二节　质子治疗系统功能原理

一、质子治疗系统的工作原理

使用质子射线完成肿瘤治疗需要质子治疗设备,图1-2-1所示为质子治疗系统的一般原

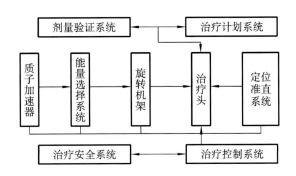

图 1-2-1　质子治疗系统的一般原理示意图

理示意图,共由九个部分组成,它们各自的工作原理概述如下。

(1)质子加速器:负责将质子加速到临床所需的能量。一般放射性衰变产生的质子射线只有几兆电子伏,而质子能量需要达到 70～230 MeV,才可以满足治疗深度在 3.5～30 cm 范围内肿瘤的要求。

(2)能量选择系统:对于回旋加速器而言,其输出能量是固定的,因此在治疗不同深度肿瘤时,需要改变质子的能量。能量选择系统通过质子与物质的相互作用,来降低和调节质子的能量。

(3)旋转机架:为了减少射线对皮肤和正常组织的伤害,可以将束流从多个方向入射到肿瘤处,在保证肿瘤处的剂量的同时,减少周围正常组织受到的平均剂量。旋转机架的转动范围一般为−180°～180°。

(4)治疗头:为了将加速器引出的束流扩展成较大且均匀的质子流,覆盖所有肿瘤横向面积,需要有一个束流配送系统。为了将质子流形成一个扩展布拉格峰,能照射到肿瘤的整个纵向深度,需要有一个束流能量调制器。所有这类专用功能的部件,共十多种都装在治疗头内。

(5)定位准直系统:在每一个治疗室中,不论是旋转治疗头用的治疗床,还是固定治疗头用的椅,都要配置一套定位准直系统对患者进行精密定位,定位精度小于 0.5 mm。

(6)剂量验证系统:为了确保在治疗时的真实质子治疗剂量参数达到治疗的规定要求值,确保安全和疗效,必须有一套剂量验证系统进行治疗剂量的实际测量与验证。

(7)治疗计划系统:这是一个专用于质子治疗的应用软件,医生根据患者的有关诊断信息,用这个软件来制订患者的治疗方案,并确定所有的治疗参数和设备运行参数。

(8)治疗控制系统:该系统的主要功能是将质子治疗系统中各个独立完成某一特定功能的设备相互连接在一起,通过专用应用软件按治疗要求使所有设备严格地统一协调地进行工作。

(9)治疗安全系统:该系统是一个专用于辐射安全的分系统,确保一切人员的人身辐射安全。

（一）质子治疗系统的物理性能

1. 质子的基本特性

欧内斯特·卢瑟福（Ernest Rutherford）在 1919 年首次证明了质子的存在。质子（proton）是一种带 1.6×10^{-19} 库仑（C）正电荷的亚原子粒子，直径为 $(1.6 \sim 1.7) \times 10^{-15}$ m，质量是 938 MeV/C^2，即 $1.672621637 \times 10^{-27}$ kg，大约是电子质量的 1836.5 倍（电子的质量为 $9.10938215 \times 10^{-31}$ kg），质子比中子稍轻（中子的质量为 $1.674927211 \times 10^{-27}$ kg）。在粒子物理学的现代标准模型中，质子是由两个上夸克与一个下夸克通过胶子的强相互作用构成的强子。质子会衰变成一个中子、一个正电子和一个中微子。

2. 质子与物质的相互作用

质子治疗肿瘤的基本物理原理是利用质子与肿瘤细胞的相互作用来破坏肿瘤细胞的活性，使其死亡。质子与物质的相互作用有四种类型：与核外电子的非弹性碰撞，与原子核的库仑相互作用，核反应以及轫致辐射。在质子治疗中，轫致辐射可以忽略不计。图 1-2-2 是质子与物质的相互作用示意图。

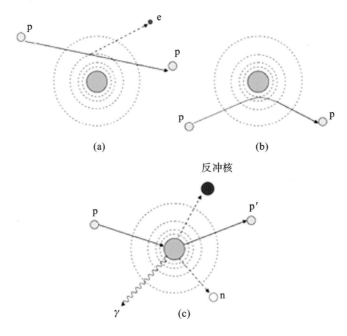

图 1-2-2　质子与物质的相互作用示意图

（a）质子通过非弹性库仑相互作用损失能量，其能量损失决定治疗患者肿瘤的范围；（b）质子与原子核的弹性库仑相互作用，使质子轨迹发生明显偏转，在质子治疗中用于确定外侧半影锐利度；（c）通过非弹性核相互作用，初级质子消失，产生了次级质子、反冲离子、中子和 γ 射线，瞬时 γ 射线的产生可用于实时成像

离子的线性阻止本领定义为单位路径上的能量损失，即 $S=-\mathrm{d}E/\mathrm{d}x$。通常用与靶物质密度无关的质量阻止本领来表示：

$$S/P=-\mathrm{d}E/\mathrm{d}x \tag{1-2-1}$$

质子的能量损失可用 Bethe-Bloch 公式来计算：

$$-\frac{\mathrm{d}E}{\mathrm{d}x}=4\pi N_{\mathrm{A}}r_{e}c^{2}\,\frac{Z^{2}z^{2}}{A\beta^{2}}\Big[\ln\frac{2m_{e}c^{2}\gamma^{2}\beta^{2}}{I}-\beta^{2}-\frac{\delta}{2}-\frac{C}{2}\Big] \tag{1-2-2}$$

其中，N_{A} 是阿伏伽德罗常数；r_e 是经典电子半径；m_e 是电子质量；Z,A 分别为靶材原子序数和原子量；z 是入射离子的电荷，质子即为 1；$\beta=v/c$，v 为入射离子的速度，c 为光速，真空光速一般取 299792458 m/s；$\gamma=(1-\beta^{2})^{-1/2}$；$I$ 是靶材的平均电离能；δ、C 是校正项，在质子能量很低或很高时需考虑。可以看出，能量损失与入射离子速度的平方成正反比，与离子电荷数的平方成正比，且与其质量无关。同时，靶材的性质也强烈地影响能量损失，比如电子密度、平均电离能等。明显地，人体中质子的能量损失非常依赖于物质的密度，而从人体肺中的空气到皮质骨，物质密度大约变化三个数量级。而能量为 1～250 MeV 的质子在水（在质子治疗的模拟计算中常将水作为人体组织替代品）中的线性阻止本领约变化 60 倍。图 1-2-3 给出了用式（1-2-2）计算的高能质子（约大于 1 MeV）在水中的质量阻止本领（低能段通过其他方法计算而得）。

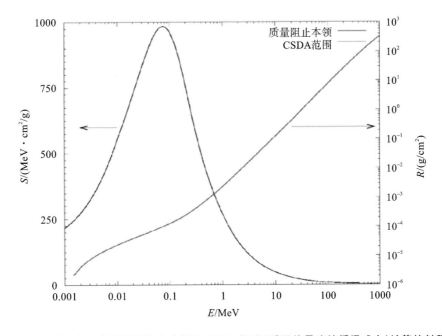

图 1-2-3 质子在水中的质量阻止本领和 CSDA 假设（质子能量连续缓慢减小）计算的射程

质子的射程定义为质子在介质中数量减少到一半的深度，由于质子能量损失的离散，故不同质子射程也有所不同。这里定义的射程是质子束的平均射程。由于电子比质子轻得多，所以每次相互作用只能使质子能量减少一点，质子方向基本不发生改变。因此大多数质子在物质中的径迹几乎是一条直线，平均质子路径几乎等于其射程，可以借此来对质子束射程进行简单的计算。假设质子仅向前沿直线传播，横向散射忽略不计，且连续缓慢损失能量，对于许多临床计算而言，感兴趣的质子射程通常为 1 mm（大约是患者解剖结构的解剖图像中体素的大小）到大约 30 cm，这些范围对应于能量在 11～220 MeV 的质子。临床中的射程定义一般为布拉格峰下降到最大值 80% 处的距离。

质子治疗中，质子射程的不确定性取决于许多因素。如质子束的能量分布以及束路径中介质材料的密度、原子序数等质子和吸收材料的性质，测量设备（如计算机断层扫描）的精度和准确度，并且在某些情况下取决于实验人员的技能。临床质子治疗中的一个普遍关注的问题是计算射程的不确定性，用于确定治疗参数设置、治疗效用评估等。具体数值计算可参考 Lindhard 等人提出的 LSS 射程理论，蒙特卡罗方法常用来模拟计算射程的不确定性。另外，还需考虑许多物理过程和问题，例如：在设计质子束和治疗头以及患者剂量分级计算等方面还必须考虑质子在人体中的多次库仑散射过程；在高能质子治疗束中，由质子诱导核反应产生的高能质子、氘核、氚核等离子约占总吸收纪录的 10%，对患者的空间剂量分布是不可忽视的；产生的中子的安全隐患问题；剂量确定问题；布拉格峰扩展和质子束输送技术；屏蔽设计等。

（二）布拉格峰和扩展布拉格峰

质子在物质中沉积的能量与其速度的平方成反比，因此当质子束进入人体后，一开始由于速度高只沉积较少能量，随着质子速度降低，沉积的能量缓慢增加；当质子速度接近 0 时，质子束沉积其绝大部分能量。在能量沉积曲线上形成尖峰，即布拉格峰。剂量与能量成正比，因此对应到深度剂量分布上，也有对应的布拉格峰，如图 1-2-4 显示了不同射线粒子在人体内的深度-相对剂量分布图。

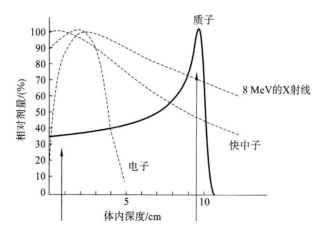

图 1-2-4　不同射线粒子在人体内的深度-相对剂量分布图

从图 1-2-4 中可知，在用 X 射线照射时，由于剂量随深度而下降，从而给辐照带来以下缺点：对于相对较深处肿瘤，肿瘤前的正常细胞接受比肿瘤处更大的剂量；肿瘤后部的正常细胞不可避免地要受到相当大的剂量损伤；剂量有效利用率很低，不但浪费而且还会破坏肿瘤前、后的正常细胞，这对深部小肿瘤尤为明显。在用电子线照射时，从定性来看，上述 X 射线的缺点基本都存在；从定量来看，肿瘤前的正常细胞受到的损伤比 X 射线要小，肿瘤后的正常细胞受到较小损伤，当电子剂量分布逐渐下降为 0 时，肿瘤后面的正常细胞就不再受到损伤。用质子照射时，从质子曲线可以看出，曲线呈现先缓慢上升后快速上升，直到峰值（称为布拉格峰），过峰值即急速下降而趋于 0，这个固有的质子物理特性为治疗肿瘤提供了十分理想的治疗性能，形成下述几种优点：只要将峰值部分对准肿瘤病灶处（长箭头所指处），则肿瘤处就能接收到最大的剂量值，剂量利用率大大提高，疗效也最好；肿瘤前的正常细胞包括皮肤通常受到最大剂量值的 1/3～1/2 的辐射（短箭头所指处），即受到伤害的程度要比 X 射线或电子低；肿瘤后部的正常细胞或敏感器官基本上不受辐射而不受伤害。可见，质子治疗能克服 X 射线与电子治疗的缺点而成为治疗肿瘤的理想手段，其根源就是质子的布拉格峰特性。

在未出现笔形束扫描时，单一能量的质子束的布拉格峰宽度很窄，仅是毫米数量级，束流本身的能量散度与束流在吸收介质（包括瘤体）中的能量分散会使布拉格峰有所展宽，但仍不足以覆盖内脏中的具有厘米数量级厚度的肿瘤，必须设法扩展布拉格峰的宽度，并与被照射的肿瘤厚度相适应才能进行实际使用。图 1-2-5 为扩展布拉格峰（spread out Bragg peak，SOBP）的形成原理图。需要注意的是，在笔形束扫描中，不需要考虑扩展布拉格峰的问题。

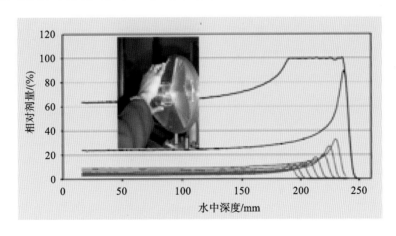

图 1-2-5　扩展布拉格峰的形成原理图

在图 1-2-5 中，中间的曲线表示最大能量时质子在体内形成的原始布拉格峰，下面的曲线表示一系列能量逐步减小、相对剂量也在逐步减小的相应的原始布拉格峰值。现将这两条曲线叠加，只要适当选择每个原始布拉格峰的强度（代表峰高）与能量（代表横向深度值），就可以得到如最上边的曲线所示的平顶部分，即扩展布拉格峰。平顶段上最左端的点称为近身体的峰点；平顶段上最右端的点称为后边缘峰，这两点间的宽度称扩展布拉格峰的宽度。曲线下降部分称为后沿剂量下降（distal dose fallout）部分，这个下降曲线的下降陡度对保护肿瘤后的敏感器官至关重要。

（三）质子治疗系统的生物性能

1. 质子与生物分子的作用机制

电离辐射作用于机体，从照射到在细胞学上观察到可见损伤的这段时间内，在细胞中进行着辐射损伤的原初和强化过程，称为原初作用过程。这个原初作用过程包括物理、物理化学和化学三个阶段。辐射的生物效应与物理效应、化学效应交织在一起。电离辐射照射在生物体上，辐射能传递给介质，引起分子或原子电离与激发，进而引发一些次级物理过程，这是辐射的物理效应。化学效应是在物理效应的基础上形成多种有害的过渡态的活性粒子。生物效应是在化学效应的基础上产生细胞层面上的有害变化，是更为复杂的过程。同其他电离辐射一样，生物体从吸收质子辐射能到产生生物效应要经过很多不同的变化过程。电离辐射生物学作用的时间效应如表 1-2-1 所示。

表 1-2-1　电离辐射的生物效应时间尺度

时间	发生过程
物理阶段	
10^{-18} s	快速粒子通过原子
$10^{-17} \sim 10^{-16}$ s	电离作用 $H_2O \longrightarrow H_2O^+ + e^-$
10^{-15} s	电子激发 $H_2O^+ \longrightarrow H_2O^*$
10^{-14} s	离子-分子反应，如 $H_2O^+ + H_2O \longrightarrow OH^- + H_3O^+$
10^{-14} s	分子振动导致激发态解离：$H_2O^* \longrightarrow H^- + OH^-$
10^{-12} s	转动弛豫，离子水合作用 $C^- \longrightarrow e_{eq}^-$
化学阶段	
$<10^{-12}$ s	e^- 在水合作用前与高浓度的活性溶质反应
10^{-10} s	e^-、e_{eq}^-、OH^-、H^- 及其他基团与活性溶质反应（浓度约 1 mol/L）
$<10^{-7}$ s	刺团[a]（spur）内自由基相互作用
10^{-7} s	自由基扩散和均匀分布
10^{-3} s	e^-、OH^-、H^- 与低浓度活性溶质反应（浓度约 10^{-7} mol/L）
1 s	自由基反应大部分完成
$1 \sim 10^3$ s	生物化学过程
生物学阶段	
数小时	原核和真核细胞分裂受抑制
数天	中枢神经系统和胃肠道损伤显现
约 1 个月	造血细胞障碍性死亡
数月	晚期肾损伤、肺纤维样变性
若干年	癌症和遗传变化

[a] 刺团指自由基发生反应的小体积。

质子对生物分子的损伤包括直接作用和间接作用两种，直接作用指质子能量被 DNA 或具有生物功能的其他活性分子（如核酸、蛋白质等）直接吸收，使生物分子发生电离、激发或化学键断裂等变化；间接作用指辐射与生物组织内的水发生相互作用，产生大量活泼的自由基，主要有 OH·、H· 和水合电子等。自由基能扩散一定距离并与生物分子发生反应。由于细胞中约 80% 是水，且质子束的 LET 低，属于疏松电离辐射，所以间接作用占主导地位。

2. 质子的相对生物效应

辐射的生物效应指辐射作用于生物机体后，将其能量传递给机体的分子、细胞、组织和器官所引起的细胞形态和功能的变化和产生的后果。由于相同的电离辐射在不同的吸收剂量下，以及不同的电离辐射在相同的吸收剂量下所产生的生物效应都是不同的，由此引入了相对生物效应（relative biological effectiveness，RBE），RBE 用来比较不同的电离辐射引起的生物效应。其定义是，在达到一个相同的最终生物效果的情况下，用 200～250 keV 标准 X 射线治疗所需用的剂量值（D_X）和用该离子所需用的治疗剂量值（D_{ion}）之比（RBE＝D_X/D_{ion}），此值越大表示生物效应越好。实际使用中，大多数是用细胞的生存率作为终点生物效应，因此通常用细胞生存率来理解 RBE 的含义，不同细胞生存率定义下的 RBE 值也不同，要准确表明某种离子的 RBE，必须说明对应生存率是多少。通常用治疗生存率（percentage of survival）为 10% 来测量 RBE 值。

以上定义若用于质子，则质子的生物效应定义是，当达到同一治疗生存率时，用 200 keV 标准 X 射线治疗的剂量值（D_X）和用质子所需用的治疗剂量值（D_p）之比。

RBE 值的大小与癌细胞本身的修复能力有关，越容易修复，相应的 RBE 值越小。相反，越难以修复的癌细胞，其对应的 RBE 值越高。即凡具有双链切断（DSB）功能者，RBE 值高；只具有单链切断（SSB）功能者，仅具有较小的 RBE 值。

如果需要进一步了解治疗的内因，除了考虑"细胞死亡"引起的"细胞生存率"终点生物效应外，还需考虑其他的多种最终生物效应，如细胞变异（mutation）、细胞变态（transformation）等，即有致癌物质、有组织损伤和其他的终点效果。此外，单位剂量生物效应的差异不仅在兆伏级 X 射线和带电粒子之间，也在不同的带电粒子之间，还在相同带电粒子但能量不同的粒子之间。单位剂量因能量不同或带电粒子速度不同而引起的生物效应变化是增加带电粒子 RBE 值的重要依据。

粒子在单位长度轨迹上传递给吸收媒介的能量，称为线性能量传递，在粒子速度在其量程终点附近缓慢下降并趋向停止的时刻，LET 增加到最大值。LET 是一个直接影响 RBE 的物理参数，有 LET 才能将粒子能量传递给细胞，细胞因有足够能量伤害而死亡，细胞死亡才有细胞生存率，有细胞生存率才有 RBE，所以 LET 是因、是源，RBE 是果。在放射生物学中，对于若干种不同的生物终点，都能观察到特定束流的 RBE 和 LET，二者之间存在特定的变化关系。

粒子的 RBE 值是一个多变量的函数,对于质子而言,质子的 RBE 值在布拉格峰前面较小,在整个布拉格峰区内的 RBE 值是增大的,在接近峰的后沿边上达到最大值。达到最大 RBE 值的 LET 与粒子的特定情况有关。但目前在临床治疗中都采用 RBE 值为 $1.15 \sim 1.2$ 之间的单值处理。

(四)质子治疗系统的实现方式

下面以迈胜设备为例,概述质子治疗系统的实现方式。迈胜质子治疗系统的功能模块如图 1-2-6 所示,其中黄色为患者环境下的模块,红色为非患者环境下的模块。

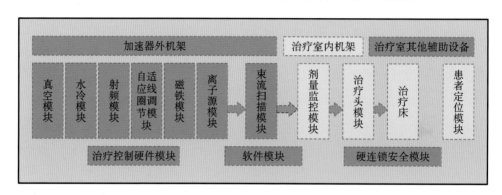

图 1-2-6 迈胜质子治疗系统功能模块

1. 质子加速器

根据人体的结构,要求入射人体病灶的粒子射程大约为 300 mm,对应的质子能量约为 230 MeV。能够提供满足治疗所需粒子能量的加速器有直线加速器、回旋加速器和同步加速器,其主要由离子源、加速段、射频系统、磁铁系统、控制系统、束测系统、真空系统、水冷系统、电源系统等构成。

迈胜 Mevion S250 系统用的是一个十分紧凑的同步回旋加速器。一般的回旋加速器的高频是固定频率,当质子能量低于 22 MeV 时,相对论效应可忽略。而当质子能量进一步增大时,相对论效应不可忽略,质子质量发生变化,在电磁场中的运动发生改变。同步回旋加速器的磁场恒定,但是调节了高频以补偿质子加速时的能量增益,频率随能量而变化。

Mevion S250 系统的直径小于 2 m,是目前世界上最小的高能医用回旋加速器。加速器有效的电磁结构约呈球状,加速器体积和磁场强度成反比,磁场强度提高,则最终半径减少。因此要将回旋加速器做到这么小,必须要用高磁场,人们发现超导不但能大大提高磁场强度,还可以大大减少质量,如用 2 T 磁场,加速器重 450 t,若用 10 T 超导磁场,则加速器仅重 20 t,即能将加速器尺寸做得非常小。图 1-2-7 所示为加速器尺寸和超导磁场强度的非线性关系。从图 1-2-7 可见,当用 1 T 磁场时,加速器的最终半径是 2.28 m,如用 9 T 磁场,则加速器半径

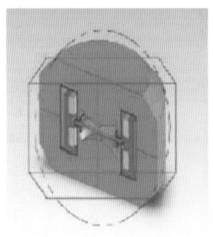

B/T	最终半径/m	相对体积
1	2.28	1
3	0.76	1/27
5	0.46	1/125
7	0.33	1/343
9	0.25	1/729

图 1-2-7 加速器体积和超导磁场强度的非线性关系

降为 0.25 m,体积下降为原来的 1/729。加速器体积和磁场强度的关系是非线性关系,因此当给出离子类型和最终能量后,加速器的总体积会随着所选磁场强度的提高而急速下降,此特点正合设计心意。为了设计一台超导高磁场超小型加速器,首先要攻克高磁场和超导磁体两大难关,在 MIT 合作下,迈胜集团找用 Nb_3Sn 材料制作 8 T 的同步回旋加速器的超导磁体方案,并且采用加速器与旋转机架集成的方案,无能量选择系统和束流输运线。加速器随机架旋转,这样原来复杂的传输电子光学安排变得十分简单,性能还可提高,加速器引出束流直接进入治疗头,打在患者肿瘤等中心点,此法直观、简单。表 1-2-2 列出了 Mevion S250i 产品加速器的相关参数。

表 1-2-2 Mevion S250i 超导同步回旋加速器性能参数

性能参数	数值
能量/MeV	230
磁场强度/T	8.9
主磁铁直径/m	1.8
线圈	Nb_3Sn
制冷机	3(1.5 W)+1(300 W)
主磁铁质量/t	15
RF 频率/MHz	94~127
RF 加速电压/kV	10
脉冲频率/Hz	750
脉冲长度/μs	30
引出	被动引出方式
离子源	冷阴极潘宁源

续表

性能参数	数值
平均流强/nA	3
机架方案	集成机架,无束运线
机架质量/t	＜100

2. HYPERSCAN 笔形束扫描

质子治疗束流在患者肿瘤处产生的剂量要求刚好等于肿瘤计划靶区(PTV)的要求剂量。而无论是通过同步加速器还是回旋加速器来加速质子束,质子束在被引出时都是束斑尺寸很小(通常只有几毫米)的单能束,其性能不能满足此要求,不能用来直接治疗,必须通过一个"束流性能转换装置"来将加速器质子和重离子的束流性能(能量、流强、截面、位置、能散、发射度、时间结构等)转换成治疗所要求的束流(剂量)性能(能量、能量调制度、照射野、剂量率、后沿下降、横向半阴等)。这个"束流性能转换装置",就是治疗用的治疗头。

从质子加速器引出的质子流的截面横向扩展成要求的几十厘米的质子照射野,是束流横向扩展要解决的命题。常用的束流横向扩展有双散射束流扩展法、磁铁摆动扩展法和铅笔束扫描扩展法。铅笔束扫描扩展法是一种主动束流扩展法,使加速器引出的质子流严格按照预先确定的工作模式来运动,形成所需三维调制的束流照射野。如图 1-2-8 所示,前后放置的两个二极磁铁使束流因二极磁铁中的磁场变化而运动,形成所需的具有均匀剂量分布的照射野。这种主动束流扩展法比用被动散射来扩展束流的方法具有一系列明显的优点:减少束流路径上的介质材料,从而不改变束流的射程与方向,提高束流的利用率,减少照射在患者身上的辐射本底,照射野尺寸比较大等。质子调强放疗(IMPT)基于主动扫描技术,是当前最常用的质子照射技术。其最大的优点是用于覆盖肿瘤靶区的每个扫描照射点的位置和强度均可单独调

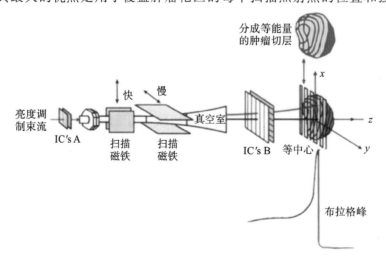

图 1-2-8　铅笔束扫描原理示意图

节,具有非常高的灵活性。迈胜自主研发的 HYPERSCAN 能量层切换速度最快,可在 50 ms 内进行能量层切换(传统设备切换速度在 900 ms 以上);可在 30 s 内向体积为 1 L 的靶区配送 2 Gy 标准分次剂量,并且可在 5 s 内向直径为 4 cm 的靶区配送 2 Gy 标准分次剂量。如此快的速度可以降低治疗过程中器官运动的影响。

3. 自适应光栅

迈胜采用的自适应光栅(adaptive aperture)为质子调强放疗提供高质量、强大的笔形束扫描。自适应孔径可以自动调整光束特性,以匹配任何点和深度的肿瘤。可以形成一个更清晰的半影,消除了剂量的不确定性,并减少了对健康组织的辐射。它非常适合治疗难以实现小光斑尺寸的浅层儿科肿瘤或脑肿瘤。

自适应光栅是一种开创性的薄型多叶准直器(MLC)系统,专为笔形束扫描而设计。该系统使用全自动自适应孔径,可生成与传统质子治疗孔径相同的逐层特定光束准直和阻挡。它的优势如下:①与非准直系统相比,其半影锐度高达 3 倍;②在任意能量层进行逐束斑准直和逐层准直;③无须患者专用的适形硬件;④可在任何深度进行 3D 适形调强治疗(凹形、凸形、岛形准直)。

二、Total-Body PET/CT 的工作原理

正电子发射及 X 射线计算机体层成像,简称为 PET/CT(positron emission tomography/computed tomography),是一种将 PET(功能代谢体像)和 CT(解剖结构体像)两种先进的影像技术有机地结合在一起,更好地辅助医生诊断的新型多模态影像设备。相对于单独的 PET 系统或 CT 系统,PET/CT 能够显著提高诊断的准确率。

如图 1-2-9 所示,PET 的成像原理如下:正电子核素衰变时发射的一个正电子与人体组织中的自由电子结合湮灭,转化为两个方向相反、能量均为 511 keV 的 γ 光子。如果角度合适,这两个 γ 光子都会打到 PET 探测器的晶体上产生可见光信号,经过光电器件将光信号转换为电信号,经过放大、模数转换、能量和时间甄别,产生一个符合事例,也就确定了该核素所在的符合线,计算机采集大量符合线数据后,通过重建算法进行处理和图像重建,得到核素在生物体内的空间分布,就生成了正电子核素分布信息的图像,也就是人体对药物的代谢的图像。

如图 1-2-10 所示,CT 成像的基本原理如下:高电压作用于 X 射线管,发出的 X 射线束(高度准直)对人体检查部位一定厚度的层面进行断面扫描,由探测器接收、测定透过该层面的 X 射线的剂量,然后经放大并转换为电子流,再经模/数转换器(A/D)转换成数字信号,输入计算机存储和计算,得到该层面各单位容积(体素)的 X 射线吸收值,最后经过数/模转换器(D/A)转换成 CT 图像,由显示设备显示图像。

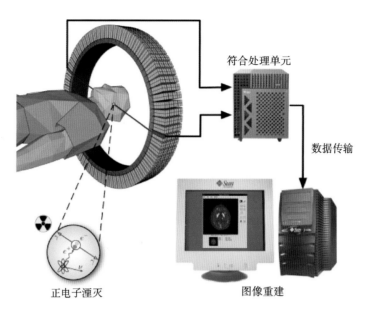

图 1-2-9 PET 成像基本原理

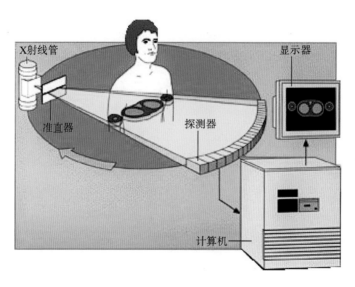

图 1-2-10 CT 成像基本原理

如图 1-2-11 所示,PET/CT 由 PET 扫描仪和 CT 扫描仪集成,利用同一检查床实现图像的同机融合。CT 既提供解剖图像,也为 PET 提供衰减校正。融合后的图像既有精细的解剖结构,又有丰富的生理、生化功能信息,形成了两种先进技术的优势互补,能为确定和查找肿瘤及其他病灶的精确位置提供定量、定性的诊断依据。

Total-Body PET/CT 集成了 8 个 PET 探测器单元环,利用可分离可扩展式紧凑型 PET 多单元机架进行组合,采用交叉符合模式,完成不同 PET 探测器环(最大跨度为 4 个探测器环)之间的符合判断,实现长轴向视野内的真符合事件的探测。PET 机架为探测器提供固定和定位功能,探测器的定位精度将直接影响最终成像的空间分辨率等性能。而为了实现长轴

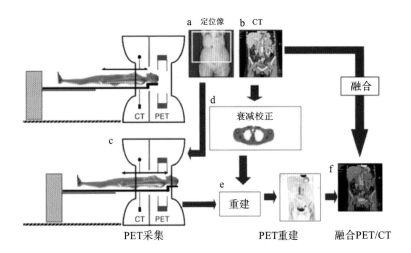

图 1-2-11　PET/CT 基本工作原理

向 PET/CT 一体化成像设备,同时提高系统的可维护性及可服务性,PET 机架结构需要设计为可分离可扩展式紧凑型(图 1-2-12),在通过多 PET 单元拼接实现长轴向视野设计的同时,减小单个 PET 探测器单元的尺寸,提高部件的可靠性以及系统的可维护性。与此同时,为了避免由于多机架拼接引入的轴向晶体间隙对系统性能造成影响,需要尽可能地减小单元间隙。

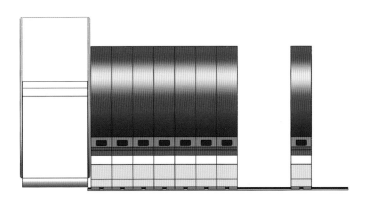

图 1-2-12　可分离可扩展式紧凑型 PET 机架设计

多个 PET 环组合起来使用并保证可分离可扩展式紧凑型 PET 多单元机架设计具备如下优点:

①各探测器模块相对独立;

②探测器模块在人体轴向方向上没有大结构件的无效空间;

③探测器模块在 PET 环周向方向上没有大结构件的无效空间;

④每个 PET 环能够准确地安装;

⑤PET 环组合体中的任意一个 PET 环及其探测器模块均能很方便地进行维护。

三、医用回旋加速器基本工作原理

气体进入离子源后被电离形成等离子体,射频(RF)系统将等离子体中的阴离子提取出来并使之进入加速器真空腔加速。为了使离子做回旋运动,需要施加一个恒定的轴向磁场,磁场方向与两极间的中平面垂直。磁场系统提供了理想的磁场使束流做近似螺旋的圆周运动。加速器真空腔内有两个中空的 D 形盒,D 形盒与射频系统的输出端相连,高频电场施加在中空 D 形盒的间隙内,D 形盒成为以一定频率变化极性的电极。真空腔内抽成高真空,以减少高速运动粒子的阻力。从离子源中出来的阴离子进入 D 形盒时受高频电场作用获得加速,进入 D 形盒后,电场作用消失,束流在磁场洛伦兹力的作用下做近似圆周运动;束流从 D 形盒另一端出来时再次受到高频电场作用获得加速。因此束流旋转 1 周经过 2 个 D 形盒得到 1 次加速。随着束流速度的增加,束流旋转的半径越来越大,但是此时束流的速度与其旋转半径的比值保持不变,即旋转频率为一个常数,并与电极极性变化频率保持一致。当束流被加速到一定程度,即 H^- 束流能量达到 16.5 MeV、D^- 束流能量达到 8.4 MeV 时,束流被引出经过萃取膜剥离掉 1 个电子成为质子束流或氘核束流,经准直器刮去散射拖尾进入指定的靶区进行核素生产(图 1-2-13)。

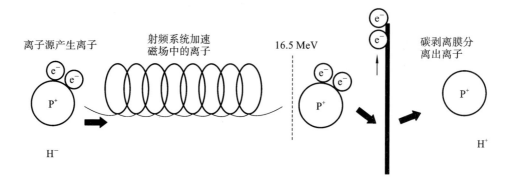

图 1-2-13　回旋加速器工作原理图

第三节　适用人群

所有适合接受放射治疗的群体,基本都适合接受质子治疗,大多数没有扩散到身体其他部位的局限性实体肿瘤可以使用质子治疗,包括眼部、头颈部、乳腺、肺部、食管、肝脏、直肠、前列腺等处的多种恶性肿瘤。目前质子治疗已经作为一种优质的放射治疗手段入选美国国立综合癌症网络(NCCN)推荐的肿瘤诊疗指南。

此外，质子治疗对正常组织的损伤小、复发风险低、短期和长期副作用小，在治疗儿童早期实体肿瘤上有优势。质子治疗因其物理学特点，在治疗复发性肿瘤上也有优势。

第四节　项目简介

一、项目建设

（一）建设单位概况

华中科技大学同济医学院附属同济医院（以下简称"同济医院"）始建于 1900 年，由德国医师埃里希·宝隆创建于上海，1955 年迁至武汉。经过 120 余年的建设与发展，现已成为学科门类齐全、英才名医荟萃、师资力量雄厚、医疗技术精湛、诊疗设备先进、科研实力强大、管理方法科学的集医疗、教学、科研为一体的创新型现代化医院，其综合实力居国内医院前列。

医院现有汉口院区、光谷院区、中法新城院区和军山院区四个院区，设 63 个临床和医技科室，拥有国家医学中心 1 个、国家重点学科 11 个（含培育学科 3 个）、国家临床重点专科建设项目 40 个（全国第二），妇产科被评选为国家妇产疾病临床医学研究中心（湖北省唯一的国家临床医学研究中心），康复科是世界卫生组织指定的研究和培训中心。服务患者人数不断刷新荆楚医疗史，年门、急诊服务患者人数连续 20 多年保持湖北省第一。

医院拥有一大批享誉海内外的专家、教授。其中，陈孝平 2015 年当选中国科学院院士，马丁 2017 年当选中国工程院院士，"973"项目首席科学家 2 名，国家杰出青年基金获得者 8 名、卫生部有突出贡献中青年专家 12 名、教育部新世纪优秀人才 11 名，特聘 45 名院士为同济医院兼职教授，338 名教授曾获得博士研究生导师资格，享受国务院政府特殊津贴者 97 名。主持国家重点研发计划 10 项；获得国家自然科学基金项目数连续 9 年突破百项，名列全国医院前茅。承担的国家级科研课题数名列全国医院前茅，获得科研课题成果奖达 560 项次，其中11 项成果荣获国家科学技术进步奖二等奖、国家技术发明奖或国家自然科学奖二等奖。科研论文发表数位居全国医疗机构前列，中国科学技术信息研究所发布的统计数据显示，同济医院2018 年国际顶级期刊发表研究论文数量在全国医疗机构中排名第 2 位。

同济医院已于 2021 年 8 月获得国家卫健委"质子放射治疗系统准予许可"，获批建设质子放射治疗系统（国卫通〔2021〕7 号）。

（二）项目背景及意义

癌症是严重危害人类健康的重大慢性疾病，根据国家癌症中心最新癌症统计数据，2020年全球新发癌症病例1929万例，其中中国新发癌症457万例，占全球约23.7%。当前我国癌症治疗水平与美国等国家相比还有很大差距。

随着世界各国治癌技术研究和开发的快速发展，质子治疗肿瘤技术由于具有质子布拉格峰效应带来的深度截止效应，以及更加精准的宽度方向控制，已成为新一代更加有效的放射治疗技术。临床结果显示，相对于其他放射治疗方法，尤其对于有重要组织器官包绕的肿瘤，质子治疗显示出较大的优势：精确度高、治愈率高、副作用小。质子治疗设备是当前国际上肿瘤放射治疗的主流装备，目前我国多地在建设/筹建质子治疗中心。就湖北省而言，目前有华中科技大学同济医学院附属协和医院（以下简称"协和医院"）和武汉大学人民医院经开医院两家单位正在分别建设质子治疗中心和重离子治疗中心。

2020年7月，国家重大公共卫生事件医学中心在同济医院光谷院区开建，武汉也成为继北京、上海之后的第三座设置国家级医学中心的城市。同时，随着武汉市"建设国家中心城市"战略和"长江中游城市群规划"的实施，城乡居民的生活水平和支付能力持续大幅提高。医疗保障制度的逐步完善，也促进了居民个性化、多样化的健康需求的进一步释放，卫生服务的提供更加注重基本医疗和高端医疗服务双轮驱动、协同发展。同济医院具备三位一体的科学布局、平战结合的应急能力、聚焦为重的救治能力、国内领先的科研实力和全国统筹的设备物资。同济医院光谷质子大楼的建设以"一流的质子治疗医学与科研中心"为目标，将依托医院现有四个院区的基础医疗资源，成为集医疗、科研、人才、药物研发、临床技术创新及成果转化的国际化医疗基地，在协和医院质子治疗中心、武汉大学重离子治疗中心的基础上，进一步提高武汉市乃至湖北省、中部地区癌症诊疗水平，填补区域尖端肿瘤治疗技术上的空白。

（三）前期策划及准备

1. 功能分析及规模策划

质子治疗中心功能分析及规模策划的最主要内容是对质子治疗设备的形式进行确定。目前质子治疗系统按设备类型通常分为"一带多"的大型质子治疗设备和"一带一"的小型质子治疗设备。"一带多"大型质子治疗设备即一台回旋加速器配套多个治疗机房，如我国最早建设的上海交通大学医学院附属瑞金医院肿瘤质子中心，建筑面积要求较大；"一带一"小型质子治疗设备即一台回旋加速器配套一个治疗机房，建筑面积要求较小。因此质子治疗设备的形式对于项目规模、造价、功能定位有较大影响，并直接决定了其配套设施的选择、防辐射屏蔽工程量的大小、基建工程规模等关键决定性技术要求。

在同济医院获取的湖北省生态环境厅所颁发的"辐射安全许可证(鄂环辐证[A0084])"中,许可的种类和范围为使用Ⅲ类、Ⅴ类辐射源,使用Ⅱ类、Ⅲ类射线装置,使用非密封放射性物质,乙级非密封放射性物质工作场所。许可的射线装置包含质子加速器一台,回旋加速器一台,PET/CT两台。考虑到用地面积较小,同时武汉市已配置一台大型质子治疗设备,本次项目选用超小型质子治疗设备,并配套一台Total-Body PET/CT定位诊疗设备以及一台生产核素的回旋加速器,总建筑面积控制在12500 m² 内。

2. 项目管理策划

本项目采取工程总承包(EPC)管理模式,由中国建筑第三工程局有限公司(以下简称"中建三局")作为总承包方,负责项目组织设计、报建及建设等相关工作。相比于传统设计-施工的项目管理模式,EPC管理模式在项目质量、进度、造价控制等方面均有较大优势。

(1)工程实施过程中能及时根据现场情况调整、优化设计方案。由于设计单位为总承包单位的分包,施工与设计之间协调路径通畅,执行速度快,执行力强,不会出现常规项目相互推脱的情况,极大地减少了基建部门的组织协调工作。

(2)由于采用EPC管理模式,工程为固定总价模式,所需的材料、设备采购工作由总承包单位自行落实,省去了传统模式的专业工程、暂估材料设备采购招投标及批价环节,缩短了项目工期,确保了项目投资可控。

(3)工程质量、工期、安全、文明施工等责任主体明确。工程施工过程中,总承包单位负责编制详细、完善的施工组织设计,负责工程全过程质量、安全文明控制。

(4)在EPC管理过程中,制订出总目标及阶段性目标。目标包括质量、进度、安全、文明施工等,在目标明确的前提下,基建部门仅需对总承包单位进行管控和考评,各专业工程分包由总承包单位进行管理、监控、协调和考评。

(5)根据合同约定,由总承包单位编制施工总体进度网络计划,有效控制施工总进度,满足院方对总工期的要求。

(6)由于EPC管理模式的总承包单位为项目质量、进度、安全等方案的第一责任主体,总承包单位在实施过程中会积极调用公司、集团资源,帮助项目顺利实施。

(四)项目选址

质子治疗设备对医院医疗资源、建筑技术、辐射安全要求极高,质子治疗中心的建设一方面需要考虑因质子治疗设备带来的辐射安全问题,另一方面需要考虑患者就医就诊便捷性以及质子治疗中心与院区的医疗系统衔接紧密。因此,质子治疗中心在选址上往往存在很多限制,细分下来大致有以下若干个方面。

1. 交通环境

质子治疗是先进的肿瘤治疗技术,其辐射的患者服务范围是区域级的,因此,质子治疗中心的建设在选址之初就应将便捷的交通条件作为重要考量范围。一方面,便捷的交通条件便于来自各地的患者就医就诊,另一方面,质子治疗中心的众多重型设备的运输和安装需要良好的交通条件作为支撑。

以同济医院光谷质子大楼所在的光谷院区为例,院区位于武汉市东湖新技术开发区(图1-4-1),通过南侧弧形道路与城市主干道高新大道直接相连,通过城市快速路与武汉站、汉口站、武汉内环城区的距离均在 45 min 车程内,与城市接驳便捷,并有轨道交通站点直通院区南侧正门,交通条件便利。同时,质子大楼毗邻院区东侧荷英二路,并直接向荷英二路开门,有利于质子大楼设备、物资的运输。

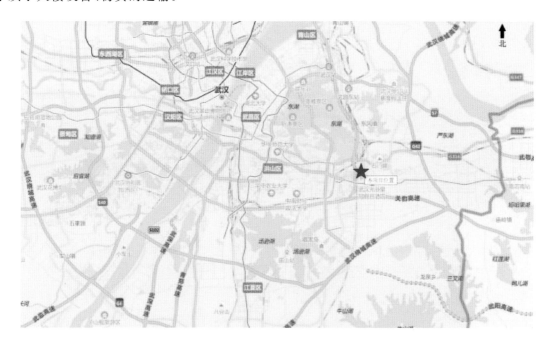

图 1-4-1　同济医院光谷院区区位图

2. 卫生安全

质子治疗中心包含大量强放射医疗设备,其中质子加速器为Ⅰ类医疗射线装置,其配套的诊疗设备如 PET/CT、SPECT 等均为Ⅱ类医疗射线装置。因此,质子治疗中心选址必须考虑其辐射安全问题,满足卫生安全距离要求。

质子大楼选定在院区东北角,与医院周边关系见图 1-4-2,东侧为荷英二路,隔路为土坡草地和湖北省医疗器械质量监督检验研究院,该单位与质子治疗机房的最近距离约为 170 m。南侧为院区内景观水系及高新大道,隔路为在建的武汉光谷生物医药创新中心和湖北省药品监督检验研究院,与质子治疗机房的最近距离分别为 430 m 和 440 m。西侧为医院门诊住院主楼,与质子治疗机房的最近距离为 40 m;北侧为院区后勤楼,间距 25 m,卫生安全距离充足。

3. 医疗资源

肿瘤治疗需要手术、放射治疗和化学治疗的多学科综合治疗的配合,而质子治疗中心的治

图 1-4-2　质子大楼环境关系图

疗手段相对单一，从医疗安全的角度考虑，质子治疗中心的运转需要依靠院区整体的医疗资源及技术力量。同时，对患者来说，患者不清楚自己的病是否适合质子治疗，需要依托医院其他科室先进行诊断、筛选后，再明确是否适合质子治疗。因此质子治疗中心的选址在保证卫生安全距离的同时，应与院区整体有机结合，方便医护人员和患者往返。

同济医院光谷质子大楼选址于院区东北角，与医院门诊住院楼主体建筑距离约 40 m，医护人员和患者在质子治疗中心及门诊之间通行较为便捷。同时为了进一步充分利用质子治疗中心的医疗资源，医院将核医学科及肿瘤科合设于质子大楼内，方便患者就医就诊。此外，在医院其他的一些资源上则可以充分考虑共用共享，如后勤食堂等，避免相同配套资源的重复建设。

4.项目概况

本项目地上六层、地下一层，总建筑面积 12500 m²，其中地下一层为回旋加速器机房及其配套治疗场所、质子加速器废水暂存间、PET/CT 诊断治疗场所，共 1840.22 m²。地上一层为质子加速器机房及其配套治疗场所、直线加速器机房及其配套治疗场所，共 1536.56 m²；二层为 2 米 PET/CT、PET/MR、磁共振加速器及其配套治疗场所；三层为 SPECT 及其配套治疗场所，共 1160.06 m²；四、五层为核医学科病房，标准层面积 1124.32 m²；六层为国家医学中心，共 1124.32 m²。

二、项目难点及特殊性

本工程建成后作为国内首个回旋加速器、直线加速器和磁共振加速器叠合机房以及亚洲首个正式运营的超小型单室质子治疗机房，其建造过程中遇到的施工难题主要体现在以下几个方面。

(一)土建施工难点

1.结构精度控制难

质子治疗机房为超厚混凝土结构，特别是顶板，厚度为 3.85 m，荷载极大，施工过程中架体搭设对建成结构影响极大，从而影响预埋精度。如何采取合适的施工工艺，使得对建成结构影响小控制难。另外，由于设备为旋转体系，对结构本身垂直度要求高，精度要求为 1 mm/m。在高度为 8.78 m，墙体普遍高度为 2.0 m 以上(最厚的为 3.35 m)厚墙厚板机房内，如何合理划分施工部署以及采取合理的施工保证措施，保证结构施工精度难。

2.预埋件精度要求高

本工程加速器机房均采用现浇钢筋混凝土剪力墙结构，后期开槽、开孔难度极大，且直线贯穿开孔会导致射线泄漏，加速器配套设施较多，接驳管线复杂，需要在结构内预埋套管，且要满足精度要求。质子加速器机架支架、治疗机架和治疗床的预埋必须位于其指定位置，且每个预埋件在长和宽方向的误差不大于 1 mm/m，预埋精度控制难度极大。

3.结构一次成型施工难度大

本工程加速器机房均采用现浇钢筋混凝土剪力墙结构，后期无法开槽增补，且直线贯穿开孔会导致射线泄漏。为了满足屏蔽辐射要求，超厚混凝土结构中套管及预埋件的预留预埋必须一次安装到位。如何采取科学的手段，使工程师、设备厂家、设计院以及施工单位形成合力，施工全程共同监督，确保结构一次成型难。

4.结构屏蔽辐射要求高

为防止辐射外泄，本工程采用超大、超厚的大体积混凝土结构作为加速器机房的防辐射屏蔽结构。由于混凝土浇筑方量大，无法一次性浇筑完成，如何留置施工缝，避免结构产生直线型贯通性缝隙成为本工程一大难点。

5.重混凝土配置难

国外铁矿石受国际形势影响购置风险大，价格昂贵，容重大而容易下沉，如何寻找国内优质铁矿石满足配置要求难度大。

6.大体积混凝土裂缝控制难

本工程质子区域构建尺寸普遍超过 2 m，如何使得水化热、结构内外温差、最大中心温度等控制满足规范要求以避免裂缝产生难;如何调整骨料颗粒级配及砂率、外加剂,以及把握好混凝土的生产、浇筑和养护,避免混凝土收缩产生裂缝难。

(二)机电施工难点

(1)屏蔽辐射墙体异型套管预埋精度要求高、施工难度大。

墙体厚,最厚预埋墙体厚度达 2200 mm;混凝土标号高,均为 C40 及以上,要求预埋零失误;迷道空间小,管道种类多,可用于预埋的范围狭小,异型套管安装复杂。

(2)非常规材料、设备多,参数复核、生产周期难以把控。

高压细水雾机组及配套 316L 不锈钢管,真空排水机组及配套 HDPE 管,250 kVA 30 min UPS 电源、网格桥架等均属于深化定制产品,生产周期长,运输时间长,同时对于设备进场时间应进行合理的调控。

(3)机房内机电接口多、对接细节冗杂。

电力系统、给排水系统、空调系统、冷却系统、送风与排风系统、安全联锁系统等需与设备厂家进行充分的沟通匹配,严格遵循设备场地安装指南,全专业充分考虑,严禁漏项。

(4)机房空间小,施工难度大。

迷道狭小,管线设备繁多。需要对迷道及机房内管线设备进行 1∶1 的 BIM 模型深化,同时与厂家确定所有管线设备的安装顺序,合理进行工序穿插工作。设备区及迷道应严格遵循 BIM 排布进行管道吊装。

(5)质子加速器、回旋加速器、2 米 PET/CT 均属于精密仪器,设备进场对于环境的温湿度要求严格。

质子区温度要求为 19~23 ℃,相对湿度(RH)要求为 30%~70%(21 ℃);回旋区温度要求为 17~30 ℃,相对湿度要求为 35%~65%(20 ℃)。这意味着设备进场前空调系统及送风与排风系统已正式启用,对于安装工序要求严格。

(三)装饰施工难点

本工程的墙地面砖、干挂石材、轻钢龙骨吊顶工程量大,对装饰整体效果影响大,其施工质量的好坏,直接关系到本工程施工质量。因此将墙地面砖、干挂石材、轻钢龙骨吊顶等的施工质量作为本工程质量的重点控制内容。室内装饰施工,往往需要与机电安装施工紧密配合,两者唇齿相依,密不可分。由于本工程吊顶内管道众多,合理地布置装饰基层龙骨、设备、设备管线,是装饰施工中的一大难点。此外,在建筑布局上,本工程房间类型和功用多,空间布局复杂,在进入装饰阶段后,对于各房间墙、顶、地饰面层的做法梳理及管理尤为重要。

针对以上施工难点,须做好工程的总体方案部署,特别是计划管理、进度过程控制、计划保障。本工程的总体部署,不单是确定技术路线和技术方案,还包括工期安排、各专业深化、设计出图安排、场地安排、材料设备招投标、采购安排、各专业进场后的施工安排和搭接、系统调试和合成,以及外配套外总体安排等,是一个涉及面广、过程精细的系统工程,通过细化工程界面、借助 BIM 系统、模拟试验、施工部署等多种措施保障工程顺利进行。

(四)大型医疗设备安装难点

本工程大型医疗设备的质量较大,设备的运输路线、吊装位置及吊装设备的选择尤为重要。首先,医院内应当建设多条可供设备运输车辆行驶的专用道路,道路的路基和地面强度应当可以支撑转运车辆正常通行,两侧绿化植被尽量不会给车辆造成影响。尽量保持道路的笔直性,即便存在道路拐点,也要保证拐点具备足够的角度,确保大型运输车辆可以顺利通行;其次,应当对吊装位置进行计算,这需要在建筑施工阶段就进行规划,吊装口的尺寸应当按照最大设备、最大尺寸进行预留。

在医疗设备进入机房前,需要通过机房质量验收工作,检查机房内的放射线性能、电力系统、机房温湿度等情况是否满足基本要求,在检查完毕后,需要监察人员进行签字确认,之后再进行设备安装。在安装设备时,可以根据设备的类型和规格选择合适的通道。在安装设备时要确保位置的准确性,并且严格按照操作手册进行安装。在设备落地时要保证轻轻慢放,防止造成设备元件损伤或者地面损伤,在安装过程中要详细记录安装信息。在安装完毕后,要对设备的射线防护能力进行测评。最后,要将设备的使用说明书、质量合格证书、安装流程记录、设备声像档案等资料进行收集汇总,统一进行入档保管,确保日常使用查阅和后期故障维修的顺利进行。

大型医疗设备的安装一直是一项比较复杂的工作。这项工作不仅涉及建筑物建设工程,同时也涉及电力系统、空调系统、混凝土工程等建筑环节。设备安装质量会对医院医疗水平、诊断准确性和人员身体健康造成重要影响,因此需要对这项工程引起足够重视,加强与各个环节和部门的沟通,保证设备安装质量。

第五节 系统优势

一、单室质子治疗系统优势

(一)质子放射治疗的优势

放射治疗是利用 α、β、γ 射线和 X 射线、质子束及其他粒子束治疗恶性肿瘤的一种方法。

由于射线电离辐射的作用,在治疗肿瘤的过程中,射线杀死肿瘤细胞的同时对正常组织也会带来损害,这就对患者产生了放射治疗后的毒副作用。为了减轻射线对正常组织的损伤,放射治疗的剂量在一定程度上受到了限制,影响了肿瘤治疗的效果。

高能质子束是带有正电荷的射线,具有优越的物理剂量分布。具体表现为其吸收剂量在人体组织中特定深度处达到最大值,此能量释放的最大点形成布拉格峰。在此区域之后的组织中,吸收剂量迅速减小,进而保护了正常组织,降低了毒副作用。此布拉格峰在人体中的深度与质子束的能量相关,通过调节质子束的能量,并将不同能量的峰值叠加,形成展宽的"布拉格峰",可以使质子束的剂量分布与肿瘤形成非常完美的适形,与传统放射治疗相比,质子放射治疗拥有无可比拟的优势。

1. 对肿瘤的杀伤范围更加精确

常规的放射治疗,例如电子直线加速器产生的高能 X 射线,其能量是逐渐衰减的,到达肿瘤处的能量有限,需要借助多个角度的射野才能形成较理想的剂量分布;而质子束具有布拉格峰的特性,调整质子束的能量即可使其在特定深度释放大部分能量,达到最佳的治疗效果。随着笔形束扫描技术的发展,新一代质子设备都可以执行调强质子治疗,从而在目标体积周围产生高度适形的剂量分布。由于质子束能量高,在人体内侧向散射少,故减少了对周围正常组织的照射剂量,从而使杀伤肿瘤的作用范围更加精准。

2. 对正常组织提供更好的保护

在精确有效杀伤肿瘤组织的同时,质子放射治疗还能将放射治疗对正常组织造成的损伤降到最低水平。以常规的高能 X 射线或 γ 射线为辐射源的设备,除了会对肿瘤细胞产生治疗效果外,肿瘤前方和后方的正常组织也会受到照射,导致放射治疗副作用的产生;而质子放射治疗由于布拉格峰的存在,能量释放的区域可以局限在肿瘤内部,肿瘤前方的组织仅受到极小量的照射,而肿瘤后面和侧面的正常组织受到的照射几乎为零,故可以有效保护人体正常组织,大大降低放射治疗的毒副作用;与最先进的光子治疗技术(如调强放射治疗(IMRT)和容积调强放射治疗(VMAT))相比,质子放射治疗可以向肿瘤靶区提供相似或更高的辐射剂量,同时大幅度降低正常组织的辐射剂量,从而有效降低由于辐射造成的二次肿瘤的发生率。

3. 更大范围的肿瘤治疗适应证

对于目前常规放射治疗的适应证,质子放射治疗均可以达到相似或更好的治疗效果。同时,质子放射治疗在光子治疗处于劣势的领域也表现出更大的优越性。例如眼部肿瘤、较大体积的深部肿瘤和对常规辐射(光子射线、X 射线、电子射线及 γ 射线)敏感性差的肿瘤的治疗中,质子放射治疗都发挥了不可替代的作用。尤其在儿童肿瘤和头颈部肿瘤方面,质子放射治疗有着无可比拟的优势。

4. 治疗时间更短

质子放射治疗的单次时间可以控制在几分钟之内,较短的治疗时间可以减少患者在治疗中不由自主地移动,降低了治疗中肿瘤移动到照射范围之外的风险;目前质子放射治疗大剂量、小次数的研究有望为未来的放射治疗开辟一个新的发展方向,可为患者缩短治疗时间,提高治疗舒适度,降低医疗费用。

质子放射治疗具有众多优点,但是由于质子放射治疗设备价格高昂的缺点,目前还没有在放射治疗中大规模普及,急需降低制造及维护费用。质子放射治疗设备的小型化成为未来放射治疗发展的趋势。

(二)以单室为代表的质子放射治疗设备小型化的趋势

质子放射治疗设备体积越小,那么质子治疗中心的占地面积就越小,成本也会降低。有两个因素驱动着小型化质子放射治疗设备的发展,一个是人们需要更小更便宜的设备,另一个是单室质子治疗系统能够让质子治疗的应用更广泛。这两个因素互相影响,近期的技术进展让希望拥有单室质子治疗系统的医疗中心对紧凑型质子治疗系统非常关注。技术发展的目标是最终实现质子治疗设备的体积与当前光子治疗系统的体积相当。

目前,传统质子治疗设备主要包括加速器(回旋加速器或同步加速器)、能量选择系统、束流传输系统和2~5个旋转机架治疗室和/或1~2个固定束治疗室(通常为水平束)。有些质子治疗中心将固定束治疗室作为眼科肿瘤专用治疗室,根据质子治疗中心治疗室个数和占地面积的不同,这类质子治疗中心通常占地 $1000\sim2000$ m²。为了满足辐射防护需求,整个质子治疗设备周围设有水泥屏障。根据辐射防护的要求,水泥墙通常厚几米;除此之外,质子治疗中心还需要容纳放射治疗相关辅助设备,如影像学设备、患者固定设施以及治疗计划制订系统等,这些设施的投入使质子中心的前期投资都非常巨大。

由于单室质子治疗中心的投资成本远低于多室质子治疗中心,因此在营利性医疗机构投资领域,单室质子治疗中心越来越受关注。因为单室质子治疗中心能够治疗的患者数有限,质子治疗中心建成后无法满足盈利所需的最小患者量的风险也随之降低。如果将"难治性病例"集中在大型医疗中心,一个地区拥有一家或多家多室质子治疗中心就可以满足本地区患者就医需求,其他医疗机构采用小型化质子放射治疗设备即可。

由于小型化质子放射治疗设备越来越受到市场的青睐,各大设备厂商在缩小设备体积方面投入的科研力量也越来越大。主要的研究方向包括缩小旋转机架体积和缩小加速器体积,如 IBA 的 Proteus® ONE,超导回旋加速器,占地约 400 m²;瓦里安的 ProBeam® 360°,超导回旋加速器,占地约 400 m²;日立的单室系统,同步加速器,主环 5.1 m,总占地约 200 m²;迈胜的 Mevion S250i 质子治疗系统,采用了业界领先的 HYPERSCAN 超高速笔形束扫描技术和独有的自适应多叶光栅技术,多种先进技术的应用可实现提供更快、更精确的剂量输出。同时,该系统还集成了诊断级影像体位验证系统及体表光学追踪系统,用于高精度的质子治疗患者摆位和分次内运动管理。作为集成化质子治疗系统最核心的部件,此质子加速器直径仅 1.8 m,质量仅 15 t,可将质子加速到光速的 70%,能量达到 230 MeV,出束治疗精度在 1 mm 以内,是世界上最小的医用质子加速器,具有投资性价比高、建设规模小、运营维护便捷、综合绩效高的显著优势。

二、生物医学影像在质子放射治疗中的应用

精确获取并有效地提取和分析不同层次的人体生命信息是实现疾病发现、诊断和治疗的关键,生物医学影像是实现这一目标较为重要的技术之一。目前生物医学影像技术主要包括 CT、超声成像、MRI、磁性颗粒成像(MPI)、PET/CT、SPECT、光学成像、分子影像、多模成像及内窥成像等。

肿瘤的放射治疗进入了精准化时代,专业人士常把放射治疗形象地比喻为"打靶",因此,准确地瞄准"靶点"就尤为重要。现代影像技术让临床肿瘤精确放射治疗成为可能,从二维、三维、四维到生物适形,代表肿瘤放射治疗水平从物理立体向生物学适形的发展和提高。借助生物医学影像设备能减少传统放射治疗中一些不确定性因素,包括肿瘤临床靶区的确定,降低摆位和器官移动所造成的误差,验证放射治疗实施结果与计划可行性等,从而实现了图像引导放射治疗(IGRT)。图像引导放射治疗可以在患者进行治疗前、治疗中利用各种影像设备对肿瘤及正常器官进行实时的监控,在三维放射治疗技术的基础上加入了时间因数的概念,充分考虑了解剖组织在治疗过程中的运动和分次治疗间的位移误差,如呼吸和器官蠕动运动、日常摆位误差、靶区收缩等引起放射治疗剂量分布的变化和对治疗计划的影响等方面的情况,并能根据器官位置的变化调整治疗条件,使照射野紧紧"追随"靶区,从而使之能做到真正意义上的四维精确治疗。

传统的查体及影像学资料(包括 X 线图像、CT 图像及 MRI 图像等资料)是放射治疗靶区参考的重要工具。随着影像学的发展,特别是图像融合技术在临床逐步使用,生物靶区勾画的概念也在放射治疗中突显了应用价值。综合解剖和功能影像进行肿瘤靶区定位,采用放射性同位素示踪显像的图像融合技术,确定肿瘤病灶内肿瘤活性细胞分布情况,进而勾画出生物靶区,使放射治疗更加精准。

质子束由于其特殊深度剂量分布的布拉格峰,使肿瘤内剂量分布均一,肿瘤后方剂量几乎为零,肿瘤前方剂量低于光子,因此使用质子放射治疗可以提高肿瘤剂量来提高肿瘤局部控制率,而且因为正常组织没有或很少被照射而更容易避免并发症的发生。质子放射治疗作为放射治疗技术的发展方向,其剂量分布与肿瘤适形度更高,对精准化提出更高的要求。

作为生物医学影像先进技术的引领者,PET/CT 在恶性肿瘤诊断及鉴别诊断中的临床价

值已得到一致认可,尤其在恶性肿瘤规范化放射治疗过程中对"肿瘤的准确分期""精确勾画生物靶区""优化放射治疗计划"和"评估放射治疗效果"等方面具有重要的临床和研究价值。临床选择最佳治疗方案的前提是准确的肿瘤分期。PET/CT 在一次扫描中,提供业界容积分辨率最佳的高清功能影像和解剖影像,减少遗漏的发生,通过病灶代谢浓聚及延迟扫描的代谢分析,提供对可疑诊断的修正,明确转移淋巴结和远处转移。相比 CT 等传统的基于解剖结构的影像学诊断,PET/CT 对于非小细胞肺癌、淋巴瘤、食管癌和头颈部肿瘤的诊断灵敏度和特异性均有显著提高。PET/CT 可以帮助精确勾画生物靶区。随着三维适形和适形调强等精确放射治疗技术的发展和广泛临床应用,将 PET/CT 技术运用在放射治疗计划中,在一定程度上改变了传统的以解剖图像来定义靶区范围的做法,PET/CT 为临床提供了更多有价值的活体生物信息,引导放射治疗高剂量区的设置,并提升靶区剂量和降低正常组织照射剂量,同时也明显降低了放射治疗医师之间勾画生物靶区的差异。根据肿瘤标准化摄取值(SUV),有效控制肿瘤的放射治疗剂量。生物学研究表明,肿瘤内癌细胞的分布是不均匀的,由于血供和细胞异质性的差别,不同的癌细胞核团对放射治疗的敏感性也有较大差异。如果给予靶体均匀剂量照射,会有部分癌细胞因剂量不足而存活,成为复发和转移的根源;而某些靶剂量过高,会导致周围敏感组织更容易出现严重损伤。PET/CT 衡准定量技术,通过精确分析肿瘤不同 SUV 阈值下体积,反映肿瘤各区域内癌细胞增殖活性,让放射治疗科实现照射剂量最优化,让生物调强放射治疗成为可能。肿瘤的生长中,乏氧是影响恶性肿瘤的存在和肿瘤放射治疗效果的重要因素。通过乏氧示踪剂,能直接反映机体内肿瘤乏氧细胞的数目和分布,据此应用乏氧增敏剂或改变剂量分布对肿瘤部分区域内进行剂量优化,可以提高肿瘤的放射治疗效果。PET/CT 能进行肿瘤生物学治疗评价,比传统影像学评价更早和更精确,同时协助临床更好地对肿瘤放射治疗后复发或瘢痕坏死组织进行鉴别。

　　总之,生物医学影像在质子放射治疗中的应用,可以提供更好的放射治疗效果,同时降低治疗副作用,可以帮助医师确定肿瘤的精确位置和肿瘤病灶的大小,更全面了解病灶的代谢情况,按肿瘤的生物靶区进行病灶勾画治疗,并通过不同的示踪药物把肿瘤的乏氧状态和细胞增殖状态表现出来,优化处方和剂量,使患者的质子放射治疗效果更好。PET/CT 和质子治疗系统的强强结合,突破了以往的"几何靶区"勾画,实现了精准"生物靶区"勾画,靶区和剂量范围更加精准,减少了对邻近组织的不必要照射,减轻了放射治疗并发症,提高了患者疗效和生活质量。

第二章

质子治疗系统设备

第一节　质子治疗系统简介

一、系统结构

目前在用的主流质子治疗系统的构成通常如图 2-1-1 所示。

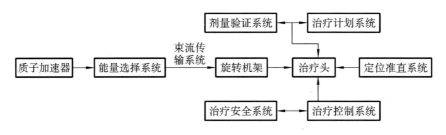

图 2-1-1　质子治疗系统构成图

医用质子治疗系统主要包含医用质子加速器、能量选择系统、旋转机架、束流传输系统，以及治疗头和配套控制、计划、定位系统等。

利用直流高压电场进行加速的加速器能量较低，利用感应涡旋电场进行加速的加速器只能加速电子。质子治疗需要较高能量的质子，只能由高频谐振加速器获得。一般来说，为了使质子束能治疗深度为 30～315 cm 的肿瘤，需要一台 70～230 MeV 的质子加速器。

(一)质子加速器

质子加速器类型基本有以下几种：

①同步加速器；

②回旋加速器；

③同步回旋加速器；

④直线加速器。

这几种加速器孰优孰劣历来有较大争议。回旋加速器最大的优点在于操作方便，但是它需要额外配置能量选择系统，因为它不具备能量可调性，而且它的束流品质不如同步加速器和直线加速器好。同步加速器的优势在于输出能量可调，不需要额外配置能量选择系统，但是它操作起来比较复杂，占地面积大。直线加速器也能实现输出能量可调，而且它的束流品质特别优良。

(二)能量选择系统

质子治疗时要根据肿瘤本身深度和厚度用不同能量的质子,而回旋加速器引出的质子流能量是固定的,因此在加速器与治疗头之间要有一个能量选择系统,这个系统由降能器及离子光学用的各种磁铁和测量元件所组成。当质子通过石墨层时,石墨厚度越大,则降低的能量越大,故用不同厚度的石墨就可以实现不同的降能。当加速器引出的 230 MeV 固定能量的质子进入能量选择系统时,通过不同厚度的调节降能器,就可以在输出端得到 70~230 MeV 连续可调的不同能量的质子流。

(三)束流传输系统和旋转机架

束流传输系统的任务是将加速器产生的质子束送到患者的治疗部位附近。沿着束流传输管道安放着四极磁铁、偏转磁铁、导向磁铁、束流测量设备和真空设备。四极磁铁的作用是对质子束进行聚焦。偏转磁铁的作用是改变束流方向。导向磁铁的作用是纠正质子束在系统安装时产生的偏离。

患者在治疗室中往往需要用较长时间进行定位,为了充分利用加速器的束流,质子治疗设备通常配置多个治疗室,各个治疗室在照射时间上相互错开。治疗室分为固定束治疗室和转动束治疗室,转动束治疗室中配有旋转机架,它们能环绕卧姿患者进行转动,以便质子束从不同方向对靶区进行照射。

从加速器引出的质子束首先进入主束线,然后根据需要转入不同的支束线进入治疗室。主束线和支束线的交界处配置偏转磁铁改变束流方向,这种偏转磁铁又称为开关磁铁。

(四)治疗头和定位准直系统

为了将加速器引出的束流扩展成较大且均匀的质子流,覆盖所有肿瘤横向面积,需要有一个束流配送系统。为了使质子流形成一个扩展布拉格峰,能照射到肿瘤的整个纵向深度,需要有一个束流能量调制器。所有这类专用功能的部件共有十多种,都装在治疗头内。

(1)降能器:用于较大幅度降低质子能量,常用的降能器是一个石墨柱体,外加不锈钢壳来保护降能器。

(2)转动调制器:用于质子束的射程调制。

(3)二进制调能器:用于射程细调。

(4)射程补偿器:确保扩展布拉格峰后沿恰好落在靶区后方边界上。

(5)散射系统:目前运用最广泛的束流扩展系统,其中单散射系统只适用于照射野很小的情况,应用更多的是双散射系统。

（6）准直器：用于限制照射野，一般配有射程监测器监测质子射程。

（7）定位系统：用于使质子束精确地辐射在肿瘤病灶部位。

（五）其他系统

（1）剂量验证系统：为了确保在治疗时的真实质子治疗剂量参数达到治疗的规定要求值，同时保证安全和疗效，必须有一套剂量验证系统进行治疗剂量的实时监测。

（2）治疗计划系统：本质是一个专用于质子治疗的软件，医生根据患者的有关诊断信息，用这个软件来制订患者的治疗方案，并确定设备运行参数。

（3）治疗控制系统：将质子治疗系统中各个独立完成某一特定功能的设备连接在一起，通过专用应用软件按治疗要求使所有设备协调地进行工作。

（4）治疗安全系统：用于保证患者和医务人员不受辐射伤害。

二、束流产生装置——加速器

（1）质子同步加速器的工作原理与电子同步加速器的类似。磁场是随时间改变的，随着粒子能量提高，磁场也加强，以保证粒子在恒定的闭合轨道附近回旋运动。磁场分布在设计的闭合轨道附近的环形区域内，环形真空室位于磁铁的磁极间隙里，粒子在真空室内回旋运动。粒子轨道上安放有一个或数个加速设备，加速设备产生高频电场来加速粒子。加速电场的频率是粒子回旋频率的整数倍，在加速过程中，随着粒子回旋频率增高，加速电场的频率也增高，这一点是它与电子同步加速器的最大区别。现在利用质子同步加速器已能把质子加速到 800 GeV。对质子同步加速器某些系统的指标进行必要的修改，也能加速比质子重的一些离子，来进行高能重离子的物理实验。

质子同步加速器主要用来进行高能物理实验，或者作为质子对撞机或另一台更高能量的质子同步加速器的注入器。强流质子同步加速器还可用作强脉冲中子源，产生散裂中子，用于凝聚态物理研究或模拟核爆炸。

1952 年，美国布鲁克海文国家实验室建成世界上第一台质子同步加速器，设计能量为 3 GeV。之后，美国劳伦斯伯克利国家实验室和苏联杜布纳联合核子研究所相继建成了 6.4 GeV 和 10 GeV 的质子同步加速器。1959 年，日内瓦欧洲核子研究中心建成了 28 GeV 的质子同步加速器，它的磁铁系统采用了强聚焦原理，这种加速器被称为强聚焦质子同步加速器，而以前建成的弱聚焦质子同步加速器现大部分已关闭。

按照磁铁系统不同，质子同步加速器又可分为采用常温磁铁的常温质子同步加速器和采用超导磁体的超导质子同步加速器，前者加速时间只需 1～2 s，而后者要长达 10 s 以上，超导质子同步加速器还可按储存环(见对撞机)方式工作,而常温质子同步加速器如改为储存环方式工作,一般要降低能量。按照脉冲周期不同,同步加速器有快脉冲同步加速器和慢脉冲同步加速器之分,前者脉冲周期在 0.1 s 以内,后者脉冲周期在 1 s 以上。

同步加速器的优点如下:①高能粒子加速效率高,能够在短时间内加速粒子到高速度,从而获得更高的能量和更大的穿透能力;②加速器结构相对简单,可以用于加速不同种类的离子和电子束;③同步加速器可以产生非常高的束流强度,可以用于高能物理研究、医学放射治疗等领域。缺点如下:①同步加速器的体积较大,需要大量的空间来容纳加速结构、磁铁等设备;②加速器需要大量电能来提供电场加速粒子,因此能耗较高;③同步加速器在高能量下容易产生辐射,需要采取措施来保护工作人员和环境;④加速器对加速粒子的能量和强度控制要求较高,调试和维护成本较高。

(2)回旋加速器是一种通过电场和磁场的相互作用将带电粒子加速到极高速度的粒子加速器。它由一系列环形的加速区域及注入和收集器组成,其中加速器环形区域的直径逐渐增加。加速器中沿着环形路径运动的带电粒子会在每一个环上受到电场和磁场的交替作用,从而加速到更高的速度。

回旋加速器的加速原理基于粒子在磁场和电场作用下的受力情况。当带电粒子经过磁场时,它会受到一个垂直于粒子运动轨道方向的洛伦兹力,这个力会使粒子沿着磁场力线做圆周运动。当粒子做圆周运动时,电场被用来提供向着中心的加速力,使粒子进一步加速。这个过程被称为"强制振荡"。

为了让带电粒子在加速器中保持运动,注入和收集器用于向加速器核心注入和收集粒子。注入器会向加速器中注入低速度的粒子,粒子会利用加速器中的电场和磁场实现不断加速,并在收集器中被收集起来。这样的过程需要频繁地对粒子进行加速和聚束,以保证它们在加速器中的运动稳定。

回旋加速器的物理实现基于两种关键技术:磁铁和射频加速技术。磁铁被用来产生加速器中的强磁场,它们通常采用超导技术以达到足够强的磁场强度。射频加速器通过产生高频电场,在加速器中引起磁场和电场的交替作用,从而实现对带电粒子的加速。

回旋加速器的优点如下:①高速度和高能量:回旋加速器可以加速带电粒子到极高速度和能量,以达到研究高能粒子和物理现象的目的,如研究基本粒子结构和反应等。②精度高:回旋加速器可以控制电场和磁场,从而实现准确的粒子加速、聚能和聚束,这使得研究过程更加准确和可靠。③可再利用:回旋加速器中生成的高能粒子可以被用于多种科学研究,而不仅仅是粒子物理学。例如,高能粒子可以被用于治疗癌症,也可以被用于对材料进行辐照或化学研究。④环境安全:与其他高能加速器相比,回旋加速器产生较小的放射性污染和对周围环境的破坏较小。缺点如下:①成本高昂:由于其复杂性和技术要求高,回旋加速器需要大量的资金来建造和维护,因此,回旋加速器的建造和维护成本非常高。②尺寸大:为了实现高能量粒子的加速和聚束,回旋加速器需要较大的空间和体积。因此,建造大型回旋加速器需要大量土地和资源。③制造难度高:由于回旋加速器需要使用高超导技术、精密的机械加工技术和复杂的电子电器技术等多项技术,其制造难度比较大。

(3)同步回旋加速器又被称为稳相加速器,是因为它与著名的"自动稳相原理"有关。

V. 韦克斯勒和 E.麦克米伦在 1944—1945 年分别提出了下述原理:回旋频率与加速电场频率保持严格同步的粒子(称同步粒子)周围,有一群非同步粒子,只要它们与同步粒子在能量和相位上的差别在一定的范围内,它们也可得到稳定加速。假设同步粒子处在高频电场下降的相区内,当某一非同步粒子的相位落后于同步粒子时,则会得到比同步粒子稍小的能量增益,它的回旋周期开始减小,因而在下一次到达加速电场区域时,其相位较前一次更接近同步粒子。如此往复,非同步粒子的相位总是在同步相位附近做稳定相振荡,并获得与同步粒子相同的平均能量增益。同步回旋加速器在结构上与经典回旋加速器十分相似,主要区别是在起加速作用的"D 形电极"的共振回路中使用可变电容器,以调变频率。频率调变的幅度通常在 2∶1 左右,调制的重复频率为 60~100 Hz。总体来说,同步回旋加速器的主要特点是能够在加速过程中保持粒子束和电场之间的稳定相位关系。在传统的加速器中,粒子束在经过加速电场时,由于电场的变化和粒子的自身特性,粒子束的相位关系会发生变化,从而导致加速效率下降。而同步回旋加速器通过对加速电场进行精确控制,使得粒子束和电场之间的相位关系保持稳定,从而能够获得更高的加速效率和更高的能量。同步回旋加速器的主要优点如下:①加速效率高:能够获得更高的加速效率和更高的能量。②稳定性高:能够保持粒子束和电场之间的稳定相位关系,减少加速过程中的相位失配和能量损失。③粒子束质量高:能够获得更高质量的粒子束,提高加速器的应用效果。④粒子束的空间和时间分辨率高:能够生成高分辨率的粒子束,有助于粒子物理和医学应用等领域的研究。同步回旋加速器的主要缺点如下:①设备复杂:为了保持粒子束和电场之间的稳定相位关系,需要对加速器的控制系统进行精确设计和调试。②成本较高:由于设备的复杂性和精密性,同步回旋加速器的成本相对较高。③维护难度高:同步回旋加速器的维护难度要超过同步加速器和回旋加速器。

(4)直线加速器是一种利用高频电磁波将电子等带电粒子通过加速管加速到高能的装置。它在一条直线内利用高频电场加速带电粒子,将其加速到高速度和高能量。

直线加速器的基本原理是利用高频电场作用于带电粒子,加速粒子的运动。在加速过程中,粒子在电场中获得动能,速度逐渐增加,直至达到所需能量和速度。直线加速器通常由多个加速模块组成,每个加速模块都包含一个高频电场和一组磁铁,用来加速和聚焦粒子束。

直线加速器的加速过程可以分为以下几个步骤。

①粒子注入:将带电粒子注入加速器中,通常采用离子源或电子枪等装置。

②粒子加速:带电粒子在加速器中通过高频电场受到加速作用,速度逐渐增大。

③粒子聚焦:为了保持粒子束的质量和聚焦度,加速器中通常会设置一组磁铁,用来控制粒子的轨道和聚焦粒子束。

④粒子出射:粒子在加速器中完成加速和聚焦后,可以通过减速器或其他装置进行进一步处理或应用。

直线加速器的优点如下:①加速效率高:能够在短时间内将粒子加速到高速度和高能量,故加速效率高。②易于控制:直线加速器的加速过程可以通过调节高频电场、磁铁等参数进行精确控制。③粒子束质量高:直线加速器能够产生高质量的粒子束,粒子束的空间和时间分辨率高,有助于粒子物理和医学应用等领域的研究。④灵活性高:直线加速器可以用于加速不同种类的离子和电子束,具有较高的灵活性和较大的应用范围。缺点如下:①设备复杂:直线加速器的结构和系统较为复杂,需要丰富的技术和经验进行设计、制造和维护。②能耗较高:直线加速器需要大量电能来提供高频电场,能耗较高。③成本较高:由于设备的复杂性和精密性,直线加速器的成本相对较高。④有安全隐患:直线加速器在高能量下容易产生辐射,需要采取措施来保护工作人员和环境。

三、旋转机架

旋转机架是质子治疗系统的核心设备,世界上第一台用于质子治疗的旋转机架安装于美国洛马林达大学质子治疗中心。其结构尺寸如下:机架旋转直径 10.5 m,长 4.5 m,桁架结构质量 46 t,安装在上面的部件质量 42 t,总质量 88 t(图 2-1-2)。

通常旋转机架,根据机械结构布局,大体可分为日立公司产的"滚筒式"和 IBA 公司产的"桁架式"两种主要结构类型;根据旋转角度,可分为 360°旋转的"全周式"和 120°~180°旋转的"半周式"旋转机架;根据驱动方式,可分为"齿轮传动式""链条传动式""滚轮传动式";根据患者治疗的等中心位置与旋转机架上治疗头回转中心位置的关系,可分为"等中心式"和"非等中心式"等。旋转机架的主要子部件及子系统如下:

(1)旋转机架束流输运线(包括二极偏转磁铁和四极聚焦磁铁等);

(2)配重;

(3)治疗头系统(包括扫描磁铁、聚焦磁铁、束流线检测器、准直器等);

(4)机架本体(包含前后环、卷轴器、支架、梁结构及滚筒系统);

(5)架底座和支撑;

(6)驱动及刹车系统;

(7)电气及安全控制系统。

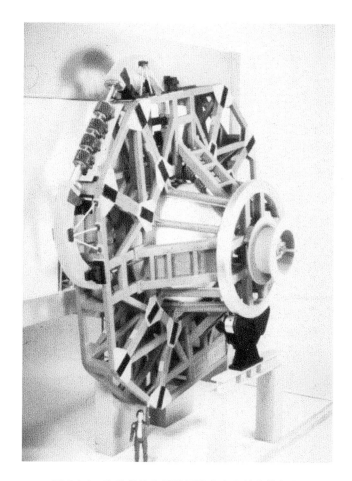

图 2-1-2 洛马林达大学质子治疗中心的旋转机架

德国海德堡质子和重离子治疗中心的旋转机架,采用稳健的机械结构,机架尺寸如下:长 25 m,直径 13 m,360°旋转,磁铁重 140 t,配重 120 t,总重 600 t(图 2-1-3)。

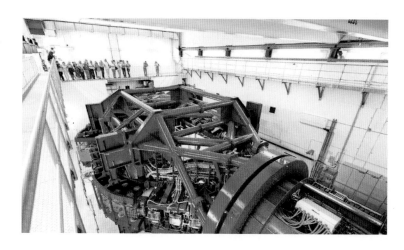

图 2-1-3 海德堡质子和重离子治疗中心的旋转机架

当今世界上，质子治疗系统正朝着小型化、紧凑型方向发展。各大公司开发出各具特色的质子治疗系统并改进了旋转机架。比如，迈胜公司突破性地创造了紧凑设计，把加速器集成在旋转机架上，其旋转机架外形像一个龙门吊（Ⅱ），整机占地面积大大减小；有厂家把360°旋转机架改成180°旋转机架，从而使机架的体积缩小了；还有厂家直接把旋转机架上搭载的常温二极磁铁和四极磁铁升级为超导磁体，大大减轻了机架负载，从而达到了减小机架体积的目的。

四、束流传输系统

束流传输系统的主要作用是将加速器引出的质子束流，根据肿瘤治疗的束流需求调节到所需能量和品质（图2-1-4），按照治疗需求将束流及时切换到不同的治疗舱。由加速器引出的质子束流经过能量选择系统（仅回旋加速器）和束流传输系统，通过一系列聚焦、导向、监测、偏转等，被传输到旋转机架治疗室或者固定束治疗室中，最终由治疗头进行束流性能转换以满足治疗要求。根据病灶深度对质子能量的需求，回旋加速器在束流传输线上需要通过降能器调节质子的能量，以适应病灶深度的需求。为了提高治疗效率，束流传输系统应具有快速能量调节能力、较高的束流传输效率及较低的束流损失。目前，国外企业研发的超导束流传输系统减小了磁铁及旋转机架的尺寸与质量，但超导磁体在磁场切换时间上要慢于普通磁铁。

图 2-1-4　束流传输系统

五、患者肿瘤定位和验证系统

质子治疗是当今较精准、较有效的肿瘤治疗利器之一，其对患者的治疗精度可以控制在0.2 mm。如此精确的治疗，需要配合对患者的精确定位，对运动器官来说，还需要呼吸门控系统来减少靶区移动。

　　患者肿瘤定位和验证系统主要包括头罩固定、体模固定(图 2-1-5)、激光定位、摄像头可视定位和 CT(图 2-1-6)、CBCT 等数字化影像定位系统等。

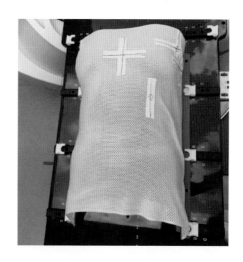

图 2-1-5　定位用体模

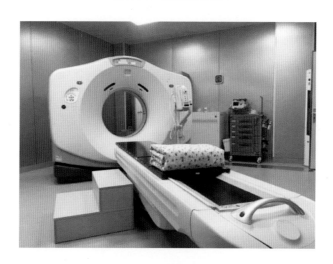

图 2-1-6　CT 模拟定位机

　　定位系统可以最大限度地保证患者的人身安全,其系统内含有多个位置探测器。后端治疗系统通常采用激光定位和 CBCT 图像引导相结合的方式。激光定位灯放置在旋转机架治疗头上,具有定位标记靶区的位置及保证体位重复性的功能,而且在放射治疗的实施过程中,它除了保证体位重复性及治疗准确性外,还可充当源皮距灯,具有摆位功能。在治疗室内采用 CBCT 图像引导方式,可以在三维范畴情况下比较患者治疗位置的 CT 影像与治疗计划的 CT 影像之间的差别,给出比常用正交准直系统更精确的定位结果。目前,多数生产企业已经把 CBCT 加入治疗室内,根据安放方式主要分为两种:①安放在旋转机架上,跟随旋转机架一起运动;②安放在治疗床上,独立运动。

第二节　Total-Body PET/CT 简介

一、系统构成

Total-Body PET/CT 成像系统主要由 PET 系统、CT 系统、外壳、检查床、配电柜、冷水机、重建机集群、控制台（含软件系统）和生理信号门控单元构成，这些系统主要的构成部件如图 2-2-1 所示。

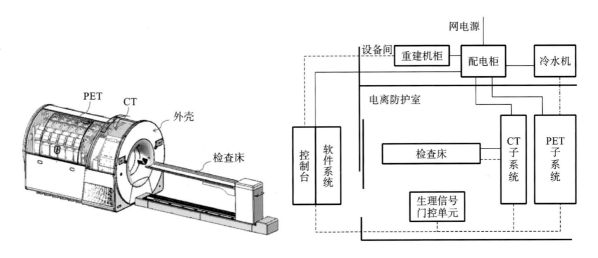

图 2-2-1　Total-Body PET/CT 系统主要结构组成

二、PET 系统

PET 系统主要包括 PET 机架、PET 探测器以及 PET 数据传输处理系统，其共同构成了横向直径 700 mm、轴向长度 1940 mm 的 PET 扫描区域，如图 2-2-2 所示。

PET 机架由 8 个相同的机架单元组成，为探测器模块（FDM）、电子学系统、冷却系统部件、电源、线缆等提供机械支撑，保证探测器安装精度，可在水平的机架导轨上平移和固定，方便安装与维护，如图 2-2-3 所示。

PET 探测器系统由 192 个（1 个机架单元包含 24 个探测器模块，共 8 个机架单元）探测器模块组成探测器环状结构，每个探测器模块有 84 环 LYSO 晶体（尺寸为 2.76 mm×2.76 mm×18.1 mm，LYSO 即硅酸钇镥），可以将 γ 光子转换成可见光，然后通过硅光电倍增管（silicon

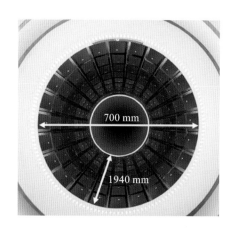

图 2-2-2 PET 探测器环（横向直径 700 mm、轴向长度 1940 mm）

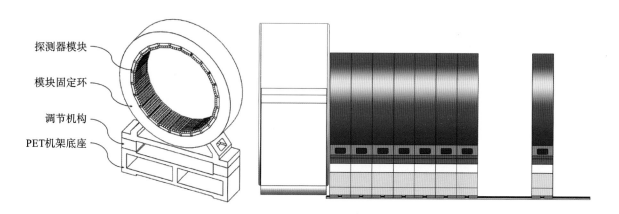

探测器模块

模块固定环

调节机构

PET机架底座

图 2-2-3 PET 机架主体结构示意图

photomultiplier，SiPM)和后续读出电路将可见光转换成数字信号，获取 γ 光子的时间、能量、位置信息，并发送到符合处理电路，如图 2-2-4 所示。

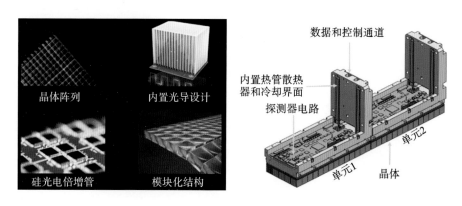

晶体阵列 内置光导设计

硅光电倍增管 模块化结构

数据和控制通道

内置热管散热器和冷却界面

探测器电路

单元1 单元2 晶体

图 2-2-4 PET 探测器结构示意图

PET 符合处理电路(LCC)对探测到的 γ 光子进行符合判选,筛选出来自同一正电子湮没事件的一对 γ 光子生成符合数据,然后由数据采集模块(DSW)发送到重建机集群进行存储和图像重建,最后将重建得到的图像发送到控制台(Host PC)进行存储和后处理,整体过程如图 2-2-5 所示。

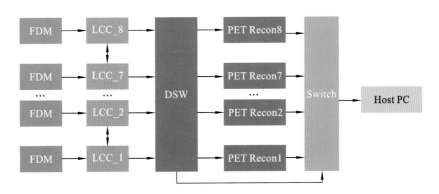

图 2-2-5　PET 数据获取子系统的数据传输链路

FDM 为探测器模块;LCC 为符合处理电路;DSW 为数据采集模块;
PET Recon 为 PET 重建机;Switch 为转换;Host PC 为控制台

三、CT 系统

CT 系统包括 CT 机架、X 射线发生装置、滑环、CT 探测器、数据采集系统和控制台(控制台与 PET 共用)等主要部件,与 PET 系统的主要区别是 X 射线发生装置和旋转机架不同,其主体结构如图 2-2-6 所示。

图 2-2-6　CT 系统主体结构

X 射线发生装置包含高压发生器、X 射线管,其主要作用是产生 X 射线。CT 探测器探测经过被扫描体衰减后的 X 射线,并将数据采集到计算机进行重建、存储和后处理。整个 CT 探测器有 80 排,936 列。滑环主要为旋转部分供电,并且提供控制信号和数据采集通道。

四、检查床

检查床的主体由底座、床板、垂直升降和水平进给装置、床垫、头托组成,用于承载被扫描对象在前、后、上、下四个方向移动,其中底座与床板一起在水平方向前后运动,垂直部分可以上下运动,按下浮动按钮可以手动前后拖拽检查床。检查床位于 CT 系统的前侧,其最大承重为 250 kg(图 2-2-7)。

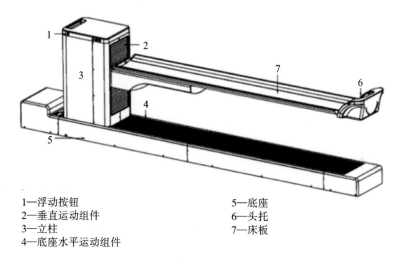

1—浮动按钮   5—底座
2—垂直运动组件   6—头托
3—立柱   7—床板
4—底座水平运动组件

图 2-2-7　检查床

五、配电柜

配电柜供电系统将 380 VAC 或者 400 VAC 的输入电源转换为系统所需的 200 VAC、220 VAC、380 VAC 和 400 VAC 等,提供给 PET/CT 整机系统,最大功率 215 kVA。配电柜如图 2-2-8 所示。

六、冷水机

PET 系统中包含 600 多个等电子学部件,每个部件在工作时都会发出热量,而探测器需要稳定的温度环境以保证探测性能,因此需要有一个高效的冷却系统来保持探测器的温度稳定,以保证 PET 系统的图像质量。

为了达到更好的冷却效果,PET 探测器采用水冷设计 PET 冷水机(chiller)将水冷却后送

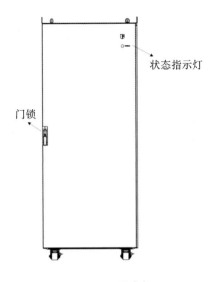

图 2-2-8 配电柜

到 8 个机架单元(PET01～PET08),冷水吸收热量后返回冷水机。冷却系统整体设计如图 2-2-9 所示。

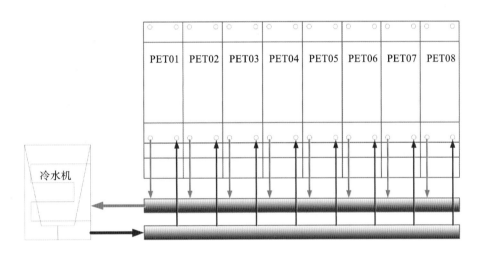

图 2-2-9 PET 冷水机控温系统示意图

七、重建机集群

系统配有重建机柜,内部包含重建机集群及交换机。重建机受控制主机控制,实现图像重建的功能。Total-Body PET/CT 具有高灵敏度,可产生海量数据,故对重建速度和图像质量要求很高,因此采用多个高性能重建计算机进行分布式采集,并行进行数据重建,其分布式数据存储方案如图 2-2-10 所示。

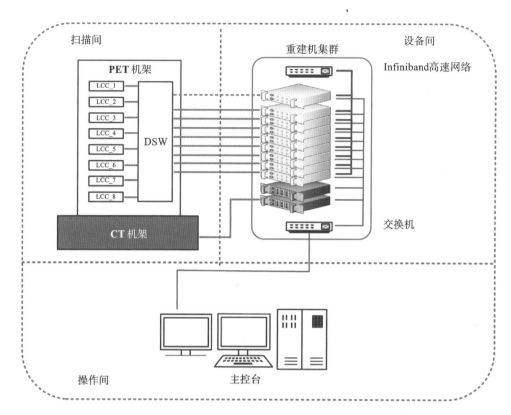

图 2-2-10   分布式数据存储方案

LCC 为符合处理电路；DSW 为数据采集模块

八、控 制 台

控制台主要包括主机、显示器、控制盒及键盘、鼠标等部件（图 2-2-11）。其中，主机装载了 PET/CT 扫描控制软件，并可进行图像浏览和图像重建等操作。此外，用户可以通过控制盒启动或取消 PET/CT 扫描，控制检查床运动，并可利用配套使用的对讲系统，与扫描间的被扫描对象通话。

九、生理信号门控单元

系统配有无线生理信号门控单元（图 2-2-12），包含主体结构、心电导联线和呼吸气囊，心电导联线上可连接一次性心电电极片（此电极非系统组成，由医院负责采购）采集心电信号，呼吸气囊可用绑带固定在患者腹部，采集呼吸信号。采集到的呼吸和心电信号可以显示在外壳数据显示面板（DDP）和 PET/CT 软件界面上。

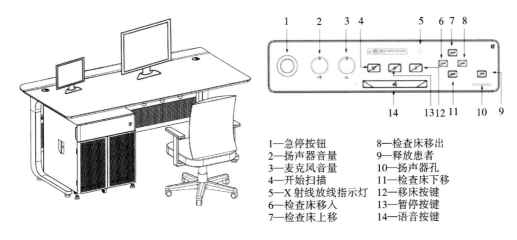

1—急停按钮　　　　　8—检查床移出
2—扬声器音量　　　　9—释放患者
3—麦克风音量　　　　10—扬声器孔
4—开始扫描　　　　　11—检查床下移
5—X射线放线指示灯　12—移床按键
6—检查床移入　　　　13—暂停按键
7—检查床上移　　　　14—语音按键

图 2-2-11　控制台

图 2-2-12　生理信号门控单元示意图

第三节　回旋加速器系统简介

一、PETtrace 800 回旋加速器主机系统

1. 磁场

在回旋加速器中,磁场是非常重要的一部分,磁场提供被加速的带电粒子在所控制的轨道上做圆周运动所需要的磁场强度,磁体由标准钢和低碳钢制成,磁场由空心铜导体绕制的线圈激励,方向与其中的平面垂直。回旋加速器可加速 H⁻ 和 D⁻ 两种不同的粒子,由于两种粒子

质量数不同,为获取两种粒子加速的等时性,H^- 的励磁电流比 D^- 的励磁电流大约 0.03 T。励磁电流通过控制系统预先设置并能自动调整,以克服在运行过程中发生的慢漂移,以期在靶上获得尽可能高的束流。磁场电流由磁场电源配给系统(PSMC)提供,空心铜导体通去离子水进行冷却。磁场还对离子源中经电离形成的等离子体起汇聚作用。

2. 离子源系统

离子源系统提供被加速的带电离子,采用内置离子源技术。离子源是冷阴极电离计(PIG),利用交变电场和磁场将阴极产生的电子束缚在一定范围内运动,电子运动过程中与氢气或氘气分子碰撞并将其电离,形成等离子体,射频系统将 H^- 或 D^- 提取出来并使之进入加速器真空腔加速。

离子源系统由 2 个 PIG 离子源、离子源电源供给系统(PSARC)、气体处理系统组成,2 个 PIG 离子源分别产生两种不同的待加速离子(H^- 和 D^-),2 种源的产生在物理操作上是完全一致的,由一种源切换成另一种源只需要几分钟的时间。气体处理系统校正离子源气体并选择离子源,使气体保持稳定的流量。

3. 射频系统

射频系统包括频率合成、放大及耦合线路和检测系统。射频系统主要有两个方面作用:加速束流和从离子源中提取束流。回旋加速器真空腔中有 2 个 D 形盒,经过合成和放大以后的高频电压加在 D 形盒的电极上,束流每通过一个 D 形盒可获得 2 次加速,加速发生在 D 形盒的边缘,一次吸入,一次踢出,束流旋转一周即可获得 4 次加速。加速不同的粒子束流射频系统产生不同的频率。对于能量较低的回旋加速器来说,产量是最为关键的问题,射频频率高,束流团短,亮度高,束流的集中度高,产生的轰击效果好、放射性产量高。而对于能量较高的回旋加速器来说,产量足够高,这时应该关注粒子束流的稳定性,过高的频率对束流加速有影响,频率越小,后期回旋加速器运营越稳定。射频系统在 D 形盒尖端形成正的电压峰值,将 H^- 或 D^- 提取出来并使之进入加速轨道。

4. 真空系统

真空系统的作用主要是为离子束流提供一个加速环境,使粒子在不受空气分子碰撞的条件下得到加速。真空系统由两级组成,第 1 级是油扩散泵,第 2 级是循环泵,同时循环泵支持油扩散泵,使油扩散泵抽真空。真空系统 24 h 运行,真空状态由 2 个 Pirani 真空计和 1 个 Penning 真空计检测,Pirani 真空计检测 $10^{-5} \sim 1$ bar 的压力范围,即油扩散泵里的压力和真空腔里的压力;Penning 真空计检测 10^{-5} bar 以下的压力,加速器正常运行情况下真空腔压力在 4.0×10^{-5} bar 以下。真空腔为 D 形盒加速电极的高电势提供对地绝缘。

5. 碳金萃取箔

H^- 或 D^- 加速到萃取半径范围时,束流通过一个很薄的碳金箔剥离装置使电子被剥离下来,产生氢核或氘核束流。萃取系统最主要的基础就是碳金萃取箔,回旋加速器有 2 个装载萃取箔的旋转装置,每个装置上有 6 片萃取箔,被加速的负离子在通过萃取箔时脱去 2 个电子,由阴离子转变为阳离子。萃取箔的位置决定了束流的引出方向,并能够引导束流进入指定的同位素生产靶。在束流轰击过程中如果发现萃取箔损坏或者出现某种故障,控制系统将自动选择一个新的萃取箔代替损坏的碳金萃取箔继续工作。

萃取系统有 2 种萃取模式:单束流萃取,即 1 种粒子束流被引导到 1 个核素生产靶上;双束流萃取,即 1 种粒子束流同时被引导到 2 个核素生产靶上,同时生产 2 种核素。

6. 靶系统

靶系统是完成特定核反应而产生正电子核素的装置。阴离子束流经萃取膜萃取后转变为阳离子束流,并被引导到相应的束流出口,经靶内 2 片金属薄膜进入靶室。2 片金属薄膜将靶室与加速器真空腔隔开。每个束流出口装备束流引出阀和一个与靶体配合的锥形装置,靶体通过快速连接装置锁定到相应靶位。回旋加速器有 6 个束流引出端口。根据靶材是气体、液体还是固体可将靶分为气体靶、液体靶和固体靶,气体靶或液体靶经靶面板注入靶室。靶体主要分为四个部分:前法兰、氦冷却室、靶室、后法兰。前法兰引导靶正确进入加速器相应靶位,插销装置使拆装靶快速准确,后法兰连接供应管道。靶在生产时需要 3 种材料,第 1 种就是靶材,第 2 种是冷却水,第 3 种是高速循环的冷却氦,靶材和冷却水都经后法兰进入靶内。生产固体靶时,原材料为固体形态,需要电镀到靶片上,而后进行后期的生产。

7. 束流诊断系统

为了控制从离子源到靶的束流,束流诊断系统检测加速器和靶系统处于不同位置时的束流情况。束流诊断系统包括以下几个部分:flip-in 探针、萃取膜、每一束流出口处的上下准直仪、靶体、多信道束流分析仪、过滤板。从 flip-in 探针反馈回来的束流信息可用于判断束流是否达到预期值,是否满足核素生产的要求。如果束流信息符合预期值,则同时也反映加速器各个子系统工作正常,离子源状态良好。阴离子在萃取箔处剥离出 2 个负电子转变为阳离子,萃取箔对地绝缘以便检测电子电流值,该值应是萃取前阴离子束流的 2 倍。

8. 氦冷却系统

氦冷却系统和水冷却系统同属于冷却系统。氦冷却系统主要是在生产期间靶室和靶窗的箔膜和钛箔膜之间进行冷却,高速循环的氦气流提供了良好的冷却效果。水冷却系统分为初级水冷和二级水冷。循环水从不同系统中将热量带出在二级水冷中进行热交换,二级水冷再将热量传送到初级水冷进行冷却。水冷却系统同时对氦冷却系统进行冷却。目前新型回旋加速器如果能够配备无须氦冷却的靶系统,则可降低氦气成本,同时也能降低靶系统故障率。

二、PETtrace 800 回旋加速器靶系统

靶体根据被轰击物质的状态分为三类:气体靶、液体靶和固体靶。它们直接安装在回旋加

速器的输出端口。气体靶和液体靶由一个体积为几立方厘米的水冷辐照室组成,水冷辐照室里面充满了特定物质(例如用于生产^{18}F 的 $H_2^{18}O$)。束流通过一个薄窗口进入腔室,该窗口朝向与加速器真空室接触的第二个窗口。两个窗口之间的间隙有几毫米,用于流动的氦气进行冷却。窗口使用铝或哈瓦合金制成,而靶体通常由铝或铌制成。材料的选择取决于所生产的放射性同位素及其化学性质,因为即使是微小的杂质也可能对合成产率和最终产品的纯度产生严重的负面影响。在轰击期间,束流的形状或强度应尽可能保持稳定。必须避免束流热点。由于剥离器和靶体之间通常不存在聚焦元件,因此操作员必须通过剥离器角度、主线圈和重新定心线圈以及 RF 峰值电压来优化束流。固体靶站是生产新型 PET 放射性同位素的主要装置(图 2-3-1)。靶体材料通常在铝或铂盘上电镀。目前正在研究压缩粉末靶材的使用。辐照后,通过手动或远程控制(机械或气动)系统解脱圆盘并从回旋加速器防护罩中取出。

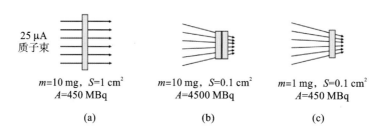

图 2-3-1　使用固体靶站生产^{43}Sc 的不同场景

(a)标准束;(b)(c)高度聚焦束流

(一)气体靶

1. 概况

与反应堆辐照中很少使用气体靶相比,高精密技术已经开发出来,并广泛用于带电粒子的气体靶照射,特别是在低能回旋加速器(Ⅰ～Ⅲ级)中,以生产轻质量元素的短寿命正电子发射体。最初,在 20 世纪 70 年代初期,人们建造了气体靶。靶架由一个相对宽的长金属管($\phi=5$ cm、长度＝50 cm)组成,靶气体通过该金属管流动。调整气体压力以在束流路径中提供足够的靶核,进而覆盖所用核反应的激发函数的最佳能量范围。放射性气体产物不断被引入实验室区域,在那里用于患者研究之前就进行了一些化学处理。然而,用于制备许多放射性药物的放射性浓度很低。

随着 PET 技术的发展,从 20 世纪 70 年代末开始,气体靶得到了很大的发展。小型靶架被设计用于使用高强度带电粒子束对加压气体进行批量模式照射。这里应全面考虑注入靶体内的气体中的以下因素和现象:

①束流的散射;

②等离子体的形成和高压的积聚;

③热生成及其有效消散；

④放射性产物的化学归宿；

⑤产品的产率、纯度和比活度。

2. 散射

带电粒子束的散射在气体靶中比在液体靶或固体靶中更明显。这是由于束流在气体中行经的路径较长。因此，如果靶架较长且其主体不够宽，则靶后部的部分束流可能不会撞击气体而撞击靶架的内壁。束流的这种损失会降低放射性产物的产量并在靶壁上沉积大量额外的热能。因此，为了抑制气体中的束流，引入了锥形靶体。一般来说，锥形靶体长 10~12 cm，前部直径约 1 cm，后部直径约 3 cm。这种形状的另一个优点是靶体填充所需的气体量较小。在一个典型的气体靶中，束流形状是从当腔室充满 4 bar natKr 时进行的光学测量推导出来的，并且在 Ip＝10 μA 时用 14.5 MeV 质子进行照射。在靶体末端观察到，前面的 6 mm 直径束流被加宽到 19 mm。

3. 等离子体形成

带电粒子束与靶系统中的气体相互作用而产生等离子体，等离子体向靶体内壁移动。随着束流强度的增加，等离子体的形成也在增强，而沿束流方向的气体密度在降低。因此，束流路径中的原子核数量变少，产品的产量受到影响。在生产过程中，靶体通常被填充到大约 20 bar 的压力，在大约 30 μA 的束流影响下，压力可能会上升到大约 30 bar。这种压力的增加通常被用于射在气体上束流的定位的测试。

4. 热生成

高压和等离子体的形成对窗口金属箔造成严重应变，将靶体与回旋加速器真空分离开。Al、V、Ti、Ni、Nb 和 Havar（一种钴基合金）等材料已广泛用作箔片。靶体必须是良好的导热体，Al、Ti、Ni、Cu、不锈钢和 Inconel（铬镍铁合金）等材料已得到广泛应用。为了有效消散大电流照射期间产生的热量，靶体采用循环水冷却。靶体通常在前面有一个由两个箔片组成的双窗口，冷却的氦气可以通过这个双窗口在闭环路里流动。

5. 化学形式

气体靶中放射性产物的化学形态在很大程度上取决于靶体和填充的气体。在高强度束流的影响下，可能会发生广泛辐射化学相互作用，从而产生多种放射性和非放射性化学产品。添加剂通常是产品放射性核素的放射化学状态的决定因素。

6. 产量和纯度

采用良好的生产方法不仅有望获得高产量，而且可获得低水平的放射性核素杂质。这是通过选择合适的核工艺、相关的靶体材料和化学分离方案来实现的。此外，化学杂质的含量应该也很低。这些杂质是通过所使用的试剂引入的，并且在某种程度上，是通过辐射诱导效应引入的,如辐射分解和靶体溅射。非活性杂质可能具有毒性作用,也可能与放射性产物形成络合物,从而降低其化学反应性。每当需要高比活性时,都需要在靶体构建中采取特殊预防措施。

(二)液体靶

如前所述,在放射性核素生产的反应堆照射中,液体从未用作靶材。相反,液体通常用从回旋加速器中提取的束流照射。例如,最初体积高达 20 mL 的大型水靶用于通过 $^{16}O(^{3}He, p)^{18}F$ 和 $^{16}O(\alpha, d)^{18}F$ 反应和能量高达 50 MeV 的 $^{3}He^{-}$ 和 α 粒子生产 ^{18}F。此外,还采用了流动的循环水靶。

液体靶的主要问题是水解产物的形成。随着用于分别生产 ^{13}N 和 ^{18}F 的低能核反应 $^{16}O(p, \alpha)^{13}N$ 和 $^{18}O(p, n)^{18}F$ 的引入,并结合高能回旋加速器的发展(Ⅲ级),利用水靶来生产用于 PET 研究的这两种放射性核素就变得很普遍。由于覆盖生产 ^{13}N 或 ^{18}F 的最佳能量范围所需的材料很小,因此使用充满 H_2O 的靶材来产生 ^{13}N 或用 $H_2{}^{18}O$ 来生产 ^{18}F 是有优势的,两者都在压力下以避免辐射分解。特别是对于 ^{18}F,低质子能量和高富集靶材的高成本的限制要求建造专门设计的小尺寸靶材。如今,这些小型靶材广泛用于 ^{18}F 的大规模生产。

德国尤里希研究中心(Forschungszentrum Jülich)开发的典型水靶系统见图 2-3-2。它包

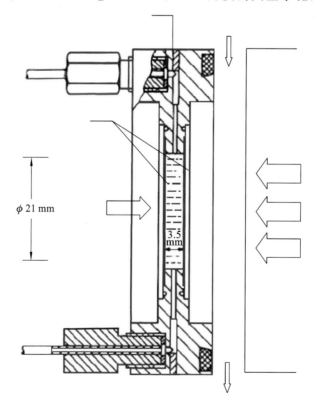

图 2-3-2　回旋加速器中用于生产 ^{13}N 和 ^{18}F 的典型中压水靶系统

(取自 Stöcklin 等人,由 De Gruyter 提供)

括 1 个钛合金体和焊接到 2 个钛箔（75 μm 厚）的电子束，它们用作前后窗。靶体在没有膨胀空间的情况下取 1.3 mL 水，注水厚度为 3.5 mm。在照射期间，后窗采用水冷方式（通常为 10 ℃），前窗采用氦气冷却至 -7 ℃。靶体可以远程充水并使用氦驱动传输系统排出。相同的靶材可用于生产 ^{13}N 和 ^{18}F。在前一种情况下，使用天然水（$H_2^{16}O$），靶体内的质子能量范围对应于 Ep=16→7 MeV。然而，在后一种情况下，使用富集水（$H_2^{18}O$），有效入射能量范围为 Ep=16→3 MeV。靶体通常在 17 MeV 质子下的约 20 μA 束流下工作。常规生产运行中的压力约为 7 bar。^{18}O 标记水的纯度是主要问题。高化学纯度对于避免压力积聚过大是绝对必要的。对于大规模生产，需要大于 90％的 ^{18}O 富集以避免产生过量的 ^{13}N 杂质。绝对不可有有机杂质，因为它们可能会阻止放射性生成的氧和氢原子的再结合，从而导致靶体爆炸。在 2 h 的照射结束时，^{18}F$^-$ 的批量产量约为 75 GBq。

由于 ^{18}F 在 PET 中的重要性日益增加，近年来已经开发了几种高压（10 bar 以上）水靶的改进设计。这些水靶可以承受高达约 100 μA 的束流。^{18}F 的最终批量产量约为 8.7 Ci/2 h。事实证明，球形铌靶用在回旋加速器中非常有效。

许多非标准正电子发射体可以通过使用低能回旋加速器的（p，n）反应来生产，这极大地推动了医院回旋加速器的生产。由于这些回旋加速器通常只有液体靶和气体靶（来生产 ^{18}F、^{11}C、^{15}O 等），因此近年来有了显著的发展，即利用现有的或改进的液态靶材来照射靶材同位素溶液，这些靶体被称为溶液靶体。用质子和以这种方式生产的放射性核素（在括号中给出）照射的溶液包括硝酸钙（^{44}Sc）、硝酸钇（^{89}Zr）等。然而，有必要注意辐射引起的化学物种，必须对这一产物进行清洁的化学分离。所需放射性核素的产量通常较低，但可能足以供当地使用。

$[^{18}F]$ 氟化物靶体可以由银、钛、铌或钽制成。靶体的构成因制造商不同而略有不同。历史上使用的银靶材逐渐被铌靶材所取代，因为银靶材需要更多频次的维护。铌靶材产生的氟化物反应性更强，使 FDG 产率略高。目前大部分 $[^{18}F]$ 氟化物靶体已经被铌靶替代，^{13}N 靶体还是银靶。

（三）固体靶

可以使用内部提取的束流照射固体材料。使用内部束流要求在回旋加速器的真空系统内进行照射。因此规避了具有高蒸气压或由于辐照而显示出大溅射效应的材料。优选具有高熔点和良好导热性的金属、电镀靶材和合金。回旋加速器通过 ^{75}As（α，2n）反应生产 ^{77}Br 所用的典型内部靶材（图 2-3-3）在楔形铜背衬的表面涂上一层薄薄的 Cu_3As 合金，背面用流动的水进行高强度冷却。束流以 6.2°的掠射角落在靶体上，因此 10 μm 厚的合金层足以覆盖生产 ^{77}Br 所需的能量范围（Eα=26→15 MeV）。然而，由于倾斜束流的角度非常小，它在靶体上的定位存在一些困难。温度传感器的使用有助于克服这一困难。常规使用约 80 μA 的 α 粒子束照射

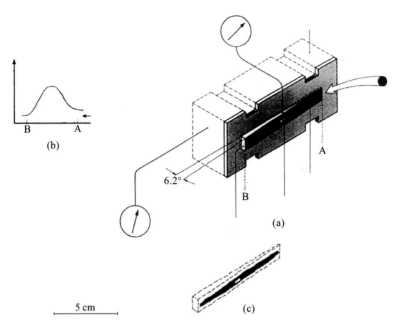

图 2-3-3　回旋加速器的内部靶系统

(a)高强度带电粒子束以 6.2°的倾斜角照射在靶材的薄层上；(b)放置在靶体中间空腔中的热

电偶可以调整束流；(c)放射自显影确定的射束轮廓

(经 Elsevier 许可,取自 Blessing 和 Qaim)

数小时。内部束流照射的主要优点如下:①比提取的束流强度更高;②通过消除中间窗箔中的能量吸收,充分利用最大可用能量。这对低能的回旋加速器可能很重要。缺点是束流的形状相当不确定,并且在回旋加速器的真空系统中存在靶材汽化的风险。

对于用提取的带电粒子束照射固体靶,应该提到的是,这是回旋加速器生产医用放射性核素的最常用方法。与提取束流结合使用的通用性要高于与内部束流结合使用。这项技术已非常成熟。例如,图 2-3-4 显示的是在使用中的 3 种典型靶体系统。在第 1 种靶体系统中,靶体位于与束流方向垂直的位置,冷却水流过靶体底部。直径为 13 mm 的薄盘形固体靶材通过支架顶部的螺纹开口帽固定;因此,照射在束管的真空中进行。第 2 种靶体系统(图 2-3-4(b)),相对于束流倾斜 20°。靶材在带有直径为 8 mm、深度为 0.6 mm 的圆形凹槽的铜板上电镀或压制。这块铜板使用 Sn 焊线焊接到靶架上。带电粒子束再次直接入射到靶材上。照射后,通过加热将铜板从靶架上取下并进行进一步处理。在这种倾斜束流靶体系统的一个变体中,旋转整个靶架。此外,入射束流发生摆动。因此,摆动的倾斜束流束和旋转的靶体头的组合可大大降低有效功率密度,甚至像硒这样的非金属也可以被照射。在这两种变体中,仅进行了 2π 水冷却。借助靶材才可使用高达 10 μA 排列 (a) 和 30 μA 排列 (b) 的束电流。在第 3 种布置中(图 2-3-4(c)),使用水冷却靶后面,使用氦气流冷却靶正面。这个系统非常适用于固定在与靶架耦合的金属底座上的材料。闭环式热交换器用于将流经靶体表面的循环氦气冷却至 7 ℃。可以使用高达 30 μA 的束流进行照射。

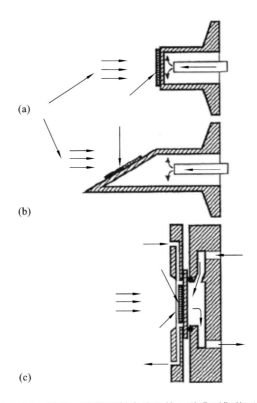

图 2-3-4　回旋加速器照射中使用的 3 种典型靶体系统

(a)普通靶后水冷；(b)倾斜水冷靶；(c)氦气冷却靶正面，水冷靶后面

(图取自 Hassan 等人，由 De Gruyter 提供)

近年来，许多 PET 中心安装大量Ⅲ级回旋加速器（12 MeV＜E＜20 MeV）。固体靶照射装置的建造要稍微容易些，因为更高的可用能量为更有效散热方法的应用提供了更大的灵活性。它们在生产一些寿命更长的放射性核素（例如^{68}Ge/^{68}Ga 和^{82}Sr/^{82}Rb 发生器）方面具有相当大的优势。然而，去除热量需要与快速流动的冷却水建立一个更大的接触面。因此，靶材包含在具有扩展表面积的合适金属囊中。

目前，在高能回旋加速器上生产放射性核素正受到越来越多的关注。

三、常用加速器生产的放射性核素

（一）标准正电子发射体的形成数据

4 种标准的短寿命正电子发射体（即^{11}C、^{13}N、^{15}O 和^{18}F）通常通过中低能反应生产，即^{14}N(p,α)^{11}C、^{16}O(p,α)^{13}N、^{14}N(d,n)^{15}O、^{18}O(p,n)^{18}F。人们还测量了^{15}N(p,n)^{15}O 反应的横截面，用于使用高度富集的^{15}N$_2$ 靶体生产^{15}O，以备回旋加速器不提供氘核束。

通过^{18}O(p,n)^{18}F 反应生成^{18}F 的详细激发函数。通过发射中子的光谱测量以及通过活化产物^{18}F的γ射线光谱测量来确定横截面。在中子光谱中观察到的共振峰的分辨率优于在活化测量中的分辨率。尽管如此，由于激活技术中数据的更好量化，从^{18}F测量获得的结果更加可靠。值得指出的是，在最详细的工作中，使用了4个加速器，即范德格拉夫（van de Graaff）加速器、小型回旋加速器、中型回旋加速器和中等能量回旋加速器，覆盖了2.7～30 MeV的全部能量范围以及三种高度富集的^{18}O靶体。它们由^{18}O$_2$（气体）、电解制备的Al$_2$^{18}O$_3$固体层和薄的Si^{18}O$_2$圆盘组成。图2-3-5所示的综合结果现在构成了使用各种靶体设计生产最重要的PET放射性核素^{18}F的基本数据。产生的放射性核素杂质水平非常低。如果使用的^{18}O的富集度不高，则通过^{16}O(p,α)反应仅产生少量^{13}N。利用激发函数计算的^{18}F的整体产率非常高，因此即使是Ep≈10 MeV的小型回旋加速器也可以提供常规PET应用所需的大量^{18}F。

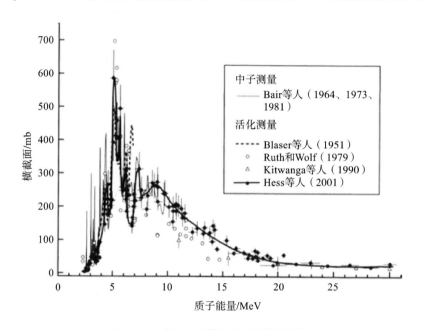

图2-3-5　^{18}O(p,n)^{18}F反应的激发函数

显示了中子和活化测量的结果。粗曲线是活化数据的直观指南

（取自Hess等人，由De Gruyter提供）

通过常用反应^{14}N(p,α)^{11}C生产^{11}C的激发函数也描绘了几个共振峰，且许多实验室在20世纪70年代对其进行了深入研究。然而，一些较新的测量结果还揭示了分别通过^{14}N(p,n)^{14}O和^{14}N(p,pn)^{13}N反应形成了不需要的放射性核素^{14}O（$T_{1/2}$＝70 s）和^{13}N（$T_{1/2}$＝10 min）。

^{15}O的情况与^{11}C的情况类似。人们测量了通过^{14}N(d,n)^{15}O反应形成的横截面，并且在20世纪70年代就已经开发了这项生产技术。后来的一些测量揭示了放射性核素^{13}N和^{11}C分别通过核反应^{14}N(d,t)^{13}N和^{14}N(d,αn)^{11}C形成。

因此，简而言之，用于生产标准正电子发射体的核数据已经建立。然而，一些偶尔的优化工作仍然可以通过规避一些不需要的放射性杂质来提高产品质量。

（二）标准正电子发射体的直接生产

用于形成 4 个有机正电子发射体的核反应的激发函数通常显示出强烈的波动或共振，这可能是由产物原子核的已知离散水平的群体所致。更常使用的反应评估数据是可以获得的，图 2-3-5 描述了后来对 $^{18}O(p,n)^{18}F$ 反应的详细研究。然而，根据激发函数计算出的整体产物产量显示为平滑的曲线，也就是说，核结构效应在生产过程中被消除。表 2-3-1 总结了 4 种标准有机正电子发射体的常用生产方法。由于从标准 PET 技术的角度来看，这是最重要的反应，因此，人们还根据 2 个已知的广泛测量值计算了饱和照射的综合产量，结果如图 2-3-6 所示。该信息对大规模生产 ^{18}F 应该是有用的。使用低能回旋加速器生产的质子束很容易生产放射性核素 ^{11}C、^{13}N 和 ^{18}F。然而，对于通过 $^{14}N(d,n)$ 反应生产的 ^{15}O 和通过 $^{20}Ne(d,\alpha)$ 反应生产的亲电 ^{18}F，需要能量约为 10 MeV 的氘核。

表 2-3-1　短寿命有机正电子发射体的常用生产方法

核素	$T_{1/2}$ /min	生产路线	能量范围 /MeV	厚靶产量[a] /(MBq μA/h)	靶	靶体内产物	典型批量产量/GBq
^{11}C	20.4	$^{14}N(p,\alpha)$	13→3	3820	$N_2(O_2)$	^{11}CO, $^{11}CO_2$	>100
^{13}N	10.0	$^{16}O(p,\alpha)$	16→7	1665	$H_2^{16}O$	$^{13}NO_2^-$, $^{13}NO_3^-$	30
^{15}O	2.0	$^{14}N(d,n)$	8→0	2368	$^{14}N_2(O_2)$	$[^{15}O]O_2$	100
		$^{15}N(p,n)$	10→0	2220	$^{15}N_2(O_2)$	$[^{15}O]O_2$	80
^{18}F	109.8	$^{18}O(p,n)$	16→3	3893	$H_2^{18}O$	$^{18}F_{aq}^-$	150
					$^{18}O_2/(F_2)$	$[^{18}F]F_2$	40
		$^{20}Ne(d,\alpha)$	14→0	1110	$Ne(F_2)$	$[^{18}F]F_2$	25

[a] 根据激发函数计算，假定 1 h 照射时间内 100% 靶同位素富集。

在 20 世纪 80 年代末，就短寿命 β+ 发射体的生产方法开发和标准化开展了广泛的合作工作，在欧盟的 COST 行动下共有来自西欧的大约 15 个实验室参与。对于 ^{11}C 和 ^{15}O，通常使用批处理模式的高压气体靶。产品活度通过简单的膨胀便可从靶体中去除，并流向容器，在容器中转换为适合标记有机化合物的其他化学形式（称为前体）。离开靶体目标的活度化学形式取决于添加到靶体内 N_2 的添加剂；对于 ^{11}C，还取决于靶体中的有效照射剂量。例如，$N_2(O_2)$ 靶体生产的 ^{15}O 就是 $[^{15}O]O_2$。在生产 ^{11}C 时，$^{11}CO_2$ 主要在高辐射剂量下形成。^{11}C 和 ^{15}O 的生产都相当简单，很容易实现 GBq 级的产量。然而，在生产高比活度 ^{11}C 时，需要对气体成分、建造材料和化学品采取特殊预防措施，因为到处都存在稳定的 ^{12}C。最可靠的 ^{15}O 生产需要在回旋加速器上使用氘核束。如果氘核束不可获得，则利用对富集 ^{15}N 超过 99% 的 (p,n) 反应。然而，随后必须将用于富集靶气体的有效回收系统并入这个系统中。

生产 ^{11}C 和 ^{15}O 的一个重要考虑因素是从靶体释放的气流中存在的放射性杂质的水平。

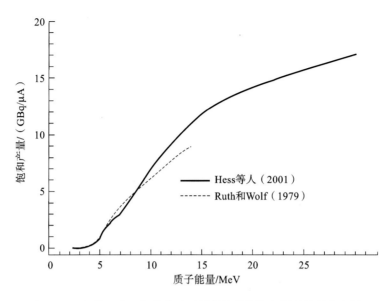

图 2-3-6　根据 2 个已知的广泛测量值计算的饱和照射的综合产量

例如,在照射结束时,一个完整的^{11}C 生产批次包含约 20% ^{14}O($T_{1/2}=70$ s)和 5% ^{13}N($T_{1/2}=$ 10 min)的杂质,这是根据激发函数计算得出的。在估计形成的^{11}C 的批量产量时必须考虑到这一点。短寿命的^{14}O 在^{11}C 标记产物合成过程中会衰变,但必须考虑废物中^{13}N 的处置。同样,在通过氘核对 N_2 反应生产^{15}O 时,也会发生^{14}N(d,t)^{13}N 和^{14}N(d,αn)^{11}C 反应。轰击结束时的活性比(EOB)(^{13}N/^{15}O 和^{11}C/^{15}O)是根据各自的激发函数计算得出的,结果如图 2-3-7 所示。显然,在 Ed≈10 MeV 时,^{13}N 的贡献率约增加到^{15}O 活度的 0.4%。这在试验中得到了证实,即通过对从靶体流出的气流中提取的一些样本进行气相色谱分析。^{13}N 本身的存在并不重要,但在处理废水时必须控制促成(d,t)反应的其他产物,即氚。如果氘核能量高于 10 MeV,则其含量会更高。

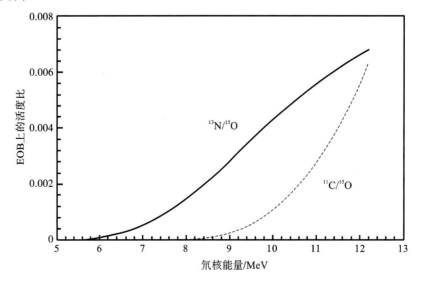

图 2-3-7　^{13}N/^{15}O 和 ^{11}C/^{15}O(EOB 上的)的活度比作 N_2 靶气体上氘核能量的函数

通常使用水靶生产放射性核素^{13}N 和亲核^{18}F，并且已特地为^{18}F 生产开发了几种类型的水靶。许多实验室使用了中压（高达 7 bar）靶体，这种靶体可以承受高达 20 μA 下的 16 MeV 质子束流。高压（10 bar 以上）水靶可承受高达约 50 μA 的质子束流。照射结束后，水通过 1.3 bar 的氦气驱动压力从靶体被输送到热室。这一过程是通过内径为 0.8 mm 的聚乙烯-聚丙烯共聚物管完成的。通过这条管路输送 40 m 以上仅需 2 min，并且回收了超过 90％ 的产物活性。同一靶体可用于生产^{13}N 和^{18}F。前者使用天然水（$H_2^{16}O$），而后者使用超过 95％ 的富集水（$H_2^{18}O$）。在高电流照射中，所得产物分别为$^{13}NO_3^-$ 和$^{18}F_{aq}^-$。后者富集水的回收是必不可少的。这通常通过将照射的水输送到离子交换床中来实现，从而吸附^{18}F 活性，富集水通过并被收集。通过用 0.1 mol/L Na_2CO_3 溶液清洗色谱柱，将^{18}F 活性从色谱柱中去除。中压靶体的批量产量约为 75 GBq，高压靶体的批量产量高达 150 GBq。有时，$^{18}F^-$ 与照射的 $H_2^{18}O$ 的分离也可以通过电解方式进行。通过温和的氦气流将脱氟的靶体水从电解池中去除，并使用合适的溶剂和低强度电场影响$^{18}F^-$ 从电极的释放。

通过不间断地研发来从工业规模上提高用于生产最常用的放射性药物^{18}F-氟代脱氧葡萄糖（^{18}F-fluoro-deoxy-D-glucose，^{18}F-FDG）的^{18}F 的批量产量。此外，由于$^{18}F_{aq}^-$ 具有高比活度，也有人尝试将其转化为高比活度的亲电^{18}F，这是合成一些放射性药物所必需的。然而，迄今为止实现的产量仍很低。因此，需要高起始$^{18}F_{aq}^-$ 活度。

净化后获得的所有 4 种有机正电子发射体的放射性核素的化学纯度通常大于 99％。如果生产条件符合要求，那么放射化学纯度和比活度也会令人满意。至此，4 种标准 PET 放射性核素的生产技术已相当成熟。

（三）非标准正电子发射体形成的数据

迄今为止，医疗应用领域已经开发了大约 25 种新型正电子发射体。回旋加速器（加速器）专门生产这些放射性核素，如常用的正电子发射体。使用标准正电子发射体从事 PET 研究的各中心首先意识到开发非标准正电子发射体的必要性。这些中心通常只有回旋加速器（Ep≤20 MeV、Ed≤10 MeV）可用，因此开发工作主要面向此核反应。发展战略变成了利用高度富集的同位素作为靶材来研究可能的生产路线。一般来说，富集靶同位素的（p，n）反应已成为大多数非标准正电子发射体的常见生产路线。在少数情况下，还采用了其他反应，如（d，n）和（p，α）。然而，对于一些可能非常有用的正电子发射体，应用了中等能量的带电粒子诱导的反应。下面将详细讨论用于生产 4 种有价值的放射性核素（即^{64}Cu、^{86}Y、^{89}Zr、^{124}I）的核反应截面数据。它们应作为在中等和重质量区域利用各种能量的带电粒子束生产放射性核素的典型例子。前述 4 种放射性核素已经得到了比较广泛的应用，^{73}Se 具有很大的潜在价值。

$$^{64}Cu(T_{1/2}=12.7\ h) \tag{2-3-1}$$

已经研究了几种生产无载体添加的^{64}Cu的路线,其中最古老的是核反应堆中的^{64}Zn(n,p)^{64}Cu反应。然而,所获得的产物的产量和纯度不能满足目前医学应用的要求。在高达80 MeV的宽泛能量范围内研究了几种靶同位素上的质子和氘核诱导的反应,目的是获得^{64}Cu的生产数据。基于对已发表的核反应数据的批判性分析,Aslam等人比较了^{64}Cu的各种生产反应。在所有研究中,最初由Szelecsényi等人报道的^{64}Ni(p,n)^{64}Cu反应被认为是最好的。它以高产量和高比活度提供产物。阈值约为3 MeV,最大值约为10 MeV。此后,截面因竞争(p,2n)反应的开始而减小。因此,生产的最佳能量范围在7~14 MeV之间。这个能量范围是医用回旋加速器所能覆盖的。将实验数据与使用3种核模型代码(即EMPIRE、STAPRE和TALYS)的计算结果进行比较,显示出良好的一致性。因此,使用核模型计算可以相对较好地描述(p,n)反应。结果表明,如果有很多数据点可用,那么基于理论选择数据是可能实现的。然后,对所选数据进行多项式拟合或任何其他拟合都会给出所推荐的曲线。

$$^{86}\text{Y}\ (T_{1/2}=14.7\ \text{h}) \tag{2-3-2}$$

已经研究了形成这种放射性核素的几种核反应,但这些研究并不详尽。对一些重要反应的数据进行了两次关键评估。生产^{86}Y所推荐的方法是最初提出的^{86}Sr(p,n)^{86}Y在高度富集靶体上的反应。图2-3-8给出了其激发函数。将实验截面数据与使用3种标准代码(即ALICE-IPPE、TALYS和EMPIRE)的核模型计算结果进行比较。所有代码都很好地描述了激发函数的形状,但幅度不同。很明显,实验数据的分散性很大,需要更精确的测量。尽管存在这一缺陷,但仍建立了生产方法。

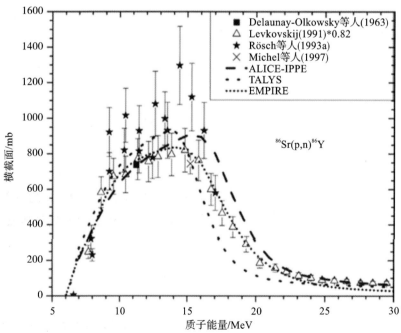

图 2-3-8 ^{86}Sr(p,n)^{86}Y 反应的归一化实验数据以及 3 种核模型计算的结果,显示为质子能量的函数

(经 Elsevier 许可,取自 Zaneb 等人)

$$^{89}\text{Zr} \ (T_{1/2}=78.4 \ \text{h}) \tag{2-3-3}$$

用于生产^{89}Zr的主要核反应是^{89}Y(p,n)^{89}Zr。几个小组已经对其进行了研究,参考文献总结了横截面数据。除了少数数据点外,大多数结果似乎很好地吻合(图 2-3-9)。批判性评估可能有助于解决微小的差异。该方法非常有利:可用于Ⅲ级回旋加速器,靶料^{89}Y 为单同位素。

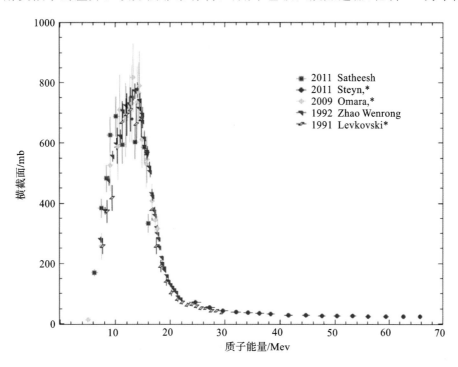

图 2-3-9 ^{89}Y(p,n)^{89}Zr 激发函数

$$^{124}\text{I} \ (T_{1/2}=4.18 \ \text{d}) \tag{2-3-4}$$

对于^{124}I 的生产,最初使用的是反应^{124}Te(d,2n)^{124}I。后来,在高达 100 MeV 的能量范围内测量了反应^{124}Te(p,n)^{124}I、^{125}Te(p,2n)^{124}I、^{126}Te(p,3n)^{124}I,以及 3He-和 α 粒子诱导的锑反应的横截面(天然和同位素富集同位素)。对所有反应进行了批判性分析,得出的结论是^{124}Te(p,n)^{124}I 反应最适合^{124}I 的生产,这是由 Scholten 等人最初提出的。质子在 99.8% 富集^{124}Te上的横截面数据显示为图 2-3-10 中的激发曲线。产生^{124}I 的合适能量范围是 Ep=12→8 MeV。获得的产物具有最高的放射性核素纯度。如果需要生产放射性核素^{123}I,则合适的能量范围为 Ep=25→18 MeV。因此,这些数据清楚地描述了激发函数的实际应用:通过使用强大的能量窗,可以获得所需的纯放射性核素。

(四)其他非标准正电子发射体

除了上面讨论的 4 种非标准正电子发射体外,其他几种非标准正电子发射体也越来越受到关注。正在使用的低能回旋加速器对^{43}Sc($T_{1/2}=3.9$ h)、^{44}Sc($T_{1/2}=3.9$ h)、^{45}Ti($T_{1/2}=3.1$ h)、^{52}Mn($T_{1/2}=5.6$ d)、^{55}Co($T_{1/2}=17.5$ h)、^{61}Cu($T_{1/2}=3.3$ h)、^{66}Ga($T_{1/2}=9.5$ h)、

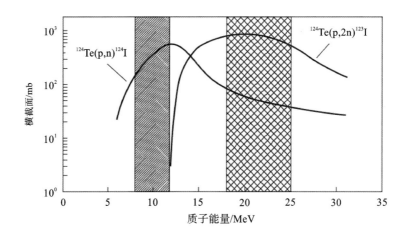

图 2-3-10 ^{124}Te(p,n)^{124}I 和 ^{124}Te(p,2n)^{123}I 反应的激发函数

曲线基于 Scholten 等人报道的数据。生产^{123}I 的合适能量范围是 Ep=25→18 MeV,而产

生^{124}I 的合适能量范围是 Ep=12→8 MeV

^{72}As ($T_{1/2}$=26.0 h)、^{76}Br ($T_{1/2}$=16.2 h)、^{94m}Tc ($T_{1/2}$=52 min)、^{120}I ($T_{1/2}$=1.3 h)等进行研究。它们的核数据在一定程度上是已知的,并且状态已经过审核;阈值附近的数据有些不确定。对于一些其他新型正电子发射器的开发,有必要使用中间能量反应。特别是,通过核反应^{55}Mn (p,4n) ^{52}Fe、^{59}Co (p,3n) ^{57}Ni、^{79}Br (p,3n) ^{77}Kr、^{85}Rb (p,3n) ^{83}Sr 和^{155}Gd (p,4n) ^{152}Tb 分别生产的^{52}Fe ($T_{1/2}$=8.3 h)、^{57}Ni ($T_{1/2}$=36.0 h)、^{77}Kr ($T_{1/2}$=1.2 h)、^{83}Sr ($T_{1/2}$=32.4 h) 和^{152}Tb ($T_{1/2}$=17.5 h) 需要回旋加速器将质子能量加速到大约 100 MeV。其中一些反应的横截面数据是已知的,但在许多情况下需要更广泛的测量和评估程序。

(五)非标准放射性同位素

利用固体靶站照射非常稀有且昂贵的高富集材料就能生产非标准放射性同位素(例如,用于 PET 的^{64}Cu、^{66}Ga、^{76}Br、^{86}Y、^{89}Zr、^{124}I;用于 SPECT 的^{67}Ga、^{123}I、^{111}In;用于治疗的^{165}Er)。在临床应用方面,其生产在数量和质量上呈现出一些问题,包括关键的加速器物理问题。作为一个很好的例子,让我们考虑一下钪(Sc)的生产,Sc 是一种在伯尔尼处于研究阶段的用于治疗诊断学的新型同位素(^{44}Sc 和^{43}Sc 用于 PET,^{47}Sc 用于代谢治疗)。特别是,^{43}Sc 可以使用紧凑型质子回旋加速器通过反应^{43}Ca (p,n) ^{43}Sc 和^{46}Ti (p,α) ^{43}Sc 生产出来。在商业固体靶站中,只能使用几毫克的富集材料,并且束流限制在 25 μA 左右。此外,从回旋加速器提取的束流具有大约 1 cm^2 或更大的横截面(S)。这些约束性因素严重限制了所产生的活性量。如果束流可以聚焦在 0.1 cm^2 的表面上,则可以获得 10 倍,或者使用 1/10 的材料可以获得相同的活性。为了达到这个目标,在照射期间需要一个聚焦系统和束流监测探测器来在线控制位置和形状。束流能量也是一个关键参数。尤其是^{43}Sc 和^{44}Sc 是同时生产的,它们的比例强烈依赖于能量的强弱。

第三章

质子治疗系统报批报建管理

第一节　质子治疗系统配置证办理

根据 1999 年世界卫生组织（WHO）的统计，由于质子治疗肿瘤的优越性，经过半个世纪的努力与发展，质子治疗肿瘤技术已逐渐走向成熟。质子治疗具有穿透性强、剂量分布好、局部剂量高、旁散射少等特征，因此与传统放射治疗相比，质子治疗正体现出越来越明显的疗效优势，尤其是在正常组织的保护、器官功能的保留等方面显示出不可替代的优势，因而必将成为最先进的放射治疗技术而得到发展和普及。目前国家对质子治疗设备实行配置证管理，本节将以 2020 年申报为例具体说明配置证办理流程。

2020 年 10 月 28 日，国家卫生健康委办公厅发布了《关于做好 2020 年甲类大型医用设备配置许可申报工作的通知》，按照《中华人民共和国行政许可法》《医疗器械监督管理条例》《大型医用设备配置许可管理目录（2018 年）》《大型医用设备配置与使用管理办法（试行）》《甲类大型医用设备配置许可管理实施细则》《关于发布 2018—2020 年大型医用设备配置规划的通知》《关于调整 2018—2020 年大型医用设备配置规划的通知》等法律法规和文件要求，开始进行 2020 年甲类大型医用设备配置许可申报工作。接到甲类大型医用设备配置许可申报工作的通知后，医院需要成立申报专班，组织进行质子治疗系统的申报工作。

目前质子治疗设备配置证申请流程见图 3-1-1。

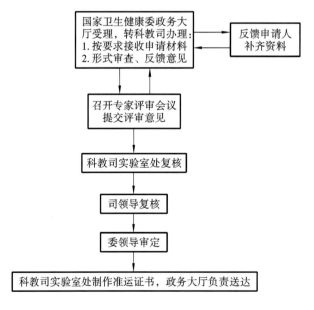

图 3-1-1　质子治疗设备配置证申请流程

一、申请质子治疗系统配置证所需资料

质子治疗设备配置证申请材料主要包括两大部分，即申请材料及相关情况说明。现列举如下：

1. 申请材料

（1）甲类大型医用设备配置申请表。

（2）甲类大型医用设备配置可行性研究报告。

（3）医疗机构执业许可证复印件（含核准诊疗科目明细）。

（4）申请配置大型医用设备相应的技术人员资格证（包括执业医师证、专业技术职称证、上岗资质证明等）复印件。

（5）重点学科（专科）证明材料。

（6）相关科研项目证明材料。

2. 相关情况说明

（1）医疗机构基本情况表。

（2）医疗机构上年度财务报表。

（3）购置资金来源证明。

（4）设备安装计划和机房基础设施条件准备情况。

具体可根据《甲类大型医用设备配置审批服务指南》《甲类大型医用设备配置许可申报须知》及《甲类大型医用设备配置许可评审标准》的要求，从 14 个方面进行质子治疗系统申报材料的编写。

（1）甲类大型医用设备配置许可申请表：申报医院基本情况；申请配置的基本情况；申请单位功能定位；临床使用需求；设备所需技术条件；设备所需配套设施以及专业技术人员资质、能力情况。

（2）申报医院执业许可证。

（3）申报医院统一社会信用代码证。

（4）质子治疗系统主要性能和用途：物理特性；质子治疗的临床优势；质子治疗的其他优势；质子治疗的用途。

（5）可行性研究报告。

（6）质量保障。

（7）功能定位。

（8）临床服务需求。

(9)技术条件。

(10)配套设施。

(11)专业技术人员资质和能力。

(12)医疗器械注册证。

(13)质子治疗系统主要情况介绍。

(14)说明材料(略)。

二、质子治疗系统配置许可证核发所需申请材料

待质子治疗设备、场所等建设验收并完成环境影响评价(环评)、控评等批复通过后,可申请核发配置许可证,其主要内容包括:

(1)甲类大型医用设备信息登记表。

(2)购置合同复印件。

(3)发票复印件。

(4)验收合格证明复印件。

(5)甲类大型医用设备信息登记表。

第二节　质子治疗系统环评

质子治疗中心环评工作较普通土建工程在工作周期、流程上都有较大不同。相比于常规项目,质子治疗中心建设需进行两次环评,即一次为土建项目常规环评审批,另一次则是由于项目内部设有医用质子治疗设备,属于Ⅰ类放射装置,其审批级别为国家生态环境部。由于环评要求、流程不同,这两份"环评报告书"也需委托不同环评单位进行编制。常规辐射环评审批不再进行赘述,本节着重介绍质子治疗中心的辐射环评工程。

一、主要法律法规及规范文件

目前我国对于质子治疗中心辐射环评的相关法律法规及规范文件主要控制项集中在剂量限值和剂量约束值、辐射工作场所屏蔽体外剂量率控制水平、放射性废水排放标准、放射性固体废物豁免水平、NO_x 和 O_3 排放标准五个方面。

(一)剂量限值

剂量限值执行《电离辐射防护与辐射源安全基本标准》(GB 18871—2002)(后文简称《标准》)规定,工作人员的职业照射和公众照射的剂量限值如下。

1.职业照射

《标准》对所有工作人员职业照射水平进行控制,使之不超过下述限值:

(1)审管部门决定连续 5 年的年平均有效剂量不超过 20 mSv,但不可做任何追溯性平均;

(2)任何一年中的有效剂量不超过 50 mSv;

(3)眼晶体的年当量剂量不超过 150 mSv;

(4)四肢(手和足)或皮肤的年当量剂量不超过 500 mSv。

2.公众照射

《标准》规定公众中关键人群组的成员所受到的平均剂量估计值不应超过下述限值:

(1)年有效剂量不超过 1 mSv;

(2)特殊情况下,如果 5 个连续年的年平均剂量不超过 1 mSv,则某一单一年份的有效剂量可提高到 5 mSv;

(3)眼晶体的年当量剂量不超过 15 mSv;

(4)皮肤的年当量剂量不超过 50 mSv。

(二)剂量约束值

剂量约束值参考《放射治疗辐射安全与防护要求》(HJ 1198—2021)中的相关规定,通常以职业人员年照射剂量限值的 1/4(即 5 mSv/a)作为职业人员的年剂量约束值,以公众年照射剂量限值的 1/10(即 0.1 mSv/a)作为公众人员的年剂量约束值。

(三)辐射工作场所屏蔽体外剂量率控制水平

辐射工作场所屏蔽体外剂量率控制水平参照《放射治疗辐射安全与防护要求》(HJ 1198—2021)、《放射治疗放射防护要求》(GBZ 121—2020)、《放射治疗机房的辐射屏蔽规范　第 1 部分:一般原则》(GBZ/T 201.1—2007)、《放射治疗机房的辐射屏蔽规范　第 5 部分:质子加速器放射治疗机房》(GBZ/T 201.5—2015)中的相关规定,应按照下述规定确定。

(1)关注区域的年剂量参考控制水平(H_c)。

①机房外工作人员:$H_c \leqslant 5$ mSv/a。

②机房外非工作人员:$H_c \leqslant 0.1$ mSv/a。

(2)通过年剂量控制参考水平导出剂量率参考控制水平。

$$\dot{H}_{c,d} = H_c/(t \cdot U \cdot T) \tag{3-2-1}$$

式中：t 为总年出束时间；T 为人员居留因子；U 为有用线束向关注方向照射的使用因子，使用因子可保守取 1。

（3）按照关注点人员居留因子不同，分别确定关注点的最高剂量率参考控制水平 $\dot{H}_{c,max}$（$\mu Sv/h$）。

①人员居留因子 $T > 1/2$ 的场所：$H_c \leqslant 2.5\ \mu Sv/h$。

②人员居留因子 $T \leqslant 1/2$ 的场所：$H_c \leqslant 10\ \mu Sv/h$。

由前述内容导出剂量率参考控制水平（$\dot{H}_{c,d}$）和最高剂量率参考控制水平（$\dot{H}_{c,max}$），选择其中较小者作为关注点的剂量率参考控制水平。

（四）放射性废水排放标准

质子治疗系统正常运行情况下，冷却水密闭循环使用，不向环境排放。对于检修期间或发生冷却水泄漏事故时可能产生的放射性废水，排放前需进行取样监测。监测结果同时满足以下标准，方可作为一般废水排放。

（1）《电离辐射防护与辐射源安全基本标准》（GB 18871—2002）中的相关规定：

①每月排放的总活度不超过 10 ALI_{min}；

②每次排放的活度不超过 1 ALI_{min}，并且每次排放后用不少于 3 倍排放量的水进行冲洗。

根据《电离辐射防护与辐射源安全基本标准》（GB 18871—2002）中的规定，质子治疗系统活化冷却水中主要核素 ^{3}H 和 ^{7}Be 的单次排放限值（1 ALI_{min}）和单月排放限值（10 ALI_{min}）应满足以下要求（表 3-2-1）。

表 3-2-1　质子治疗系统产生的放射性废水中相关核素排放限值

核素	单次排放限值（1 ALI_{min}）/Bq	单月排放限值（10 ALI_{min}）/Bq
^{3}H	1.11E+09	1.11E+10
^{7}Be	3.85E+08	3.85E+09

（2）《医疗机构水污染物排放标准》（GB 18466—2005）"表 2　综合医疗机构和其他医疗机构水污染物排放限值（日均值）"中总 α、总 β 的排放标准要求，具体列于表 3-2-2 中。

表 3-2-2　《医疗机构水污染物排放标准》中综合医疗机构和其他医疗机构水污染物排放限值中总 α、总 β 的排放限值

项目	排放标准/（Bq/L）
总 α	1
总 β	10

（五）放射性固体废物豁免水平

质子治疗系统运行期间可能产生的放射性固体废物主要为质子治疗系统的活化结构部件，如离子源探针、射程调节器、自适应光栅及核医学工作场所日常使用的一次性防护用具，如注射器、针头、输液管、手套、导管等。放射性固体废物经检测后低于豁免水平的方可作为一般固体废物处理。

放射性固体废物的豁免主要参照《电离辐射防护与辐射源安全基本标准》（GB 18871—2002）附录 A 中"A2.1"的规定执行，即任何时间段内在进行实践的场所存在的给定核素的总活度或在实践中使用的给定核素的活度浓度不超过"表 A1"所给出的或审管部门所规定的豁免水平。"表 A1"中给出的与质子治疗系统产生的放射性固体废物相关的放射性核素的豁免活度浓度和活度列于表 3-2-3 中。对于存在一种以上放射性核素的情况，仅当各放射性核素的活度或活度浓度与其相应的豁免活度或豁免活度浓度之比的和小于 1 时，方可给予豁免。

表 3-2-3　质子治疗系统活化结构部件中放射性核素的豁免活度浓度与豁免活度

核素	活度浓度/(Bq/g)	活度/Bq	核素	活度浓度/(Bq/g)	活度/Bq
^{3}H	1E+06	1E+09	^{52}Mn	1E+01	1E+05
^{7}Be	1E+03	1E+07	^{53}Mn	1E+04	1E+09
^{14}C	1E+04	1E+07	^{54}Mn	1E+01	1E+06
^{24}Na	1E+01	1E+05	^{56}Mn	1E+01	1E+05
^{32}P	1E+03	1E+05	^{52}Fe	1E+01	1E+06
^{33}P	1E+05	1E+08	^{55}Fe	1E+04	1E+06
^{35}S	1E+05	1E+08	^{59}Fe	1E+01	1E+06
^{37}Ar	1E+06	1E+08	^{55}Co	1E+01	1E+06
^{42}K	1E+02	1E+06	^{56}Co	1E+01	1E+05
^{43}K	1E+01	1E+06	^{57}Co	1E+02	1E+06
^{46}Sc	1E+01	1E+06	^{58}Co	1E+01	1E+06
^{47}Sc	1E+02	1E+06	^{60}Co	1E+01	1E+05
^{48}Sc	1E+01	1E+05	^{61}Co	1E+02	1E+06
^{45}Ca	1E+04	1E+07	^{59}Ni	1E+04	1E+08
^{47}Ca	1E+01	1E+06	^{63}Ni	1E+05	1E+08
^{48}V	1E+01	1E+05	^{65}Ni	1E+01	1E+06
^{51}Cr	1E+03	1E+07	^{64}Cu	1E+02	1E+06

(六)NO_x 和 O_3 排放标准

NO_x 排放限值参照《大气污染物综合排放标准》(GB 16297—1996)"表 2"中硝酸使用及其他有组织氮氧化物排放限值,室内 O_3 和 NO_x 浓度限值参照《工作场所有害因素职业接触限值第 1 部分:化学有害因素》(GBZ 2.1—2019)中工作场所空气中化学物质容许浓度限值,具体标准值见表 3-2-4。

表 3-2-4 NO_x、O_3 排放标准和室内浓度限值

污染物	排放标准	室内浓度限值	
	最高允许排放浓度/(mg/m³)	最高容许浓度/(mg/m³)	时间加权平均容许浓度/(mg/m³)
NO_x	240	—	5
O_3	—	0.3	—

二、质子治疗系统环评申报流程

与 PET/CT、直线加速器等常规放射装置不同,质子治疗系统属于Ⅰ类放射装置,辐射环评需要编制环评报告书,其审批单位为国家生态环境部,虽然在日常工作中,生态环境部将报告书审批权限下放至各省生态环境厅,但仍会指派专员直接参与报告书审批,因此质子治疗系统辐射环评流程耗时长,故在设计阶段就应提前插入环评工作,协助设计单位完成质子治疗中心平面方案的确定,并在完成初步设计图之后即刻开展环评的报批报审工作。

新建、扩建、改建放射诊疗建设项目,医疗机构应当在建设项目施工前向相应的卫生行政部门提交环境影响报告,申请进行建设项目卫生审查。申请建设项目环评审核所需提交的资料包括:

(1)建设项目环境管理申请表;

(2)建设项目环评报告书;

(3)建设项目环评审批基础信息表;

(4)省级环境行政部门规定的其他资料。

环境主管部门收到材料后,需组织专家评审会对报告书提出书面意见,编制单位按要求修改后完成报批稿报送环境主管部门,环境主管部门自收件之日起 60 日内,做出审核决定。经审核符合国家相关卫生标准和要求的,方可施工,整个环评工作周期在 6 个月以上。

质子治疗系统环评申报流程如图 3-2-1 所示。

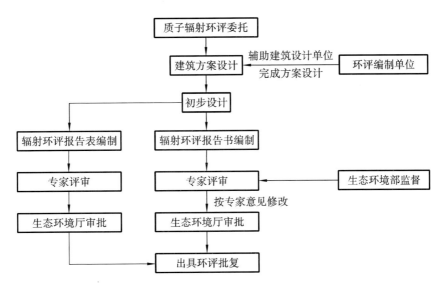

图 3-2-1　质子治疗系统环评申报流程

三、质子治疗系统环评主要内容

(一)自然环境与社会环境

为了解项目拟建场址及周围环境的辐射环境现状,首先需对拟建场址及周围的自然环境和社会环境进行调研。

1. 自然环境

质子治疗系统运行期间,贯穿质子治疗机房底板屏蔽体的次级辐射可能会引起底板周围土壤和地下水的活化。因此辐射环境现状调查中,需根据质子项目主要辐射污染因子的类别和特征,对土壤和地下水中相关核素的活度浓度进行分析,具体监测对象和监测项目列于表3-2-5 中。

其中,质子治疗系统运行期间的辐射场为中子和 γ 辐射混合场,因此贯穿辐射监测内容包括 γ 辐射剂量率和中子剂量当量率。根据《辐射环境监测技术规范》(HJ 61—2021)中相关要求,在辐射环境质量现状监测中,还需给出 γ 辐射剂量率的宇宙射线响应值。

土壤活化的主要核素考虑 ^{7}Be、^{22}Na,地下水活化的主要核素考虑 ^{7}Be。此外,考虑到总 α、总 β 能够反映某区域的总放射性水平,因此在辐射环境现状调查中应对土壤、地下水中总 α、总 β 的活度浓度进行分析。

表 3-2-5　监测对象和监测项目

序号	监测对象	监测项目
1	贯穿辐射	γ 辐射剂量率 中子剂量当量率
2	土壤	^{7}Be、^{22}Na、总 α、总 β 活度浓度
3	地下水、景观池塘水	^{7}Be、总 α、总 β 活度浓度

2. 社会环境

社会环境重点应关注拟建场址周边人口分布情况，有无居住区、学校、幼儿园等辐射敏感点。以同济光谷质子大楼项目为例。机房周边 100 m 范围基本位于医院院区内，为医院内其他工作区域和道路、山谷树林和土坡草地。周边环境敏感点距离项目场址较远（最近的单位是湖北省医疗器械质量监督检验研究院，位于项目东南约 170 m 处；最近的居民小区距离项目约 1.5 km）。此外，项目设置了相对独立的质子治疗区和相对独立的人流路线，辐射工作场所进出口处均设有门禁管理，防止无关人员进入，便于场所的防护和安全管理。整个质子治疗区房间功能布局紧凑、辐射屏蔽防护满足相关要求。从辐射防护与环境保护的角度，项目的选址可行，平面布局合理。

（二）工程分析与辐射污染源项分析

项目辐射拟使用的射线装置种类、数量、分布及辐射源使用情况是辐射环评的基础，因此辐射环评需对拟建项目的射线装置使用情况进行全面评估。

1. 工程分析

为了对项目射线装置的布局情况有一个清晰认识，环评报告首先需要对项目的工程情况进行评价，对项目包含的射线装置、辐射源使用场所等需要重点关注的区域进行描述，包括数量、面积、功能、场所位置及影响范围等。

以同济光谷质子大楼项目为例，项目拟在同济医院光谷院区内东北侧空地内新建一栋地下一层、地上六层的质子大楼，在质子大楼内建设两间质子治疗机房及其配套辅助用房，开展肿瘤质子放射治疗工作。两间质子治疗机房位于质子大楼建筑北侧相对独立的区域，为地下一层、地上二层结构，地上部分的高度为 9.37 m。整个质子放射治疗区的建筑面积约为 1670 m^2。

质子大楼地下一层北侧为质子治疗系统的废水暂存间，南侧为核医学科用房。地下夹层北侧为质子治疗机房的最底层设备层以及配套的隔离变压器室、新风机房、维修人员办公室、备件库；南侧为肿瘤科库房和地下一层核医学科用房的通高区。

地上一层北侧为质子治疗机房中间层治疗层、控制室、配套治疗用房（如患者准备区、更衣室等);南侧主要为肿瘤科主入口门厅,门厅西侧为医护区,包括医护人员办公室、计划室;门厅东侧为直线加速器治疗区,包括两间直线加速器机房及其控制室和设备室;门厅南侧为 CT 机房、MR 机房、等候区、诊室等。

地上夹层北侧为质子治疗机房顶层维修层和配套的滑轨 CT 设备间、高压细水雾机房,南侧为模具间、模具制作间、值班室、办公室、医气机房、加压机房、空调机房等设备机房。

项目拟配备的医用射线装置的主要参数列于表 3-2-6。

表 3-2-6 项目拟配备的医用射线装置一览表

序号	射线装置名称	规格型号	主要参数 (能量/管电压、管电流)	生产厂家	数量	类别	所在位置
1	质子治疗系统	Mevion S250i	能量 50～230 MeV; 配套 X 射线管 150 kV/1000 mA	待定	2	I	质子治疗机房
2	移动 CT 机	待定	管电压 70～140 kV; 管电流 20～660 mA	待定	2	III	

以上所提设备、功能房间就是同济质子治疗系统环评所关注的重点区域,后续所有评价均围绕这些区域开展。

2. 辐射污染源项分析

质子治疗系统运行过程中产生的辐射场,主要为装置运行期间产生的瞬发辐射和装置停机后依然存在的残余辐射。瞬发辐射是装置运行时损失的粒子束流与结构部件和治疗终端的患者等发生核反应产生的,特点是能量高、辐射强,但会随着装置的停机而完全消失;残余辐射即感生辐射,主要来自结构部件、冷却水、机房内空气等被主束或次级粒子轰击产生的活化产物,在装置停机后依然存在。

(1)瞬发辐射。

①瞬发辐射场分析:对于质子治疗系统,在质子束流形成、加速、传输和引出等过程中,都会发生束流的损失。损失的质子撞击在装置的结构部件,如磁铁、射程调节器、准直器等物质上,会与部件材料中的原子核发生核反应。

在同济光谷质子大楼项目中所采用的 Mevion S250i 质子治疗系统从回旋加速器引出的质子能量为 230 MeV,治疗终端输出的能量在 50～230 MeV 范围内。该能区的质子与物质的相互作用,以原子的电离和激发过程为主,同时穿过原子核的库仑势垒,进入原子核内部,发生核内级联,通过(p,n)、(p,pn)、(p,2n)、(p,γ)等核反应产生瞬发中子、γ 粒子等次级粒子。

在产生的次级粒子中,带电粒子因电离作用迅速停止,因此打靶产生的辐射场组成主要为次级中子和 γ 粒子。其次级中子按能量由低到高可分为热中子、蒸发中子和级联中子三部分。

在屏蔽墙体的作用下,初始的热中子、蒸发中子和γ粒子的数量迅速减少,不能穿透深屏蔽,级联中子成为穿透屏蔽墙体的主要贡献者。级联中子在穿透屏蔽墙体的过程中,通过弹性散射、非弹性散射、核反应等方式损失能量和数量,一部分转变成热中子和蒸发中子,一部分通过(n,γ)反应等转变成了γ光子,使得达到一定屏蔽深度后,中子能谱各种能量成分的比重基本保持不变,形成"平衡谱",最终在屏蔽墙体内、外的瞬发辐射场都为中子、γ粒子的混合辐射场。

此外,患者定位系统的X射线管出束期间,会产生X射线,其也是质子治疗系统运行期间瞬发辐射场的组成部分。

②辐射场源估算:利用FLUKA程序可以模拟质子分别与铁靶和水靶作用的中子和光子能谱分布。FLUKA程序是20世纪60年代由欧洲核子研究中心(CERN)主导开发的,是用于计算粒子输运和与物质相互作用的通用工具。其主要应用于质子和电子加速器及靶站的设计、辐射活化、辐射剂量学、探测器设计、加速器驱动系统、宇宙射线、中微子物理、高能物理模拟、放射治疗等领域。其可模拟包括中子、电子、质子在内的60余种不同的粒子及重离子,其中子能量范围为10^{-5} eV~20 TeV,光子能量范围为100 eV~10000 TeV,电子能量范围为1 keV~1000 TeV,带电粒子及其反粒子能量范围为1 keV~20 TeV,重离子为1000 TeV/n以下。该程序还可以传输偏振光子(如同步辐射)和光学光子,在线进行不稳定剩余核辐射的时间演化和跟踪。FLUKA程序还可以处理非常复杂的几何图形,能正确跟踪带电粒子,还提供各种可视化和调试工具。

FLUKA程序的数据库主要采用了美国国家核数据中心(NNDC)的数据,在CERN、美国SLAC国家加速器实验室等国际大型质子、电子加速器中有多年的使用经验,采用卡片式输入与用户程序相结合的输入结构,使用较为方便。

③各环节束流损失分析:质子治疗系统主要的束流损失点位分布在回旋加速器、射程调节器、自适应准直器,以及治疗室患者终端。应对治疗终端输出能量分别为最高能量(230 MeV)和治疗时常用最低能量(70 MeV)的情况下,各束流损失点的束流损失情况进行评价,以Mevion S250i为例,具体评价见表3-2-7和表3-2-8。

表3-2-7　治疗终端输出能量为230 MeV时的束流损失

损失部位	能量/MeV	束流强度/nA	损失流强度/nA	靶材	损失方式
回旋加速器内部	230	2.25	0.75	Fe	均匀损失
束流到射程调节器	230	1.5	<0.1	空气	均匀损失
射程调节器	230	1.4	0.0	聚碳酸酯(C、H、O)	集中损失
自适应准直器	230	1.4	0.2	Ni	集中损失
治疗室患者终端	230	1.2	1.2	人体组织	集中损失

表 3-2-8　治疗终端输出能量为 70 MeV 时的束流损失

损失部位	能量/MeV	束流强度/nA	损失流强度/nA	靶材	损失方式
回旋加速器内部	230	3.0	1.0	Fe	均匀损失
束流到射程调节器	230	2.0	<0.1	空气	均匀损失
射程调节器	230	1.9	0.5	聚碳酸酯 (C、H、O)	集中损失
自适应准直器	70	1.4	0.2	Ni	集中损失
治疗室患者终端	70	1.2	1.2	人体组织	集中损失

天空反散射：天空反散射来自大气对辐射的反散射，当加速器所在机房屋顶未加屏蔽或屏蔽体很薄时，穿过屏蔽墙射向天空的各种辐射，由于空气的散射作用，将有部分又回到地面。根据文献《天空反照》（郑华智），对于质子加速器、重离子加速器，甚至是一些能量较高的电子加速器，天空反散射剂量的主要成分是中子，其能谱分布在热中子和加速器粒子能量之间。天空反散射随装置开机产生，装置停机后立刻消失，其大小取决于屏蔽体的厚度。

因此质子治疗系统环评主要考虑中子天空反散射，利用 NCRP NO. 144 报告第 331 页的 Stapleton 公式对上述区域的中子天空反散射进行计算，具体见式(3-2-2)至式(3-2-4)。各计算参数的取值列于表 3-2-9 中，其中居留因子保守取 1，年受照时间为质子治疗系统运行时间(1050 h)，可计算得出由天空反散射所致不同距离处公众的年受照剂量。

$$H(r) = Q\frac{\kappa'}{(h+r)^2}e^{-r/\lambda} \tag{3-2-2}$$

$$Q = \frac{d^2}{g}H(d,t)\Omega \tag{3-2-3}$$

$$\Omega = 2\pi(1-\cos\theta) \tag{3-2-4}$$

式中：$H(r)$ 为由天空反散射所致不同距离处公众的年受照剂量，Sv；κ' 为常数，取值 2×10^{-15} Sv・m²；h 为常数，取值 40 m；r 为源到关注点的距离，m；源所在位置取机房等中心位置，与机房外公众的最近距离约为 5 m；λ 为与中子能量上限对应的空气的中子有效吸收长度，m；Q 为穿透屋顶屏蔽体到达顶板外表面的中子个数，n/h；d 为源到顶板外表面的距离，m；t 为时间；g 为单位中子通量的剂量当量，Sv・m²；$H(d,t)$ 为顶板屏蔽体外表面的剂量率，Sv/h；Ω 为源从顶屏蔽辐射出的立体角；θ 为散射线散射角。

表 3-2-9　中子天空反散射计算参数

参数	取值	来源
λ/m	450	NCRP NO. 144 报告表 6.5，能量保守按 230 MeV 考虑
d/m	8.0	取等中心点到顶板外表面的距离

续表

参数	取值	来源
$g/Sv \cdot m^2$	1.24E—14	文献"Accelerator skyshine：tyger，tyger，burning bright"（Particle Accelerator，1994，44（1）：1-15，STAPLETON G B）表 4，取质子能量 230 MeV，利用内插法计算得出
Ω/sr	6.28	
$H(d,t)/(Sv/h)$	3.70E—07	

（2）感生辐射。

质子治疗系统的感生辐射主要是质子束流与设备部件相互作用产生的感生放射性和质子束流损失产生的次级中子引起的感生放射性。感生放射性强度取决于被加速粒子的能量、流强、运行时间、被照材料性质。

质子治疗系统产生的感生放射性对周围环境的辐射影响较小，主要的影响对象是停机后需要进入治疗机房内工作的物理师、技师以及维修维护工程师等工作人员。因而质子治疗系统环评主要是对质子治疗系统中空气、冷却水、结构部件、土壤和地下水的感生放射性进行分析评价。

此外，根据文献《恒健质子治疗装置的辐射与屏蔽设计》（吴青彪等，南方能源建设，2016年第 3 卷第 3 期）和文献《质子加速器治疗系统感生放射性辐射剂量研究》（宋钢，2013 年，山东大学硕士学位论文）对治疗室内患者的感生放射性的计算和测量结果，当质子能量较高（230 MeV）时，单次短时治疗结束后治疗室内感生放射性水平较高，停机 1 min 后距离治疗中心 30 cm 处剂量率可达 200 μSv/h，停机 5 min 后剩余剂量率可衰减为停机 1 min 时的 1/4。考虑到每次治疗任务结束后，短时间可能进入治疗室的摆位技师人员对治疗结束后的患者进行解除摆位操作时可能受到照射，因此需对治疗室内患者的感生放射性进行分析计算及评价。

（三）辐射安全与防护设施

1. 辐射场所与屏蔽

（1）辐射场所：为了便于辐射防护管理和职业照射控制，根据《电离辐射防护与辐射源安全基本标准》（GB 18871—2002）的规定，应将辐射工作场所分为控制区和监督区。控制区是指需要和可能需要专门防护手段或安全措施的区域；监督区是指通常不需要专门的防护手段或安全措施，但需要经常对职业照射条件进行监督和评价的区域。

控制区管理要求：控制区入口处明显位置粘贴电离辐射警告标志和工作状态指示灯，门禁纳入安全联锁系统。装置运行期间禁止进入，仅经授权并解除联锁后才能进入控制区内，进入控制区的辐射工作人员必须佩戴个人剂量计和个人剂量报警仪。

监督区管理要求:监督区入口处设标牌表明此处为监督区,监督区与其他非辐射工作场所的边界设有门禁,经授权方可进入,进入监督区的辐射工作人员必须佩戴个人剂量计。

(2)辐射屏蔽:质子治疗系统的辐射屏蔽评价主要依据的标准如下。

①年剂量约束值:质子治疗机房的辐射屏蔽设计应确保机房屏蔽体外工作人员和公众的年受照剂量满足职业照射和公众照射年剂量约束值(分别为 5 mSv/a 和 0.1 mSv/a)的要求。

②屏蔽体外剂量率控制水平:质子治疗机房屏蔽体外各关注点的剂量率应不高于辐射工作场所屏蔽体外剂量率控制水平。

辐射屏蔽体方案根据厂家资料由辐射专项单位深化设计,再由辐射环评单位进行屏蔽检验,此处给出同济光谷质子大楼屏蔽设计值以供参考,详见表 3-2-10。

表 3-2-10 质子治疗机房辐射屏蔽设计及周围环境分布情况

机房名称	机房尺寸 (长×宽×高)	位置	屏蔽体及厚度	周围环境	
质子治疗机房(西侧)	10.97 m×11.28 m×8.53 m(不含墙体);面积:123.74 m²	北墙	3.35 m 重混凝土	地下夹层	土壤
				地上一层	院内道路
				地上夹层	—
		南墙	2.40 m 重混凝土	地下夹层	楼梯间、患者、电梯、水井、风井、控制室
				地上一层	
				地上夹层	
		西墙	1.85 m 重混凝土	地下夹层	土壤
				地上一层	院内道路
				地上夹层	—
		迷道	迷道内墙:1.22 m 重混凝土 迷道外墙:2.40 m 重混凝土	东侧质子治疗机房	
		防护门	地下夹层:14 cm 聚乙烯	隔离变压器室	
			地上一层:7 cm 聚乙烯	准备区	
			地上夹层:7 cm 聚乙烯	通道	
		屋顶	3.85 m 重混凝土	不上人屋面	
		地板	1.40 m 重混凝土	废水暂存间	

续表

机房名称	机房尺寸 (长×宽×高)	位置	屏蔽体及厚度	周围环境	
质子治疗机房 (东侧)	10.97 m×11.28 m× 8.53 m(不含墙体); 面积:123.74 m²	北墙	1.85 m 重混凝土	地下夹层	土壤
				地上一层	院内道路
				地上夹层	—
		西墙	2.40 m 重混凝土	东侧质子治疗机房	
		东墙	3.35 m 重混凝土	地下夹层	土壤
				地上一层	院内道路
				地上夹层	—
		南墙	迷道内墙:1.22 m 重混凝土 迷道外墙:1.0 m 重混凝土	地下夹层	新风机房
				地上一层	控制室、CT 定位机房
				地上夹层	高压细水雾机房、模具间
		防护门	地下夹层:14 cm 聚乙烯	隔离变压器室	
			地上一层:7 cm 聚乙烯	准备区	
			地上夹层:7 cm 聚乙烯	通道	
		屋顶	3.85 m 重混凝土	不上人屋面	
		地板	1.4 m 重混凝土	废水暂存间	

2. 辐射安全与防护措施

辐射安全与防护措施的标准要求见表 3-2-11。

表 3-2-11　辐射安全与防护措施的标准要求

分类	标准要求
选址、布局与分区要求	(1)放射治疗场所应充分考虑其对周边环境的辐射影响,不得设置在民居、写字楼和商住两用的建筑物内
	(2)放射治疗场所宜单独选址、集中建设,或设在多层建筑物的底层的一端,尽量避开儿科病房、产房等特殊人群及人员密集区域,或人员流动性大的商业活动区域
	(3)放射治疗场所应分为控制区和监督区。一般情况下,控制区包括加速器大厅、治疗室(含迷道)等场所,如质子/重离子加速器大厅、束流输运通道和治疗室,直线加速器机房、含源装置的治疗室、放射性废物暂存区域等。监督区为与控制区相邻的、不需要采取专门防护手段和安全控制措施,但需经常对其职业照射条件进行监督和评价的区域

续表

分类	标准要求
	(1)放射治疗室屏蔽设计按照额定最大能量、最大剂量率、最大工作负荷、最大照射野等条件和参数进行计算,同时应充分考虑所有初、次级辐射对治疗室邻近场所中驻留人员的照射
	(2)放射治疗室屏蔽材料的选择应考虑其结构性能、防护性能,符合最优化要求质子/重离子加速器,须考虑中子屏蔽
	(3)管线穿越屏蔽体时应采取不影响其屏蔽效果的方式,并进行屏蔽补偿。应充分考虑防护门与墙体的搭接,确保满足屏蔽体外的辐射防护要求
放射治疗场所辐射安全与防护要求	(4)剂量控制的要求: 　①放射治疗工作场所,应当设置明显的电离辐射警告标志和工作状态指示灯等: 　　a.放射治疗工作场所的入口处应设置电离辐射警告标志;b.放射治疗工作场所控制区进出口及其他适当位置应设电离辐射警告标志和工作状态指示灯;c.控制室应设有在实施治疗过程中能观察患者状态、治疗室和迷道区域情况的视频装置,并设置双向交流对讲系统 　②质子/重离子加速器大厅和治疗室内(一般在迷道的内入口处)应设置固定式辐射剂量监测仪并有异常情况下报警功能,其显示单元设置在控制室内或机房门附近 　③放射治疗相关的辐射工作场所,应设置防止误操作、防止工作人员和公众受到意外照射的安全联锁措施: 　　a.质子/重离子加速器大厅和治疗室应设置门机联锁装置,防护门未完全关闭状态下不能出束,出束状态下开门即停止出束 　　b.质子/重离子加速器大厅和治疗室应设室内紧急开门装置,防护门应设置防夹伤功能 　　c.质子/重离子加速器大厅和束流输运线隧道内、治疗室迷道出入口及防护门内侧、治疗室四周墙壁和控制室内应设急停开关。急停开关应有醒目标志及文字显示以确保上述区域内的人员从各个方向均能观察到且便于触发 　　d.应设置清场巡检系统、门钥匙开关/身份识别系统。质子/重离子加速器大厅和束流输运线隧道内建立分区清场巡检和束流控制的逻辑关系,清场巡检系统应考虑清场巡检的最长响应时间和分区调试情况的联锁设置。日常清场巡检时,如超出设定的清场巡检响应时间,需重新进行清场巡检 　　e.应考虑建立调试、检修、运行维护人员的人身安全联锁系统,对调试、检修、运行维护人员的受照剂量与进入控制区的权限实施联锁管控 　　f.安全联锁系统一旦被触发,须人工就地复位并通过控制台才能重新启动放射治疗活动;任何联锁旁路应通过管理制度进行审批,并在单位辐射安全管理机构的见证下进行,工作完成后应及时进行联锁恢复及功能测试

续表

分类	标准要求
操作的辐射安全与防护要求	（1）医疗机构应对辐射工作场所的安全联锁系统定期进行试验自查，保存自查记录，保证安全联锁的正常有效运行
	（2）治疗期间，应有两名及以上人员协调操作，认真做好当班记录，严格执行交接班制度；加速器试用、调试、检修期间，控制室须有工作人员值守
	（3）任何人员未经授权或允许不得进入控制区。工作人员在确认放射治疗或者治疗室束流已经终止的情况下方可进入放射治疗室，进入有质子/重离子装置的治疗室前须佩戴个人剂量报警仪。检修人员进入质子/重离子加速器大厅和束流输运通道区域前，应先进行工作场所辐射监测，经单位辐射安全管理机构批准后方可进入。进入质子/重离子加速器大厅和束流输运通道区域的参观人员须在辐射工作人员带领下进入
放射性废物管理要求	（1）质子/重离子加速器调试和运行期间，如活化后的回旋加速器、准直器、束流阻止器及加速器靶等组成部件，在更换或退役时，应作为放射性固体废物处理。拆卸后先放进屏蔽容器或固态废物暂存间暂存衰变，最终送交有资质的单位收贮
	（2）低水平的活化部件如质子/重离子加速器治疗头器件、磁铁等，以及处理质子/重离子加速器冷却水的废树脂，集中放置在固态废物暂存间暂存衰变，经衰变后仍超出清洁解控水平者送交有资质的单位收贮
	（3）建立放射性固态废物台账，存放及处置前进行监测，记录部件名称、质量、辐射类别、监测设备、监测结果（剂量当量率）、监测日期、去向等相关信息，低于清洁解控水平的可作为一般固态废物处置，并做好存档记录
	（4）事故或检修状况下质子/重离子加速器的活化冷却水按照放射性废液管理要求妥善收集贮存，暂存衰变至低于豁免水平后可作为普通废液处理，并做好存档记录

（1）人身安全联锁系统。

质子治疗系统人身安全联锁系统的主要功能是保护进入治疗机房内部的人员免受辐射危害。人身安全联锁系统应采用可编程控制技术、门禁控制技术、自动门技术、集散式控制技术、计算机网络与通信技术、探测与数据处理技术、设备自诊断与自恢复技术等，对质子治疗系统的各联锁部件进行实时监测，并将信号输入安全联锁系统，只有在联锁条件全部满足的情况下，才允许束流的产生和加速。且由于其与控制系统之间唯一的交互即为接收并发送状态信息，因此人身安全联锁系统独立于其他控制系统运行，能最大限度地降低在各种情况下的风险。人身安全联锁系统的结构如图3-2-2所示。

人身安全联锁系统的组成主要包括可编程逻辑控制器（PLC）、出入管理设备、急停开关、清场急停按钮、声光报警器等。PLC可以收到各个联锁装置的状态情况,并通过现场总线与主控PLC进行通信,得知哪些主要设备在工作、治疗机房内是否有束流供给,一旦出现与安全逻辑相冲突的事件,安全PLC就触发一系列保护动作,包括停止束流和发出警报。

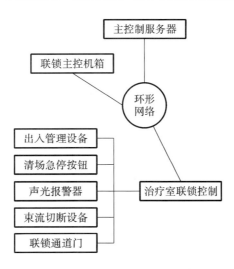

图3-2-2　人身安全联锁系统结构示意图

设计质子治疗系统人身安全联锁系统时,需遵循以下原则:

①纵深防御:充分考虑并合理设置联锁设施,实现对人身辐射安全的多重冗余保护且各重保护措施之间具有相互独立性,不会因为一套系统的失效而影响到其他系统的安全性。

②硬件最可靠:重要的位置把最大的信赖寄托在"硬件"上。

③最优切断:联锁系统应切断加速器最初始的运行功能(离子源高压),更好地保证区域内的辐射安全。

④失效保护设计:关键联锁部件及联锁系统失效时,相应联锁控制区域仍处于安全状态。

⑤自锁:联锁系统主要环节有自锁功能,即一旦联锁从该处实施切断,现场辐射安全人员必须到现场检查,确保不安全因素已排除后再手动进行"复位"。

⑥安全联锁装置不得设置旁路,维修维护后必须恢复原状。任何联锁旁路应通过管理制度进行审批,并在医院辐射安全管理机构的见证下进行,工作完成后应及时进行联锁恢复及功能测试。

(2)辐射监测系统。

质子治疗系统场所应有辐射监测系统负责工作场所的监测,该系统应由探测器、数据采集单元、内部局域网、监控计算机、中心管理计算机和辐射防护数据库组成,如图3-2-3所示。探测器用于测量辐射水平;数据采集单元用于采集探测器的输出信号和完成信号的加权处理、剂量率显示、本地报警及通信;内部局域网是探测器和监控计算机进行通信的媒介;监控计算机用于完成监测数据的日常分析与管理;中心管理计算机用于发布剂量监测数据;辐射防护数据库用于存储剂量数据,存储探测器测得的实时剂量数据,包括剂量率、测量时间、监测点代号、测量辐射类型(γ粒子/中子)。

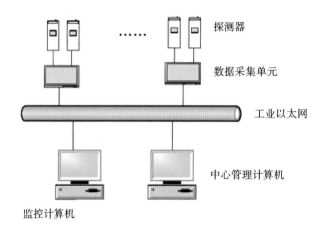

探测器

数据采集单元

工业以太网

中心管理计算机

监控计算机

图 3-2-3　质子治疗系统场所辐射监测系统结构

(3)通风系统。

根据单室质子治疗机房的结构布局,其通风系统应分两部分设计,包括治疗区和机架区,如图 3-2-4 所示。

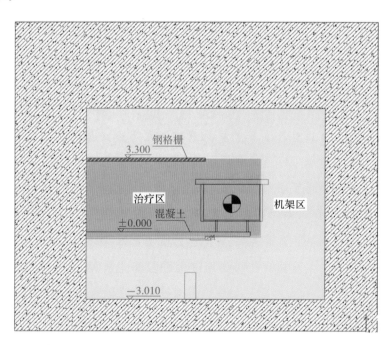

钢格栅

3.300

治疗区

机架区

混凝土

±0.000

−3.010

图 3-2-4　通风系统设计分区示意图(红色为治疗区,绿色为机架区)

治疗区是人员活动的主要场所,机架区则是设备机房及机架臂运行的空间,常规情况下无人员进入,因此两区域对于通风换气的需求应有所区分。质子治疗机房通风系统的设计参数应满足表 3-2-12 所列要求。

表 3-2-12 质子治疗机房各区域通风换气设计情况

区域名称	通风方式	气流走向	送风量/(m³/h)	排风量/(m³/h)	换气次数/(次/时)
治疗区	空调送风＋排风机排风	顶送风,底排风	1500	2000	10
机架区	空调送风＋排风机排风	顶送风,底排风	1500	4000	5

3. 三废处理

质子治疗系统运行期间,必定伴随废气、废液及固体废物的产生,这些废物往往有放射性,需采取必要措施妥善处理,否则会对人员、环境造成较大破坏,因此辐射环评需对建设项目的三废处理措施进行全面评价。

(1)放射性废气及其处理措施。

①废气来源:质子治疗系统运行期间伴随产生的感生放射性气体,其主要放射性核素通常为^{13}N($T_{1/2}=9.965$ min)、^{15}O($T_{1/2}=2.037$ min)、^{11}C($T_{1/2}=20.39$ min)和^{41}Ar($T_{1/2}=1.8$ h)。

②废气处理措施:质子治疗系统运行产生的气态感生放射性核素均为短半衰期核素,经过一段时间后可自行衰变至较低水平。质子治疗机房内均设有排风管道,装置运行过程中产生的感生放射性气体经机房排风管道排入环境。考虑到其排入大气后的扩散和稀释,其对环境的影响很小。

(2)放射性废液及其处理措施。

质子治疗系统可能产生的放射性废液主要是活化的冷却水。冷却水为去离子水,去离子水在使用过程中,由于^{16}O散裂反应可能形成的放射性核素见表 3-2-13。除^{7}Be、^{3}H 外,其余核素的半衰期都很短,放置一段时间就基本可以衰变。根据对冷却水感生放射性核素活度浓度的计算结果,活化冷却水的活度浓度仅为 11.2 Bq/L,远低于^{3}H 和^{7}Be 的单次和单月排放限值。

表 3-2-13 冷却水中产生的主要感生放射性核素及其参数

核素	半衰期	衰变常数/s⁻¹	生成核反应	反应截面/mb
^{3}H	12.3 a	1.78E−09	(n,sp)	33
^{7}Be	53.1 d	1.51E−07	(n,sp)	9.3
^{11}C	20.4 min	5.67E−04	(n,sp)	10
^{13}N	9.97 min	1.16E−03	(n,sp)	5
^{15}O	2.04 min	5.67E−03	(n,sp)	28

正常运行情况下,设备冷却水闭路循环不排放,只是在设备检修或发生冷却水泄漏事故时才需要排放,因此仅需要考虑冷却水的处理。在同济光谷质子大楼项目中,质子治疗机房的底板下都设有废水暂存间,该房间内设有一个集水井,有效容积为 1.2 m³,用于暂存更换下来的冷却水。可能被活化的冷却水回路中总水量约为 0.16 m³,每年最多检修排放次数为 2 次,年最大排放量为 0.32 m³,因此该集水井能够满足活化冷却水的暂存要求。集水井通过管道与质子治疗机房的地漏相连,集水井的标高低于质子治疗机房底板标高,且质子治疗机房设自流坡度确保冷却水能够自流并通过机房内地漏排入集水井内暂存。

集水井上设有取样口,活化的冷却水在排放前必须进行取样测量,满足放射性废水排放标准方可排放。集水井设有管道与医院污水管网相连,且配备手动启动的排水泵,需要排放时手动开启排水泵,通过管道将冷却水排入医院污水管网。每次排放需记录存档,记录废水来源、排放量、活度浓度监测结果、排放去向等信息。

综上所述,质子治疗系统正常运行时不会产生放射性废水,检修或发生泄漏的情况下可能排放的冷却水活度浓度远低于排放限值,且采取了有效的废水收集和暂存措施。因此,放射性废液的处理满足相关要求。

(3)放射性固体废物及其处理措施。

①放射性固体废物来源:参照国外同类型质子治疗系统的运行经验,质子治疗系统运行期间产生的主要放射性固体废物为维护、维修期间更换下来的一些易损易活化的结构部件,主要部件名称和最大年产生量列于表 3-2-14 中。这些放射性固体废物的主要材料是钢、碳和镍,其主要的感生放射性核素及其半衰期列于表 3-2-15 中。停机后对活化结构部件剂量率贡献较大的主要是 ^{54}Mn、^{51}Cr、^{52}Mn、^{57}Co 和 ^{58}Co 等半衰期较长的核素。

表 3-2-14　每个质子治疗系统维修期间产生的活化结构部件

部件名称	数量	质量
中心加速场组件	2	7 千克/个
离子源探针	1	13 千克/个
准直器	1	34 千克/个
射程调节器	1	163 千克/个
扫描磁铁	1	136 千克/个
传输电离室	2	7 千克/个
合计	8	374 kg

表 3-2-15　活化结构部件主要感生放射性核素及其半衰期

靶材料	放射性核素	半衰期	靶材料	放射性核素	半衰期
碳	^{3}H	12.3 a	钢	^{51}Cr	27.8 d
	^{7}Be	53.6 d		^{52}Mn	5.55 d
	^{11}C	20.4 min		^{52m}Mn	21.3 min
钢	同上述核素加以下核素			^{54}Mn	300 d
	^{22}Na	2.60 a		^{56}Co	77 d
	^{24}Na	15.0 h		^{57}Co	270 d
	^{42}K	12.47 h		^{58}Co	72 d
	^{43}K	22.4 h		^{55}Fe	2.94 a
	^{44}Sc	3.92 h		^{58}Fe	5.1 d
	^{44m}Sc	2.44 d	镍	同上述核素加以下核素	
	^{46}Sc	83.8 d		^{65}Ni	2.56 h
	^{47}Sc	3.43 d		^{61}Cu	3.33 h
	^{49}Sc	0.956 h		^{62}Cu	9.80 min
	^{48}V	16.0 d		^{64}Cu	12.82 h

②放射性固体废物处理措施:质子治疗机房应设有放射性固体废物暂存区,用于暂存质子治疗系统运行期间产生的活化结构部件等放射性固体废物。

活化结构部件拆除后,需测量其表面剂量率:a. 对于剂量率水平较高的部件(通常情况下剂量率高于 2.5 μSv/h),需先暂存在机房设备层的暂存区内,该区域设有带锁铁皮箱,箱体周围设有警戒线,箱体上贴有电离辐射警告标志和中文标签,标明废物类型和存放日期。暂存一定时间后,经检测表面剂量率水平低于 2.5 μSv/h 后,转运至储存间内暂存。b. 对于剂量率水平低于 2.5 μSv/h 的部件,直接暂存于储存间内。该房间尺寸(长×宽×高)约为 1.66 m×3.1 m×2.7 m,有效体积约为 13 m³。房间内设若干废物柜/废物箱(具体数量根据医院运行期间实际产生的放射性固体废物量确定),门外贴有电离辐射警告标志和中文标签。储存间作为控制区管理,设置标牌表明控制区,同时设门禁系统,门禁卡由专人负责保管。c. 在特殊情况下,当部分活化部件的剂量率水平较高,经过一段时间衰减后仍无法达到低于 2.5 μSv/h 的要求,又因工作需要必须转运至储存间内时,需配置转运用的铅屏蔽桶,确保铅屏蔽桶外表面剂量率水平低于 2.5 μSv/h。当储存间内废物暂存量接近房间容积的 2/3 时,由医院委托有资质的单位进行集中测量分析。

对于满足解控标准的:a. 可回收利用的部件,回收后复用;b. 不能回收利用的部件,经审管部门认可后,解控后按一般废物处理。对于不满足解控标准的,由医院委托有资质的单位处理。

医院应建立放射性固态废物台账,存放及处置前进行监测,记录部件名称、质量、辐射类别、监测设备、监测结果(剂量当量率)、监测日期、去向等相关信息。

(四)辐射环境影响

质子治疗系统环评需要对质子治疗系统在正常运行时对环境及人员的影响进行评价。重点关注屏蔽体外剂量率、工作人员及公众受照射的情况。此外,环评还需对质子治疗系统在事故工况下对环境的影响做出评价,评估系统可能的事故原因、事故后果及针对事故的防范措施。

1. 正常运行的环评

(1)机房屏蔽体外剂量率计算。

目前在环评工作中,普遍采用国内外通用的 FLUKA 程序计算质子治疗机房屏蔽体外剂量率。下面以同济光谷质子大楼项目为例,对机房屏蔽体外剂量率计算过程给出实例,以供参考。

根据厂家资料初步分析,当治疗能量为 230 MeV 时,治疗机房内辐射场源项最大。机房屏蔽墙体的厚度应以该能量治疗下的辐射源项确定。当以 230 MeV 能量治疗时,射程调节器处没有束流损失。因此,利用 FLUKA 程序建模计算时,未考虑射程调节器处的束流损失。但同时,当治疗能量为 70 MeV 时,回旋加速器处的束流损失高于治疗能量为 230 MeV 时的束流损失,为 1 nA。因此,计算时将治疗能量为 230 MeV 时回旋加速器处的束流损失设为 1 nA,具体列于表 3-2-16 中。

表 3-2-16　屏蔽计算时考虑的束流损失源项

损失部位	能量/MeV	速流损失/nA	靶材	损失方式
回旋加速器内部	230	1	Fe	均匀损失
自适应准直器	230	0.2	Ni	集中损失
患者	230	1.2	人体组织	集中损失

计算各束流损失点的结构具体如下。

①加速器处的 1 nA 的束流损失为平面上的均匀损失,计算时考虑了加速器自身结构的屏蔽作用。加速器为半径 66.5 cm、高 137 cm 的真空盒,真空盒上、下各有 1 块半径 66.5 cm、高 50 cm 的铁磁极,自屏蔽层由内向外分别为厚 30 cm 的铁磁轭、厚 5 cm 的含硼聚乙烯和厚 13 cm 的不锈钢,如图 3-2-5 所示。

②多叶准直器厚度为 10 cm,材质为 Ni,束流损失为 0.2 nA。

③治疗终端的患者采用直径 40 cm、高 40 cm 的圆柱形水模代替,放置于等中心点,束流损失为 1.2 nA。

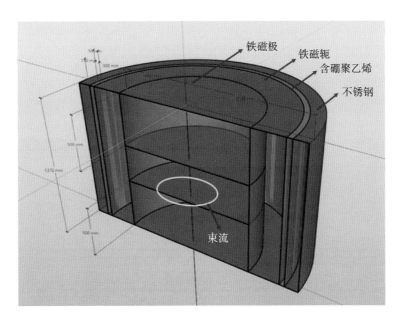

图 3-2-5 回旋加速器结构剖面

④屏蔽体材料选用密度为 3.0 g/cm³ 的重混凝土，元素组成列于表 3-2-17。土壤元素组成选用 *Compendium of Material Composition Data for Radiation Transport Modeling* 中推荐的元素，密度取 1.6 g/cm³，如表 3-2-17 所示。

表 3-2-17 屏蔽计算时使用的重混凝土和土壤成分

物质	密度 /（g/cm³）	元素成分	质量含量 /（%）	物质	密度 /（g/cm³）	元素成分	质量含量 /（%）
重混凝土	3	C	1.37	重混凝土	3	Zr	0.01
		O	39.94			Pb	0.01
		Na	0.62	土壤	1.6	H	1.75
		Mg	1.36			C	0.85
		Ca	12.25			O	42.77
		Al	4.59			Mg	0.44
		Si	13.39			Si	33.80
		P	0.52			Ca	1.91
		S	0.41			Mn	0.20
		K	0.75			N	0.10
		Ti	0.25			Na	0.42
		Mn	0.14			Al	6.76
		Fe	23.33			K	1.99
		Zn	0.02			Ti	0.87
		Sr	0.03			Fe	8.14

计算时使用的计算模型如图 3-2-6 至图 3-2-9 所示。考虑到质子治疗机房各层的新风、排风管均由其防护门上方或防护门侧方的墙体穿出,穿墙方式为直穿。因此,模拟计算时将穿墙风管也考虑在内,并对风管穿墙出口处的剂量率进行计算。所有风管穿出屏蔽墙体外的部分设计了"侧向包裹 3 cm 聚乙烯板、前向包裹 5 cm 的聚乙烯板"的屏蔽补偿。

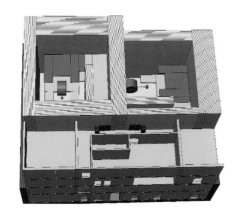

图 3-2-6　计算机房模型(俯视图)

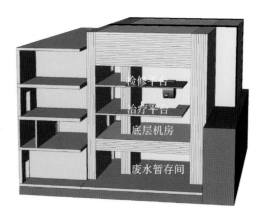

图 3-2-7　计算机房模型(侧视图,由东向西)

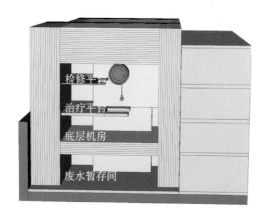

图 3-2-8　计算机房模型(侧视图,由西向东)

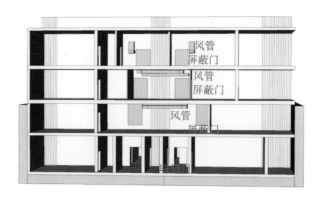

图 3-2-9　质子治疗机房风管穿墙计算模型

（2）工作人员受照剂量估算。

质子治疗系统的工作人员主要包括质子治疗科室医师、护师、物理师、治疗技师和维修工程师五类，这五类人群在质子治疗系统运行中遭受照射的情况和剂量各不相同，应结合各自的工作场所、工作时长及前述感生辐射、屏蔽体外剂量率分别评估。

（3）公众的受照剂量估算。

质子治疗系统正常运行期间，对公众的辐射影响主要来自质子治疗系统开机出束期间产生的瞬发辐射直接外照射以及感生放射性气体的排放。瞬发辐射需结合前述屏蔽体外剂量率进行计算，感生放射性气体对公众的照射途径主要考虑空气浸没外照射和吸入内照射，其辐射剂量应使用 IAEA NO. 19 技术报告 *Generic Models for Use in Assessing the Impact of Discharges of Radioactive Substances to the Environment* 中推荐的简单稀释模式，估算质子治疗系统正常运行工况下放射性气态流出物的影响。

2. 事故工况下的环评

质子治疗系统的核心是加速器，其辐射场是瞬发性的，装置一旦停机，能造成环境影响的辐射源立即消失，且不会再引起周边介质的活化。

质子治疗系统运行期间可能发生的事故主要如下：①安全联锁系统失效、人员误入机房内部造成的误照射事故；②工作人员在机房内部工作期间，质子治疗系统出束造成的误照射事故；③冷却水泄漏事故。

应对以上事故的后果及防范措施进行评估，确保事故可防可控。

（五）辐射安全管理

1. 机构与人员

（1）辐射安全与环境保护管理机构。

质子治疗机构应成立专门的辐射防护、辐射安全领导小组和工作小组。其中，领导小组成员由院办、医务处、医疗办、后勤处、保卫处、基建科、核医学科、放射科、肿瘤科等部门的领导和相关工作人员组成，全面负责医院的辐射安全管理工作。质子治疗系统环评应对辐射防护、辐射安全领导小组的人员配置及工作职责安排进行细致考评。

辐射防护、辐射安全领导小组和工作小组的主要工作职责如下。

①根据国家相关法律、法规，制定全院辐射安全与辐射防护管理工作计划、规章制度，组织实施并进行督促检查。

②定期组织开展辐射安全与辐射防护培训，提高全院辐射工作人员的防护意识及法制观念。

③负责对全院辐射工作人员的剂量监测、职业健康体检和职业病损伤鉴定、治疗等情况进

行监督检查，并建立个人健康档案。

④负责对全院新建、改建、扩建及放射性同位素、射线装置等建设项目进行可行性研究，并送审报批当地卫生行政部门和环境保护部门。

⑤负责对全院射线装置、放射性同位素、辐射源的运输、储存和使用中的辐射卫生防护情况实施监督检查。

⑥负责对全院射线装置及辐射工作场所进行年度性能和场所检测。

⑦制订并落实辐射事故预防措施与应急预案，如发生辐射医疗事故，应及时按有关规定逐级上报。

⑧辐射安全与辐射防护的日常工作由医务处负责协调，重要工作随时讨论定夺。

（2）辐射工作人员管理。

根据国家核安全局发布的《关于规范核技术利用领域辐射安全关键岗位从业人员管理的通知》（国核安发〔2015〕40号）的规定，销售（含建造）、使用Ⅰ类射线装置的单位，辐射安全关键岗位一个，为辐射防护负责人，新申领辐射安全许可证单位的辐射安全关键岗位在取证前由注册核安全工程师担任。质子治疗系统环评也应对辐射工作人员计划编配情况进行评估。

2. 辐射安全管理规章制度

根据《放射性同位素与射线装置安全许可管理办法》《放射性同位素与射线装置安全和防护管理办法》等法规的要求，同济医院已从院级、科室级层面，分别制定了一系列的辐射安全管理规章制度。现有的规章制度基本涵盖了操作规程、岗位职责、辐射防护制度、安全保卫制度、设备检修维护制度、人员培训制度、台账管理制度和监测方案等方面的内容，符合相关法规要求。

在质子大楼建成和运行前，制定和完善相应的操作规程、辐射防护、设备检修维护、监测方案、放射性废物处理等相关规章制度，确保本项目运行过程中的辐射安全。

3. 辐射监测

辐射监测是辐射安全管理的重要手段，包括工作场所监测、个人剂量监测和环境监测。工作场所和环境监测均采用固定式在线区域辐射监测和巡测相结合的方式；个人剂量监测采取累积式个人剂量计监测为主、个人剂量报警仪为辅的方式进行。通过合理安排辐射监测，确保环境、人员辐射量在安全限值范围内。

4. 辐射事故应急

根据《放射性同位素与射线装置安全和防护条例》（2019年3月2日修订版）、《关于建立放射性同位素与射线装置辐射事故分级处理和报告制度的通知》（环发〔2006〕145号）及《突发环境事件信息报告办法》（环保部令第17号）等的有关规定，在质子治疗机构应制定辐射事故应急预案。各相关业务科室如放射科、放疗中心、核医学科、PET中心等也都根据自身的工作内容和特点制订了相应的放射性事故应急预案。

第三节　质子治疗系统职业病危害辐射防护预评价

一、建设项目职业病危害辐射防护评价的依据、目的与意义

（一）建设项目职业病危害辐射防护评价的依据

医疗机构开展建设项目职业病危害辐射防护评价的主要依据是《中华人民共和国职业病防治法》《放射性同位素与射线装置安全和防护条例》《放射工作人员职业健康管理办法》和《放射诊疗管理规定》等一系列法律、法规和规章，其中《中华人民共和国职业病防治法》规定了职业病的定义，纳入职业病管理的范畴和开展建设项目职业病危害评价的范畴，是立项的最根本依据。

1. 职业病的概念

职业病是指企业、事业单位和个体经济组织的劳动者在职业活动中，因接触粉尘、放射性物质和其他有毒、有害物质等因素而引起的疾病。

2. 构成职业病的四个要件

（1）患病主体必须是企业、事业单位或者个体经济组织的劳动者。

（2）必须是在从事职业活动的过程中产生的。

（3）必须是因接触粉尘、放射性物质和其他有毒、有害物质等职业病危害因素而引起的，其中放射性物质是指放射性同位素或射线装置发出的 α 射线、β 射线、γ 射线、X 射线、中子射线等电离辐射。

（4）必须是国家公布的《职业病分类和目录》所列的职业病。

上述四个要件中，缺少任何一个要件，都不属于《中华人民共和国职业病防治法》所称的职业病。

3. 职业病防治的工作原则

职业病防治工作坚持预防为主、防治结合的方针，建立用人单位负责、行政机关监管、行业自律、职工参与和社会监督的机制，实行分类管理、综合治理。

4. 开展建设项目职业病危害评价的必要性

为坚持预防为主的工作原则，从源头上控制和消除职业病危害，就需要对可能产生职业病

危害的新建、扩建、改建项目和技术改造、技术引进项目(以下统称建设项目),在可行性论证阶段进行职业病危害预评价、在竣工验收前进行职业病危害控制效果评价,以确保用人单位严格依照法律、法规和国家职业卫生标准要求,落实职业病预防措施。

(二)建设项目职业病危害辐射防护评价的目的与意义

在可行性论证阶段,通过开展预评价,对建设单位新建质子治疗项目可能产生的放射性职业病危害因素及其辐射强度、拟新增辐射防护设施和管理措施、工作人员及公众可能受到的照射及其健康影响进行预测性分析评估,论证该项目辐射防护设施和措施的可行性,以保障辐射工作人员和公众的健康与安全。

(1)分析本项目的职业病危害因素,评价本项目拟新增职业病危害(主要是放射性危害)防护设施及措施的可行性。

(2)通过对工程防护设计的核算,论证本项目放射性职业病危害防护工程防护效果的有效性。

(3)评价本项目相关的职业病危害的管理制度和应急措施是否符合国家法律、法规和相关标准的要求。

(4)提出相关建议,预防和控制本项目建成后可能产生的职业病危害,保护工作人员的职业健康及相关权益。

(5)为建设单位完善辐射防护措施、开展职业病防治工作提供指导意见。

(6)为卫生健康主管部门和相关部门的行政审批提供技术依据。

在控制效果评价阶段,通过对质子治疗项目中放射诊疗设备可能产生的放射性职业病危害因素及其辐射强度、新增辐射防护措施、工作人员及公众可能受到的照射及其健康影响进行分析判断,核实项目采取的辐射防护设施和措施的可行性、在保障辐射工作人员和公众健康与安全方面的有效性,进而实现如下评价目标。

①贯彻落实《中华人民共和国职业病防治法》及相关法律、法规、规章和标准,从源头控制或消除职业病危害,防止职业病的发生,为卫生健康主管部门和相关部门对建设项目的竣工验收提供技术依据。

②识别工作过程中现存和潜在的职业病危害因素:一方面,对建设项目的辐射防护设施和措施进行评价,结合辐射防护检测结果,确定建设项目的辐射防护设施和措施在控制职业照射和防止潜在照射方面的有效性、适宜性,严格控制辐射、照射等职业危害水平;另一方面,通过对规章制度等其他防护措施的分析与核实,论证项目建成后投入运行的人因可靠性;通过上述分析评价,为预防、控制辐射危害,保障辐射工作人员和公众的健康与安全提供理论支持。

二、建设项目职业病危害辐射防护评价工作的内容和程序

(一)建设项目职业病危害辐射防护评价工作的内容

1. 预评价工作内容

以建设单位提供的本项目相关文件为基础,参考国内同类型设备的相关资料和经验,对该建设项目建成后可能对工作人员产生的职业病危害因素以及拟新增辐射防护设施和措施进行预测分析和评价。

根据资料调研与分析,针对特定项目存在和产生的职业病危害因素的种类和危害程度进行分析和评价,分析本项目正常运行和事故状态下对工作人员可能产生的危害。评价的主要内容如下。

(1)项目概况和平面布局。

(2)职业病危害因素分析。

(3)拟采用的职业病危害防护设施和管理措施。

(4)辐射屏蔽经验公式计算和蒙特卡罗模拟。

(5)拟采用的职业病危害监测计划。

(6)个人有效剂量估算和职业健康评价。

(7)拟采取的应急准备与响应。

(8)已设置的辐射防护管理机构和规章制度。

2. 控制效果评价工作内容

以建设单位提供的相关文件为基础,结合建设项目实际建设情况,对该建设项目在正常运行和事故状态下对工作人员产生的职业病危害因素的种类和危害程度,以及已采取的辐射防护设施和措施进行分析和评价,验证辐射防护设施或措施的合法合规性。

根据现场调研与分析,针对本项目存在和产生的职业病危害因素的种类和危害程度进行分析和评价,分析本项目正常运行和事故状态下对工作人员和公众可能产生的潜在危害。评价的主要内容如下。

(1)项目概况、工程分析,结合辐射源项分析,识别职业病危害因素。

(2)核实屏蔽防护设施的施工工程与预评价施工方案的符合性,核实已设置的防护安全设施与设计方案的符合性,检查其运行情况,对安全装置和措施的有效性进行评价。

(3)核实工作场所布局、分区与分级的落实情况,对其合理性进行评价,核实所配置防护措施的落实情况,对其有效性和合法合规性进行评价。

（4）人员受照水平及其职业健康管理情况综合评估。

（5）已设置的辐射防护管理机构和规章制度，已采取的应急准备与响应情况。

（二）建设项目职业病危害辐射防护评价工作的程序

1. 建设项目行政许可程序

医疗机构设置放射诊疗项目，应当按照其开展的放射诊疗工作的类别，分别向相应的卫生行政部门提出建设项目卫生审查、竣工验收和设置放射诊疗项目申请，其中开展放射治疗、核医学工作的，应向省级卫生行政部门申请办理。

新建、扩建、改建放射诊疗建设项目，医疗机构应当在建设项目施工前向相应的卫生行政部门提交职业病危害辐射防护预评价报告，申请进行建设项目卫生审查。申请建设项目职业病危害辐射防护预评价审核所需提交的资料如下。

（1）放射诊疗建设项目职业病危害辐射防护预评价审核申请表。

（2）放射诊疗建设项目职业病危害辐射防护预评价报告。

（3）委托申报的，应提供委托申报证明。

（4）省级卫生行政部门规定的其他资料。

卫生行政部门自收到预评价报告之日起 30 日内，做出审核决定。经审核符合国家相关卫生标准和要求的，方可施工。

医疗机构在放射诊疗建设项目竣工验收前，应当进行职业病危害控制效果评价，并向相应的卫生行政部门提交下列资料，申请进行卫生验收：①建设项目竣工卫生验收申请；②建设项目卫生审查资料；③职业病危害控制效果辐射防护评价报告；④放射诊疗建设项目验收报告。

卫生行政部门受理竣工卫生验收申请后，对质子治疗等危害严重类的建设项目，应当按卫生行政许可的时限组织专家对控制效果辐射防护评价报告进行评审，并进行职业病辐射防护设施竣工验收。

对于竣工验收合格的放射诊疗建设项目，卫生行政部门会在竣工验收后 20 日内出具验收合格证明文件；对于需要整改的，建设单位应提交整改报告，卫生行政部门组织复核，确认符合要求后，出具验收合格证明文件；对于竣工验收不合格的，卫生行政部门应书面通知建设单位并说明理由。

医疗机构在开展放射诊疗工作前，应当提交下列资料，向相应的卫生行政部门提出放射诊疗许可申请：①放射诊疗许可申请表；②医疗机构执业许可证或设置医疗机构批准书（复印件）；③放射诊疗专业技术人员的任职资格证书（复印件）；④放射诊疗设备清单；⑤放射诊疗建设项目竣工验收合格证明文件。

卫生行政部门对符合受理条件的申请应当即时受理；不符合要求的，应当在 5 日内一次性告知申请人需要补正的资料或者不予受理的理由。

卫生行政部门自受理之日起 20 日内做出审查决定,对合格的予以批准,发给放射诊疗许可证;不予批准的,书面说明理由。

医疗机构取得放射诊疗许可证后,到核发医疗机构执业许可证的卫生行政执业登记部门办理相应诊疗科目登记手续。

2. 建设项目评价工作程序

预评价工作程序:在建设单位确定评价单位并委托后,评价单位进入评价工作阶段。

首先拟定资料收集清单,在建设单位支持配合下收集撰写报告所需资料,资料大体包含以下内容。

(1)项目基本情况简介:包括项目建设原因、用地面积、建筑面积、计划投资等。

(2)项目前期设计相关图纸:包括质子治疗中心所在院区的平面布局图,质子治疗中心各楼层平面图,质子加速器机房、治疗机房及其他放射治疗机房的剖面图(DWG 格式),以及所有放射治疗场所的通风系统(暖通)平面图。

(3)医疗机构执业许可证、放射诊疗许可证、大型医用设备配置许可性文件。

(4)医院放射诊疗管理和辐射防护管理相关管理制度:全院辐射防护管理组织、职责和相关制度(如《放射诊疗安全防护管理制度》《放射防护规章制度》《个人剂量监测管理制度》《个人防护用品配备和使用管理制度》《放射工作人员职业健康管理制度》《放射防护培训制度》《放射装置维修、维护制度》《安全防护管理与质量控制管理制度》《辐射监测制度》等),全院及质子治疗中心应急管理组织、职责和相关制度(如《放射治疗管理制度》《放疗科各岗位工作人员职责》《质子治疗系统安全操作规程》《质子治疗质量保证规范》等)。

(5)提供本项目拟配置的工作人员(医师、技师、物理师、化学师、护师、维修人员等)的岗位职责、职称、资质等相关信息,其中辐射工作人员还需提供健康检查、个人剂量监测和辐射防护培训相关证明文件。

然后开展现场工作勘察,勘察的主要内容包括拟建项目所在位置及其本底辐射水平、院内区域及毗邻关系、周边人员流动和居留情况、长期居留人员的人群组别,如有需要避开的建筑或场所,现场勘察人员应及时向建设单位反馈。

最后由评价人员根据资料分章节撰写报告,报告总体包括以下内容。

(1)概述:包含任务来源与评价目的,评价的区域范围、防护与安全设施和人员范围,评价的主要内容,评价依据的法律、法规、规章、技术规范和标准等依据性资料和项目要实现的防护原则、拟采用的对辐射危害因素的管理目标值和屏蔽防护技术指标等评价目标。

(2)建设项目概况与工程分析:包括建设项目名称、建设地址、项目性质(新建、改建、扩建还是技术引进或改造)等概况,屏蔽等防护设施的布置规划、建设工艺和设置工艺流程等工程分析。

（3）辐射源项分析：包括正常运行状态和异常或事故状态下的辐射源项及辐射危害因素分析。

（4）防护措施评价：包括工作场所布局、分区与分级、屏蔽设计及核算、安全联锁装置、观察对讲装置等安全防护装置及其他防护措施。

（5）辐射监测计划：包括工作场所监测和个人剂量监测在内的监测项目、参数和频率，并对其合理性进行评价。

（6）辐射防护管理：包括对管理组织和制度、职业健康监护等机制、机构、人员岗位职责和权益在内的体系性建设的评价。

（7）辐射危害评价：重点对正常运行状态下，工作人员可能受到的内、外照射情况，关键人群组可能的平均年有效剂量、最高年有效剂量进行估算，并对管理目标值和剂量限值进行比较和评价。

（8）应急准备与响应：对潜在照射发生的可能环节、可能后果、危害大小进行评价，并对建设单位应对异常和事故照射发生拟建立的应急组织及其职责，拟设立的应急行动计划、应急处置措施进行介绍。

（9）结论和建议：综合上述分析和评价，对建设项目拟采取的设施平面布置和分区是否满足放射卫生学要求，辐射防护和安全设施是否符合相关法律、法规和规范、在正常运行时能否有效控制职业病危害，防护措施和监测设施的可行性及是否符合纵深防御原则等给出判定性的结论，对建设项目防护设施、措施不完善之处提出改进建议。

3.控制效果评价工作程序

在建设项目建设完成、设备安装调试通过、各种安全放射设施配置到位，各项设备和措施近乎满足开展临床工作的条件后，建设单位再次委托评价单位进行控制效果评价。重点环节和内容如下。

（1）防护设施和措施的现场核查：质子治疗中心的布局、分区和分级，配置的设备及其安装场所与预评价和委托范围的一致性，安全联锁、通风、个人防护用品、警示标志等防护设施和措施与预评价中设计的一致性与有效性。

（2）对人员、制度和应急保障措施进行核实：核实最终配置的人员数量、岗位设置、资质能力是否满足《放射诊疗管理规定》、大型医用设备配置许可评审标准和临床实际工作需要，核实放射诊疗和防护管理的组织架构、运行体制和运行机制是否真实有效，核实应急行动计划、应急准备和应急能力等内容。

（3）验证性检测：对质子治疗中心配置的所有诊疗设备的性能进行验收检测，对涉及的所有放射诊疗工作场所进行验证性辐射防护检测，并依据采购合同、标准和相关规范对其检测结果进行符合性判定。

（4）整改落实：评价单位对现场核实、资料性核查、验证性检查环节发现的防护设施不到位、防护措施不完善、人员情况不符合、制度保障不完备、验收检测不合格等情况进行细化梳理，以口头或书面的形式反馈给建设单位，建设单位在约定时间内一一整改到位。

（5）撰写控制效果评价报告：在进行现场核查和验证性检测的同时，梳理开展评价所需资料，其中与预评价资料名称一致的，对其内容的一致性进行核实，对预评价中未提供的资料进行补充性收集，然后按照 GBZ/T 181—2006 中的编制格式和要求撰写控制效果评价报告。

（三）"源"相关防护的设施、措施及其评价

1. 场所屏蔽防护标准

对于质子治疗系统，在对场所屏蔽进行评价的过程中，引用的标准如下：①《电离辐射防护与辐射源安全基本标准》（GB 18871—2002）；②《放射治疗放射防护要求》（GBZ 121—2020）；③《用于中子外照射放射防护的剂量转换系数》（GBZ/T 202—2007）；④《放射治疗机房的辐射屏蔽规范　第 1 部分：一般原则》（GBZ/T 201.1—2007）；⑤《放射治疗机房的辐射屏蔽规范　第 5 部分：质子加速器放射治疗机房》（GBZ/T 201.5—2015）。

质子治疗系统建设项目的评价过程中，首先要考虑到辐射防护三原则，即辐射实践的正当性、辐射防护的最优化和个人剂量限值，然后是工作场所剂量率控制水平。质子治疗系统工作场所剂量率应满足以下要求。

（1）质子治疗机房屏蔽墙外和入口门外关注点的剂量率参考控制水平。

根据《放射治疗机房的辐射屏蔽规范　第 5 部分：质子加速器放射治疗机房》（GBZ/T 201.5—2015）的要求，治疗机房墙和入口门外关注点的剂量率应不大于下述①、②和③所确定的剂量率参考控制水平 $\dot{H}_c$。

①使用放射治疗周工作负荷（t）、关注点位置的使用因子（U）和居留因子（T），根据式（3-3-1）由以下周剂量参考控制水平 H_c 求得关注点的导出剂量率参考控制水平 $\dot{H}_{c,d}$（$\mu Sv/h$）：

（a）放射治疗机房外工作人员：$H_c \leqslant 100$ 微希/周；

（b）放射治疗机房外非工作人员：$H_c \leqslant 5$ 微希/周。

$$\dot{H}_{c,d} = \frac{H_c}{t \times U \times T} \tag{3-3-1}$$

②按照关注点人员居留因子的不同，分别确定关注点的最高剂量率参考控制水平 $\dot{H}_{c,max}$（$\mu Sv/h$）：

（a）人员居留因子 $T \geqslant 1/2$ 的场所：$\dot{H}_{c,max} \leqslant 2.5\ \mu Sv/h$；

（b）人员居留因子 $T < 1/2$ 的场所：$\dot{H}_{c,max} \leqslant 10\ \mu Sv/h$。

③由上述①中的导出剂量率参考控制水平$\dot{H}_{c,d}$和②中的最高剂量率参考控制水平$\dot{H}_{c,max}$，选择其中较小者作为关注点的剂量率参考控制水平$\dot{H}_c(\mu Sv/h)$。

（2）质子治疗机房顶的剂量控制要求。

根据《放射治疗机房的辐射屏蔽规范 第5部分：质子加速器放射治疗机房》（GBZ/T 201.5—2015）的要求，机房顶的剂量按如下情况控制。

①在治疗机房正上方已建、拟建建筑物或治疗机房旁邻近建筑物的高度超过自辐射源点到机房顶内表面边缘所张立体角区域时，距治疗机房顶外表面30 cm处和（或）该立体角区域内的高层建筑物中人员驻留处，可以根据机房外周剂量率参考控制水平$\dot{H}_c$≤5 微希/周和最高剂量率$\dot{H}_{c,max}$≤2.5 $\mu Sv/h$加以控制。

②除①的条件外，应考虑下列情况：

（a）天空散射和侧散射辐射对机房外的地面附近和楼层中公众的照射。该辐射和穿出机房墙透射辐射在相应处的剂量（率）的总和，应按①中确定关注点的剂量率参考控制水平$\dot{H}_c$（$\mu Sv/h$）加以控制；

（b）穿出机房顶的辐射对偶然到达机房顶外的人员的照射，以250 $\mu Sv/a$加以控制；

（c）对不需要人员到达且只有借助工具才能进入的机房顶，考虑（a）和（b）的情况之后，机房顶外表面30 cm处的剂量率参考控制水平可按100 $\mu Sv/h$加以控制。

2. 场所屏蔽防护计算方法

对于质子治疗系统工作场所屏蔽防护的计算，建议采用经验公式计算法和蒙特卡罗模拟计算法两种方法。两种方法具体介绍如下。

（1）经验公式计算法。

《放射治疗机房的辐射屏蔽规范 第5部分：质子加速器放射治疗机房》（GBZ/T 201.5—2015）中提出了质子治疗机房的经验公式计算法，并给出了点源和线源计算公式以及相应的计算参数，是质子治疗机房屏蔽防护计算的主要依据。

①计算公式。

（a）点源混凝土一次屏蔽计算公式。

当关注点与束流损失点的距离远大于束流损失点的几何尺寸（大于7倍）时，可将靶视为点源，使用普通混凝土（密度为2.35 g/cm³）作为屏蔽墙时，墙外关注点的剂量率可按式（3-3-2）进行计算：

$$\dot{H}=S_0 H_{casc}(\theta)e^{-\frac{x}{\lambda\cos\theta}}r^{-2} \tag{3-3-2}$$

式中：$\dot{H}$为距束流损失点r处的当量剂量率估算值，Sv/s；S_0为单位时间内损失在部件上的质子数，当束流损失为I（nA）时，可以由$6.24\times10^9\times I$计算而来，质子数/秒；$H_{casc}(\theta)$为每个质子产生的级联中子在距束流损失点1 m处的当量剂量，希·米²/质子；r为屏蔽墙外关注点与束流损失点的距离，m；d 为混凝土屏蔽墙的厚度，cm；ρ 为混凝土屏蔽墙的密度，g/cm³；$\lambda(\theta)$ 为在 θ 方向的级联中子在混凝土中的衰减长度，它已经考虑了斜入射时屏蔽体的"积累因子"，g/cm²。

（b）线源混凝土一次屏蔽计算公式。

质子束流损失发生在某一设备部件时，可能不满足点源情况，即关注点与束流损失点的距离与束流损失点的几何尺寸相差小于 7 倍，使用普通混凝土（密度为 2.35 g/cm³）作为屏蔽墙时，墙外关注点的剂量率可按式(3-3-3)进行计算：

$$\dot{H}_{\mathrm{L}} = 2S_{\mathrm{L}} H_{\mathrm{casc}}(90) \mathrm{e}^{-\frac{d\rho}{0.89\lambda(90)}} r^{-1} \tag{3-3-3}$$

式中：$\dot{H}_{\mathrm{L}}$ 为距束流损失点 r 处的当量剂量率，Sv/s；S_{L} 为单位长度内损失在部件上的质子数，质子数/米；$H_{\mathrm{casc}}(90)$ 为 $\theta=90°$ 时的 $H_{\mathrm{casc}}(\theta)$，希·米²/质子；$\lambda(90)$ 为 $\theta=90°$ 时的 λ，g/cm²；r 为屏蔽墙外关注点与束流损失点的距离，m；d 为混凝土屏蔽墙的厚度，cm；ρ 为混凝土屏蔽墙的密度，g/cm³。

（c）点源加速器自屏蔽及混凝土二次屏蔽计算公式。

对于回旋加速器部分的束流损失点位，还应考虑回旋加速器的自屏蔽，相关标准 GBZ/T 201.5—2015 中并未给出相应计算公式。对于铁和混凝土的复合屏蔽体，文献"Shielding Data for 100-250 MeV Proton Accelerator: Attenuation of Secondary Radiation in Thick Iron and Concrete/Iron Shields"给出了计算公式：

$$H = S_0 H_{\mathrm{casc}}(\theta) \mathrm{e}^{-\frac{d_{\mathrm{Fe}}\rho_{\mathrm{Fe}}}{\lambda_{\mathrm{Fe}}(\theta)}} \mathrm{e}^{-\frac{d_{\mathrm{conc}}\rho_{\mathrm{conc}}}{\lambda(\theta)}} r^{-2} \tag{3-3-4}$$

式中各参数含义同式(3-3-2)。

②计算参数。

对于经验公式计算法，主要的是参数 $H_{\mathrm{casc}}(\theta)$ 和 $\lambda(\theta)$ 的确定，常用取值汇总如表 3-3-1 和表 3-3-2 所示。

表 3-3-1　250 MeV 质子轰击不同靶材料时 $H_{\mathrm{casc}}(\theta)$ 取值

出束中子与入射质子之间的夹角 θ/(°)	级联中子的当量剂量转换因子 $H_{\mathrm{casc}}(\theta)$/(Sv·m²)			
	铁靶	铜靶	人体组织	碳靶
0～10	8.1×10^{-15}	7.0×10^{-15}	3.9×10^{-15}	6.38×10^{-15}
10～20	6.9×10^{-15}	5.6×10^{-15}	3.6×10^{-15}	5.13×10^{-15}
20～30	6.2×10^{-15}	4.7×10^{-15}	2.5×10^{-15}	4.03×10^{-15}
30～40	4.0×10^{-15}	3.5×10^{-15}	1.8×10^{-15}	3.17×10^{-15}
40～50	2.9×10^{-15}	2.5×10^{-15}	9.3×10^{-16}	2.63×10^{-15}
50～60	2.0×10^{-15}	1.8×10^{-15}	7.1×10^{-16}	1.96×10^{-15}
60～70	1.2×10^{-15}	1.1×10^{-16}	6.0×10^{-16}	1.54×10^{-15}

续表

出束中子与入射质子之间的夹角 $\theta/(°)$	级联中子的当量剂量转换因子 $H_{casc}(\theta)/(Sv \cdot m^2)$			
	铁靶	铜靶	人体组织	碳靶
70～80	7.6×10^{-16}	7.1×10^{-16}	5.1×10^{-16}	1.22×10^{-15}
80～90	6.0×10^{-16}	5.7×10^{-16}	3.0×10^{-16}	9.46×10^{-16}

注:数据引自《放射治疗机房的辐射屏蔽规范　第5部分:质子加速器放射治疗机房》(GBZ/T 201.5—2015)的附表 E.1 和文献"Source Termas and Attenuation Lengths for Estimating Shielding Requirements or Dose Analyses of Proton Therapy Accelerators"的附表 A.2。

表 3-3-2　250 MeV 质子轰击不同靶材料时相应屏蔽材料中的 $\lambda(\theta)$ 值

出射中子与入射质子之间的夹角 $\theta/(°)$	铁靶		铜靶	人体组织	碳靶
	$\lambda_{混凝土}/(g/cm^2)$	$\lambda_{铁}/(g/cm^2)$	$\lambda_{混凝土}/(g/cm^2)$	$\lambda_{混凝土}/(g/cm^2)$	$\lambda_{混凝土}/(g/cm^2)$
0～10	108	177	110	95	127
10～20	107	167	108	93	120
20～30	101	158	106	92	111
30～40	98	148	100	83	103
40～50	96	138	97	80	96
50～60	92	130	91	75	86
60～70	85	120	82	67	77
70～80	74	111	72	59	69
80～90	64	120	63	52	59

注:数据引自《放射治疗机房的辐射屏蔽规范　第5部分:质子加速器放射治疗机房》(GBZ/T 201.5—2015)的附表 E.1、文献"Source Terms and Attenuation Lengths for Estimating Shielding Requirements or Dose Analyses of Proton Therapy Accelerators"的附表 A.2 和文献"Shielding Analysis of Proton Therapy Accelerators：A Demonstration Using Monte Carlo-Generated Source Terms and Attenuation Lengths"的表 1。

（2）蒙特卡罗模拟计算法。

对于质子治疗系统,可采用蒙特卡罗程序模拟质子治疗机房外辐射水平。下面以 FLUKA 为例,简单介绍计算过程。

①FLUKA 简介。

FLUKA 是由意大利 INFN 实验室开发(现由 INFN 和 CERN 各自维护和改进)的模拟粒子输运及与物质相互作用过程的大型通用蒙特卡罗程序,可由官网(fluka.cern)注册后免费下载使用。目前该程序主要用于质子和电子加速器及靶站的设计、量热学、辐射活化、辐射剂量学、探测器设计、宇宙射线、中微子物理、高能物理模拟、放射治疗等领域。其可模拟包括中子、电子、质子在内的 60 余种不同的粒子及重离子,其中子能量从 10^{-5} eV 到 20 TeV,光子从 100

eV 到 10000 TeV,电子从 1 keV 到 1000 TeV,带电强子及其反粒子从 1 keV 到 20 TeV,重离子为 1000 TeV/n 以下。

②建立模型。

根据建设单位提供的项目材料,在 FLUKA 程序中建立质子治疗工作场所的建筑模型,需要的材料包括质子治疗系统建筑图纸、屏蔽方案、屏蔽材料组成元素及其比例。

质子治疗系统结构模型建立后,建立质子治疗系统束流损失点模型,依据厂家说明和建筑图纸在建立的质子治疗工作场所建筑模型上准确标注各个束流损失点位置。

③模拟计算。

质子治疗系统结构模型和束流模型建成后便可进行模拟计算,为了保证模拟精度,建议单个损失点质子打靶模拟次数至少为 109 次。蒙特卡罗程序每次只能对一个束流点、一个束流损失方向进行模拟计算,为了了解整个质子治疗工作场所辐射水平,需进行多次模拟。因此在计算关注点蒙特卡罗模拟结果时,要分析哪些束流损失点会对其产生影响,准确累加确定关注点剂量率。

(3)质子治疗系统关注点选取。

对于质子治疗系统关注点的选取,首先,关注点应位于屏蔽体外 30 cm 处的人员可达位置;其次,关注点的选取需具有代表性,要包括人员常居留位置、屏蔽薄弱位置、束流直射处等。

(四)结论与建议

1.结论

应采用简洁、明了的语句对质子治疗系统屏蔽体外辐射水平进行评价,得出的结论应包括:①质子治疗系统屏蔽体外辐射水平是否符合标准要求;②质子治疗系统屏蔽防护是否符合最优化原则。

2.建议

基于质子治疗系统建设项目职业病危害辐射防护评价给出的建议应该具有针对性、具体性和操作性。对于质子治疗系统屏蔽防护来说,可基于防护最优化来提出相关建议。

(五)安全联锁与固定式辐射监测

1.安全联锁

(1)安全联锁的设置要求。

质子治疗系统的安全联锁的设计遵循简单可靠、失效安全、纵深防御和最优切断原则,不但重要场所要进行多重"冗余"设计,整个系统也要"冗余",具体如下。

①简单可靠:系统设计要力求在简洁的基础上保证运行的可靠性和稳定性。

②失效安全：当安全联锁失效时，系统有相应的应急保护措施来保障工作人员的人身安全。

③纵深防御：在设计系统时要充分考虑并合理安排辐射安全设施设备的安全逻辑，实现对工作人员人身安全的交叉纵深防御。

④最优切断：联锁系统应尽可能切断前级控制或机器最初始的运行功能（如离子源的高压等），更好地保证在后级区域的辐射安全。

⑤"冗余"：系统关键设备要采取"冗余"设计，以保障系统的可靠性，缩短系统故障时间，并预留进一步改进的余地。

（2）安全联锁的组成。

质子治疗系统的安全联锁系统应包括钥匙控制、出入管理设备（门禁）、清场搜索、紧急保护装置、状态监控、门机联锁等。在对质子治疗系统进行评价的过程中应详细介绍各种安全联锁，包括质子治疗系统出束逻辑、清场顺序、清场按钮布置、紧急保护装置设置数量和位置等信息。下面简单介绍常见质子治疗系统的安全联锁组成。

①钥匙控制：质子治疗系统应设置钥匙开关（"ON"和"OFF"两种转换状态，用于控制束流的开启和停止），只有钥匙处于"ON"功能时，质子治疗系统才可以出束。

②出入管理设备（门禁）：质子治疗系统出入管理设备主要实现对进出质子治疗机房内部人员的统计和管理，所有控制区的进出均采用一定措施，如人脸识别、刷门禁卡等，避免无关人员误入。

③清场搜索：清场搜索是在开机前执行一套特定的安全搜索程序以完成清场和建立联锁，联锁完成信号作为开机的必要前提条件，从而确保在开机前无人员滞留。

④紧急保护装置：质子治疗系统紧急保护装置是为了应对特殊情况，如出束后人员误留机房等，可以通过操作紧急保护装置快速切断束流，以达到保护设备或减少人员误照射的目的。

⑤状态监控：质子治疗系统状态监控一般由 LED 显示屏和动态监测组件组成，用于确保辐射防护人员在中央监控室能掌握安全联锁的现场实时状态。

⑥门机联锁：质子治疗系统应设置门机联锁，只有在机房防护门全部关闭时，质子治疗系统才能出束；机房门处于打开状态时，质子治疗系统无法出束。质子治疗系统出束期间打开机房门，则会启动安全联锁，切断束流。

2. 固定式辐射监测

（1）监测对象。

质子治疗系统运行过程中产生的辐射场，主要为加速器运行时产生的"瞬发辐射场"和加速器停机后依然存在的"残余辐射场"。瞬发辐射由质子束流以及质子束流与加速器部件和屏蔽体等发生反应产生的次级粒子（中子、光子）组成，其特点是能量高、辐射强，但会随着加速器的停机而完全消失；残余辐射主要是由加速器结构部件、设备冷却水、室内空气等被主束或次级粒子轰击产生的活化产物衰变产生的,在加速器停机后依然存在。因此,质子治疗系统辐射监测对象主要为中子、光子(γ射线)。

(2)监测设备及其性能要求。

①监测设备:质子治疗系统设置的固定式辐射监测设备至少包括中子探测器和γ射线探测器。

②仪器能量响应:质子治疗系统设置的固定式辐射监测设备的能量响应要满足要求,质子治疗系统产生的次级中子的能量可与质子能量相同,因此医疗机构设置的中子探测器能量不低于系统产生的能量。质子治疗系统产生的次级光子平均能量约为 1 MeV,感生放射性产生的 γ射线的最高能量约为 7 MeV,因此医疗机构设置的 γ射线探测器能量不低于系统产生的 γ射线能量。

③测量范围:质子治疗系统设置的固定式辐射监测设备的量程应该满足质子治疗系统运行时周围剂量当量率水平的测量要求,设备最低可测度值应不大于 0.1 μSv/h。

(3)监测位点设置。

对于质子治疗系统,应在治疗机房内安装固定式辐射监测报警装置。医疗机构在设置监测位点时,建议包括以下位置:①人员常居留场所,如控制室;②控制区迷路出入口,主要功能是使工作人员进入可能会存在束流的高辐射水平场所内部之前先了解场所的辐射水平;③控制区内,便于工作人员了解控制区内辐射水平,防止人员在设备出束期间误入。

除以上点位外,医疗机构可根据需要增设其他监测位点。

(六)其他防护设施、措施及其评价

1. 感生放射性

感生放射性是指当射束停止后,仍有"残留"辐射的现象,通常是中子活化的结果。较高能量的粒子加速器(大于 10 MeV)都可能通过(γ,n)、(p,n)等核反应产生泄漏或污染中子,进而产生感生放射性。

加速器结构部件活化产生的主要放射性核素及其参数见表 3-3-3,可知活化产生的各种放射性核素中^{60}Co 的半衰期最长,具有代表性。为方便计算,下面将采用^{60}Co 作为固件衰变间辐射屏蔽计算验证辐射源项进行分析,利用公式(3-3-5)和(3-3-6)计算验证固件衰变间屏蔽厚度并进行评价。

表 3-3-3 加速器结构部件活化产生的主要放射性核素及其参数

放射性核素	半衰期	射线类型及能量
^{54}Mn	278 天	X 射线/5.415 keV、γ射线/834.848 keV
^{52}Mn	5.591 天	β^+ 射线/241.59 keV、γ射线/1434.092 keV

放射性核素	半衰期	射线类型及能量
^{56}Mn	2.58 h	β 射线/1216.85 keV、γ 射线/846.76 keV
^{58}V	0.191 s	β 射线/$5.5×10^3$ keV、γ 射线/879.7 keV
^{51}Cr	27.7 天	X 射线/4.95 keV、γ 射线/320.08 keV
^{60}Co	1925.28 天	β 射线/95.77 keV、γ 射线/1332.49 keV

$$B = \frac{H_c}{H_0} R^2 \qquad (3\text{-}3\text{-}5)$$

式中：B 为屏蔽透射因子；H_0 为距靶源 1 m 处的 γ 射线剂量率，μSv/h；H_c 为剂量率参考控制水平，μSv/h；本项目固件衰变间外剂量率参考控制水平设为 10 μSv/h；R 为靶源至关注点距离，m。

$$X_e = TVL \cdot \log B^{-1} \qquad (3\text{-}3\text{-}6)$$

式中：X_e 为有效屏蔽厚度，cm；TVL 为什值层厚度，^{60}Co 在混凝土中的 TVL 为 21.8 cm。

2. 通风措施

考虑到质子治疗系统运行过程中会产生少量感生放射性气体以及臭氧、氮氧化物等有毒有害气体，回旋加速器大厅、束流输运车间和各治疗室均应设计通风系统。

3. 固体废物的处理

放射性固体废物主要为质子治疗系统维修维护环节更换下来的束流装置、靶件等含感生放射性的结构部件以及治疗过程中使用的铜挡块和射程补偿器（固体产生量≤2 米³/年），均拟暂存于固件衰变间内，并定期由具备相关资质的放射性废物处理机构负责转运和处理。在对活化部件进行处理时，应该格外加强管理，对放射性部件进行辐射水平监测、登记，暂存在专用的储存装置内。

4. 循环水的处理

放射性废液主要是活化的冷却水，冷却水在运行期间循环使用，不排放。质子治疗系统所用冷却水为去离子水。去离子水在使用过程中，由于 ^{16}O 散裂反应可能形成的放射性核素中，除 ^{7}Be 和 ^{3}H 外，其余核素的半衰期都很短，放置一段时间就基本可以衰变到很低水平，故对人员影响较小。

不同型号的质子设备所需工艺冷却水体积不同，大致为 5 m³，运行过程中系统补水量为 0.1～2.0 m³/h，可设置 1.0 m³ 的补水箱于工艺冷却水循环系统中，为工艺冷却水实时补充损耗。维修维护期间若需要向外排放冷却水，建议连接到衰变池进行收集处理。

(七)"人"相关防护的措施及其评价

1. 工作人员岗位要求

工作人员岗位设置应满足《放射诊疗管理规定》《质子和重离子加速器放射治疗技术管理规范》及甲类大型医用设备配置许可评审标准等相关要求,详见表 3-3-4。

表 3-3-4　本项目质子治疗中心拟配备工作人员结构与法规要求符合情况

人员类别	法规、规范及标准	相关要求
医师	《放射诊疗管理规定》	中级以上专业技术职务任职资格的放射肿瘤医师
	《质子和重离子加速器放射治疗技术管理规范》	取得医师执业证书,执业范围是医学影像和放射治疗专业
		有至少3名具备质子或重离子放射治疗技术临床应用能力的本医疗机构注册医师
		有10年以上肿瘤放射治疗工作经验,取得副主任医师及以上专业技术职务任职资格
		经过省级卫生计生行政部门指定的培训基地关于质子或重离子放射治疗技术相关专业系统培训,具备开展质子或重离子放射治疗技术能力
	甲类大型医用设备配置许可评审标准	取得执业医师证书的放射治疗医师不少于15名,其中从事放射治疗专业10年以上并取得高级专业技术职称者不少于3名
物理师	《放射诊疗管理规定》	大学本科以上学历或中级以上专业技术职务任职资格的医学物理人员
	《质子和重离子加速器放射治疗技术管理规范》	取得直线加速器物理师上岗证
		有至少3名具备质子或重离子放射治疗技术临床应用能力的本医疗机构在职物理师
		有10年以上放射物理工作经验,取得副研究员(或相当职称)及以上专业技术职务任职资格
		经过质子或重离子放射治疗技术相关系统培训,满足开展质子或重离子放射治疗技术临床应用所需的相关条件
	甲类大型医用设备配置许可评审标准	从事放射治疗物理专业人员不少于10名,其中从事放射治疗专业5年以上并取得高级专业技术职称者不少于3名
技师	《放射诊疗管理规定》	放射治疗技师和维修人员
	《质子和重离子加速器放射治疗技术管理规范》	经过质子或重离子放射治疗技术相关专业系统培训,满足开展质子或重离子放射治疗技术临床应用所需的相关条件
	甲类大型医用设备配置许可评审标准	满足开展质子放射治疗技术临床应用所需相关技术人员

人员类别	法规、规范及标准	相关要求
维修人员	《放射诊疗管理规定》	放射治疗技师和维修人员
	《质子和重离子加速器放射治疗技术管理规范》	有临床医师、放射物理师、技师、加速器维修保养工程技术人员和护师
	甲类大型医用设备配置许可评审标准	设备维护、维修医学工程保障人员不少于2名并具备相应技术实力
护师	《质子和重离子加速器放射治疗技术管理规范》	有临床医师、放射物理师、技师、加速器维修保养工程技术人员和护师
其他人员	《放射诊疗管理规定》	病理学、医学影像学专业技术人员
	甲类大型医用设备配置许可评审标准	辐射防护专业技术人员不少于1名

2. 工作人员年受照剂量估算

各岗位工作人员可能存在的放射性危害因素主要来自以下几个方面：加速器结构部件，治疗场所装置及空气的活化、患者活化产生的感生放射性及屏蔽体透射造成的外照射损伤，其他因素对工作人员的辐射剂量贡献可忽略不计。

3. 人因失误与制度保障

潜在照射是指在正常情况下有一定把握预期不会发生，但可能由辐射源项的事故或某种偶然性质的事件或时间序列（包括设备故障和操作错误）所引起的照射。通常是指有一定概率发生而不一定发生的照射。在发生前的阶段，它是作为实践防护体系的一部分来处理的；一旦发生，通常需要干预，按干预的防护体系来处理。

潜在照射是不能预先完全计划或知道的照射，常是由于出现意外情况或事故而发生的照射。在潜在照射发生前的防护对策，主要是预防和缓减，降低概率的措施称为预防，降低剂量大小或严重程度的措施称为缓减。通常对潜在照射的发生概率和剂量大小都可在一定程度上加以控制。预防措施通常如下：①设计合理并足够的安全设备（联锁、入口控制、剂量仪表、信号、警报、标志等）；②严密的管理，有完备的操作规程（运行与维修）和严格的人员训练计划。

由于质子治疗系统产生的辐射是瞬发性的，当加速器停机后，辐射会立刻消失（感生放射性仍会存在一段时间，但不属于事故照射），因此可能发生的事故主要是质子治疗系统运行期间发生的各种意外事故。质子治疗系统运行期间可能发生的各类事故以及应对措施如表3-3-5所示。

表 3-3-5　本项目质子治疗系统可能发生的各类事故分析以及应对措施

序号	事故描述	可能原因	可能后果	应急措施	主要预防措施
1	治疗室终端误入	①分区管理失效 ②安全联锁装置失效 ③工作人员误操作	误入人员受到超过年剂量管理目标值的照射	①立即停止出束 ②启动辐射事故应急预案 ③划出警戒线,疏散非事故处理人员 ④进行辐射监测 ⑤对受误照射人员进行医疗救援	①加强分区管理和巡察力度 ②定期对安全联锁的有效性进行检查 ③加强工作人员的技能培训与考核 ④严格按照操作规程进行操作
2	回旋加速器大厅人员误入	①分区管理失效 ②安全联锁装置失效 ③工作人员误操作	误入人员受到超过年剂量管理目标值的照射	①立即停止出束 ②启动辐射事故应急预案 ③划出警戒线,疏散非事故处理人员 ④进行现场辐射环境监测 ⑤对受误照射人员进行生命体征检查,采取医疗救治措施	①加强分区管理和巡察力度 ②定期对安全联锁的有效性进行检查 ③加强工作人员的技能培训与考核 ④严格按照安全操作规程进行操作
3	质子治疗区机房通风系统故障	①断电 ②风机故障 ③工作人员误操作	工作人员和公众受到的照射增加	①立即停止出束,对通风系统进行检查、维修 ②检查风机,若发生故障,立即维修或更换	①加强检查和监测 ②定期对风机进行检查 ③设置备用风机和备用电源 ④加强管理和培训
4	冷却水泄漏	①冷却水管故障或破裂 ②工作人员误操作	造成环境污染	①立即停止出束,对冷却水系统进行检查、维修 ②检查冷却水管路,若发生破裂,立即维修或更换	①加强检查和监测 ②定期对冷却水管路进行检查 ③加强管理和培训

续表

序号	事故描述	可能原因	可能后果	应急措施	主要预防措施
5	误入高能输运通道	①分区管理失效 ②安全联锁装置失效 ③工作人员误操作	误入人员受到超过年剂量管理目标值的照射	①立即停止出束 ②启动辐射事故应急预案 ③划出警戒线，疏散非事故处理人员 ④进行现场辐射环境监测 ⑤对受误照射人员进行生命体征检查，采取医疗救治措施	①加强分区管理和巡察力度 ②定期对安全联锁的有效性进行检查 ③加强工作人员的技能培训与考核 ④严格按照安全操作规程进行操作

根据表 3-3-5 所列事故，综合考虑事故类型、事故所致的辐射影响后果等因素，安装调试期间误入治疗室终端和误入回旋加速器大厅为较严重事故。考虑到误入治疗室终端的工作人员可能受到质子束流的直接照射，在评价时往往以"误入治疗室终端"作为假想事故，估算事故期间终端人员的受照剂量。运行中的治疗室可能在治疗患者或者在进行检测，治疗患者时，工作人员接受到的照射都是散射线造成的，如果校准仪器，有可能使全部质子束流直接照射工作人员。以最坏的情况即直接照射工作人员为例，比如治疗室治疗头处质子束流直接照射的剂量率约为 2 Gy/min。当终端人员误入治疗室终端时，受到质子束流直接照射，由开始受照到采取应急措施切断束流需约 10 s。由此可计算得该过程中误入终端人员的受照剂量约为 0.3 Gy。

质子治疗装置设计有功能齐全、具备安全冗余的高安全等级的安全联锁系统，并采用清场搜索、紧急停机、分区控制、警报装置等安全设备和措施，确保当设备某一区域有束流时，该区域的门无法打开，工作人员不能进入该区域；当设备某一区域有人时，束流也不能被传输到该区域。

为预防潜在照射出现，建设单位已制订相应的管理制度和有效的事故应急预案，在本项目投入使用后严格按照操作规程操作，严格执行各种辐射防护与安全管理规章制度，做好事故应急演练，严格检查室内有无无关人员停留，定期检查和维护设备及各种联锁装置的安全防护性能，使之处于正常工作状态。

三、质子治疗系统工程验收流程(含结构、消防等)

(一)质子治疗系统结构验收流程及要点

1. 基槽验收

(1)验收流程。

基槽验收流程如图 3-3-1 所示。

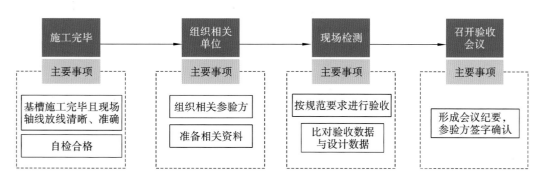

图 3-3-1　基槽验收流程

(2)验收内容。

基槽验收内容及标准如表 3-3-6 所示。

表 3-3-6　基槽验收内容及标准

序号	验收内容	验收标准	主办单位	参与单位
1	平面位置	与勘察设计文件一致	建设单位	施工单位、监理单位、设计单位、勘察单位、质量监督部门
2	底面长宽尺寸	与勘察设计文件一致		
3	边坡坡度标高	与勘察设计文件一致		
4	基坑底、坑边岩土体和地下水情况	核对勘察报告		
5	现场轴线放线	清晰、准确		
6	基坑底土质的扰动情况以及扰动的范围和程度	与勘察设计文件核对		

2. 基础结构验收

(1)验收流程。

基础结构验收流程如图 3-3-2 所示。

(2)验收内容。

基础结构验收内容及标准见表 3-3-7。

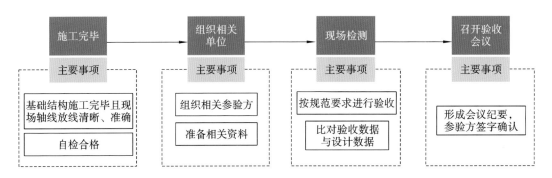

图 3-3-2　基础结构验收流程

表 3-3-7　基础结构验收内容及标准

序号	验收内容	验收标准	主办单位	参与单位
1	混凝土强度	满足设计要求		
2	植筋抗拔	满足设计要求		施工单位、
3	钢筋间距	±10 mm		监理单位、
4	保护层厚度	满足设计要求	建设单位	设计单位、
5	楼板厚度	−5 mm，+10 mm		勘察单位、
6	地板、外墙渗漏	满足设计要求		质量监督部门
7	标志、标高线等观感	满足设计要求		

3. 主体结构验收

（1）验收流程。

主体结构验收流程如图 3-3-3 所示。

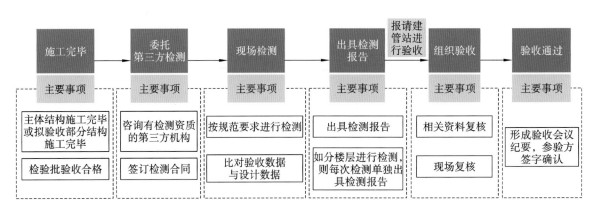

图 3-3-3　主体结构验收流程

（2）验收内容。

主体结构验收内容及标准如表 3-3-8 所示。

表 3-3-8　主体结构验收内容及标准

序号	验收内容	验收标准	主办单位	参与单位
1	混凝土强度	满足设计要求	建设单位	施工单位、监理单位、设计单位、质量监督部门
2	植筋抗拔	满足设计要求		
3	钢筋间距	± 10 mm		
4	保护层厚度	满足设计要求		
5	楼板厚度	-5 mm，$+10$ mm		
6	观感	—		

(二)质子治疗系统消防验收要点

质子治疗系统消防验收内容及标准如表 3-3-9 所示。

表 3-3-9　质子治疗系统消防验收内容及标准

序号	验收内容	验收标准	主办单位	配合单位	验收单位
1	检查现场消防通道	距建筑物不宜小于 5 m，宽度及净高不应小于 4 m，通道保持畅通，消防云梯具备架设条件	消防安装单位	项目部、水电分包、电梯安装、劳务分包	质量监督部门
2	进行烟感、手报联动调试，检查应急照明、卷帘门动作及送风排烟工作情况	防排烟系统上防火阀与主机联动，应联动风机开闭；排烟阀需与风机联动，有气体灭火房间应有机械排风口			
3	检查气体灭火系统	气体灭火房间事故排风口应设置在地面处			
4	消防中控室检查控制柜、主备电源切换、逃生通道	消防控制室内严禁穿过与消防设施无关的电气线路及管路；消防主机故障率不应大于 2%。无效故障应删除，不应显示在主机上			
5	检查防火分区，防火墙封堵，电缆桥架防火封堵，防火门及闭门器等安装	管道井、弱电桥架内部要做防火封堵；强电井电缆桥架内应用硅酸铝纤维防火棉封堵；防火分区分隔门应采用甲级防火门；防火分区的外窗距离应不小于 2 m			
6	检查消防电梯，消防通道，应急照明、广播，疏散指示标志	消防电梯排污泵主电要送电，双电源切换；消防电梯在一层应张贴显目标志，消防电梯迫降按钮能正常工作			

(三)质子治疗系统辐射防护专项工程验收要点

对于质子治疗系统辐射防护专项工程，严格按辐射防护屏蔽设计方案实施验收。

(四)质子治疗系统竣工验收要点

质子治疗系统竣工验收内容及标准如表 3-3-10 所示。

表 3-3-10 质子治疗系统竣工验收内容及标准

序号	验收内容	验收标准	主办单位	配合单位	验收单位
1	屋面:从上而下,由内到外或由外到内	水落口周围直径 500 mm 范围内的坡度不应小于 5%,深度不小于 50 mm;在经常有人停留的平屋面上排水通气管应高出屋面 2 m,并应设置防雷装置	建设单位	项目部、各分包、设计单位、监理单位	质量监督部门
2	顶层	(1)屋顶无渗漏或返潮等迹象 (2)墙体及顶板无结构裂缝 (3)顶层楼梯护栏的高度和栏杆的间距要满足规范规定			
3	设备间、管道井	(1)设备间和管道井的防火封堵符合规定 (2)设备间及管道井内墙面和地面平整、洁净 (3)管道支架安装牢固、可靠			
4	中间层	(1)卫生间及有防水要求的房间无渗漏现象 (2)查看楼地面的平整度、色泽及缝的均匀度 (3)吊顶的起拱和设置符合规范规定			
5	首层	(1)门厅或门斗的设置符合规定 (2)一层外窗防盗栏杆符合要求 (3)雨篷防水做法以及水落管符合规定			
6	地下室	(1)非采暖地下室内的顶板保温到位 (2)地下室管道周边的洞口按规定封堵 (3)地下室顶板无渗漏现象			
7	外装	(1)无因地基与基础质量问题引起主体结构工程出现裂缝、倾斜或变形,地基基础周围回填土无沉陷造成的散水破坏情况 (2)室外台阶和散水的伸缩缝设置正确,无下沉现象 (3)外窗设置以及窗框与墙之间缝隙填充密封胶的做法规范、到位			

序号	验收内容	验收标准	主办单位	配合单位	验收单位
8	其他	(1)查看水、暖、燃气、通风、空调管道及器具安装质量情况、媒质流向、管道标志,管道横平竖直、支架固定牢靠、吊杆顺直、油漆颜色一致、附着良好、标志清楚、阀门安装正确,管道上焊缝饱满、通风口与顶棚墙壁贴合紧密,消防喷头排列整齐、消火栓栓口朝向正确 (2)查看管道及接口无渗漏、设备安装有序、位置正确、连接牢固、质量上乘,无安全隐患,运行平稳,使用效果达到设计要求。管道的保温、隔热、防腐、丝扣与法兰连接均符合技术标准要求,PVC管道的配件配套且符合标准要求 (3)查看电气线路敷设及器具安装质量状况,无混用及不接地的质量问题,防雷设施、配电箱、电缆桥架及等电位的安装符合规范要求 (4)电梯运行达到设计要求,能保持正常运行;安装电梯的单位具有相应的资质	建设单位	项目部、各分包、设计单位、监理单位	质量监督部门

第四章

集成化质子治疗系统设计施工管理

本项目设计施工的关键技术创新点如下。

(1)提出"1＋N"集成化质子治疗中心建造模式,采用了多肿瘤疗法的质子治疗中心集成化设计。采用光伏-热电-热管耦合等节能设计技术,减少了质子治疗中心能耗。

(2)构建了质子治疗中心内复杂热值环境下的气载污染物核素迁移扩散规律数值实验模型,得出准确的通风辐射防护设计要求;提出了基于蒙特卡罗算法的结构屏蔽计算等质子治疗中心辐射控制设计技术,保障了辐射防护安全。

(3)提出了复杂胶凝体系下水化活化能计算方法,实现防辐射混凝土早期收缩开裂风险量化预测。研制出低水化热、低收缩、全方位射线屏蔽高性能重混凝土,并形成一套完善的重混凝土施工技术,满足两类质子治疗中心辐射防护要求。

(4)采用全过程 BIM 设计,研发了超厚结构中治疗床、机械臂、套筒等预埋件精准定位、管线精准定位及 3D 扫描复测的高精度控制技术,实现了质子治疗中心数字化精准快速建造。

第一节　集成化质子治疗系统院感设计

一、概述

医疗建筑作为一种特殊功能的建筑,其设计应结合医院实际情况,坚持以人为本、方便患者的原则,做到功能完善、布局合理、流程科学、规模适宜、装备适度、运行经济、安全卫生,按照院感管理要求及相关的建筑规范进行深化。院感相关建筑作为医疗活动的载体,对院感的预防、控制起到十分重要的作用。院感控制的工作重点在于控制感染源、切断传播途径和保护易感人群,除与人为管理因素有关外,院感控制效果与医疗建筑布局规划和设计优劣有直接的关系。随着社会不断发展,医院装修标准、医疗设备等级不断提高,洁净手术部、洁净病房、消毒供应中心、病区中央空调、医院信息系统、轨道物流系统等各种设施已经成为医院的标配,新系统和新手段的应用为院感控制工作质量提供了可靠的保障。院感设计的根本思路是以控制感染源、切断传播途径、保护易感人群为主,通过有效的空间隔离,使建筑规划布局流程合理、洁污分离。设计方案应深思熟虑、反复论证,充分考虑医院的实际情况和接诊的人群,适应医院发展需要。科学、合理的设计将有效降低院感的风险,有力保障医疗安全,有助于提高医疗质量,是构建医院安全管理新体系的重要组成部分。

二、院感设计的重要性

院感控制是医院管理工作的重要组成部分,是影响医疗质量和安全的重要因素。院感管理作为一门独立学科逐渐受到医疗从业人员的关注与重视。随着社会生产力不断提高,医疗技术日新月异,新的医学成果不断涌现并在临床中得到应用,对医院布局规划、建筑设计等的研究课题被提上日程。在医疗建筑设计过程中,感染控制管理与医疗建筑设计两门学科相互交织,存在着千丝万缕的关系。放射治疗(放疗)是恶性肿瘤主要的治疗手段之一,放射线在杀死肿瘤细胞的同时对人体正常组织细胞的杀伤性也很大,这些患者在经过了手术、化学药物治疗(化疗)等治疗手段之后,免疫功能严重受损,机体抵抗力低下,极其容易在放疗期间继发各种感染,同时,医护工作者作为健康人群,也需要频繁与放、化疗患者接触,并长期处在一个有辐射风险的环境中。因此,我们希望通过完善的院感设计,既给予患者舒适安全的环境,又能保护医护工作者的身心健康,这一点在集成化质子治疗系统的建筑设计中显得尤为重要。

三、院感设计要点

医院的建设应坚持以人为本、方便患者的原则,做到功能完善、布局合理、流程科学、规模适宜、装备适度、运行经济、安全卫生。院感控制工作的好坏也直接影响了医疗建筑的功能合理性与使用舒适性,就此从设计角度,对医院布局规划和建筑设计提出以下几点建议。

1. 合理选址,降低风险

在过去的一段时间,城市发展以经济增长为出发点,在医疗资源布点上缺少科学的论证,城市配套设施规划未与城市人口发展规划相匹配,导致新建医疗机构用地见缝插针。而旧医院则存在改、扩建困难的问题,由于城市发展迅速,医院周边已发展成为人口稠密地带,加之前来就诊的病患,这给医疗机构疾病防控造成一定压力,同时医院与周边其他民用建筑邻近,无法满足相关医疗规范所需要的防护距离。为改变以上情况,医疗主管部门应积极协同政府其他部门,根据城市发展规划及医疗相关法规,制定本行政区域内医疗布点规划,为医疗机构提供选址参考,解决医院发展需要和周边群众就医问题,同时从规划上保证医疗建筑与周边建筑的防护距离,减少医疗机构对周边建筑的影响。

2. 功能分区,减少污染

前述院感三要素,包括感染源、传播途径和易感人群。为防止院感发生,管理工作主要通过控制感染源、切断传播途径、保护易感人群三种方式进行,因此建筑功能分区科学、合理,洁污分开尤为重要。医院规模、种类、专科特长不同时,功能分区也各有特点,就本项目而论,因项目包含了肿瘤科和核医学科两大学科,因此在建筑空间上分别独立设置,并分设独立的垂直交通和流线,各科室人群互不干扰,而同一科室内相近的功能用房则相邻安置,有利于用房功能互补,便于患者顺畅地完成治疗流程,同时提高医疗效率。对功能分区的梳理和合理化布置,有利于缩短医院内部人流、物流的交通流线长度,降低院感的风险。

3. 流线清晰,组织高效

医院流线主要由人流、物流、信息流等各种流线组成,但院感管理着重人流、物流的走向。医院作为特殊公共建筑,各类患者及患者家属聚集,建议根据前述功能分区、人流量等因素,合理设置公共空间,通过医技走廊等方式引导人流走向,尽量达到简单紧凑的效果。同时可考虑引入技术成熟的物流交通轨道系统,减少人流、物流相互交叉,有效阻隔传染途径。

4. 清晰指引,科学分诊

医院内功能用房较多,建筑内走廊错综复杂,医院应设置一套简洁、清晰、规范的标识系统,以便指引患者就诊,同时在显眼位置设置分诊区域,指导各类患者对症就医,尽量减少院内不同患者的接触。

5. 建筑设计制度化、规范化

随着医学的不断发展,医疗相关管理、操作规范越来越完善,有关医疗建筑设计的卫生类规范已经有章可循。这要求建筑方案在设计初期就结合医院的情况,严格按照院感管理的要求进行设计,确保医疗建筑满足医院业务需要的同时,也能满足院感的要求。此外,院感专家更应全过程参与建筑方案的设计,从制度上规范医院的建设和用房功能改造,对于医疗建筑的改、扩建,实施长期的监管工作,避免出现一年新、两年旧、三四年改造,用房功能随意化,给院感管理工作埋下安全隐患。

第二节　集成化质子治疗系统建筑设计与施工

一、概述

本节主要以华中科技大学同济医学院附属同济医院光谷院区质子大楼(简称同济质子大楼)项目为例进行阐述。该项目作为集成化质子治疗系统,集多科室、多设备、多肿瘤治疗手段于一体,包含了肿瘤科与核医学科两大科室,集中配置了质子加速器、直线加速器、磁共振加速器、回旋加速器、2米 PET/CT、PET/MR 等多种大型医疗设备。该项目不仅对同济医院意义重大,对于全国的质子治疗系统都具有较为先进的指导意义。那么,对于这类多功能、多流线、多使用人群的集成医疗建筑来说,如何合理有效地组织功能流线,便成了集成化质子治疗系统设计的关键。

二、集成化质子治疗系统建筑设计

(一)选址

首先,作为医疗建筑,选址应当满足综合医院选址的基本原则,符合当地城镇规划、区域卫生规划和环保评估的要求,应远离污染源、高压线路以及易燃易爆物品的生产和储存区,同时不应邻近少年儿童活动密集场所。其次,医疗设备在运行时有相当精密的定位要求,因此选址也应尽量远离轨道线路等具有较强震感的区域。除此之外,还需要考虑地势、地形、地貌等条件,以确保建筑环境及医疗设备的稳定安全。

同济质子大楼位于同济医院光谷院区内,周边环境相对简单,周边无居民区、学校等人员聚集场所。院区北邻荷环路,隔路 500 m 范围内均为山谷树林;南侧距高新大道地铁线路 300 m;西侧隔路 500 m 范围内均为土坡草地;东邻荷英二路,隔路为土坡草地和湖北省医疗器械质量监督检验研究院,该研究院距离本项目基地 170 m。整体来看,同济质子大楼的选址对周边环境影响不大。

同济医院光谷院区整体地势由北至南是逐渐降低的,同济质子大楼位于院区的东北角,其南侧有一处景观水系,暴雨期间也具有较为良好的排水及蓄水能力,可保证精密医疗设备的安全,整体选址条件较为合理。

(二)总平面

同济质子大楼位于整个院区的东北角,其西侧为一期建设的住院楼,北侧为一期建设的后勤楼,南侧为景观水池,东侧为院内道路及后勤入口。建成后,质子大楼将成为集医疗、科研、人才培养、药物研发、临床技术创新及成果转化于一体的国际化医疗基地,因此其相对远离医院的核心诊疗区域,独立设置,尽量减少了该项目对整个院区环境的影响。

(三)交通流线

同济质子大楼建筑的南侧设置肿瘤科患者入口,西侧及北侧设置核医学科患者入口及核医学科患者出口,西南角设置医务出入口,北侧设置污物出口及核素货运入口(图 4-2-1)。各区分时分区各自运营,垂直交通独立设置,分区明确,各类人群流线不交叉。

图 4-2-1　总平面图和交通流线

(四)功能分区

同济质子大楼规划建设肿瘤科和核医学科,地上六层,地下一层。肿瘤科配置 2 台质子加速器,2 台直线加速器,1 台磁共振加速器;核医学科配置 1 台回旋加速器,2 台 SPECT,2 台 PET/CT 和 1 台 PET/MR。建筑南侧设置了 6 m×26 m 的采光井,为地下医疗用房提供采光与通风功能,同时兼作医疗设备吊装口。

肿瘤科主要布置在建筑一层及二层东侧,其中质子加速器布置在一层的北侧,独立成区。患者从建筑南侧入口进入,经过大厅、诊室、CT 定位室即可到达质子加速器的等候区,其等候区相对独立,且设置了患者更衣间及卫生间。患者在一层即可完成治疗,但质子加速器机房实际占用了三层空间(图 4-2-2)。我们在设计中既要通过建筑手段减弱辐射对环境的影响,尽量将质子治疗机房埋地,同时也考虑了患者流线的便利性和舒适性,将患者流线安排在一层,最终设计质子治疗机房为半地下设置,设备层设置在地下夹层,治疗层在一层,检修层则设置在地上一层夹层,夹层空间除了布置检修配套房间外,还设置了模具制作间及库房,靠窗区域设置了医务辅助用房。这三层空间对应不同的使用人群,互不干扰,同时也充分利用了空间,实现了空间利用效率最大化。

(五)流线设计

根据《核医学辐射防护与安全要求》(HJ 1188—2021),核医学工作场所应设立相对独立的工作人员、患者、放射性药物和放射性废物路径。工作人员通道和患者通道分开,减少给药后患者对其他人员的照射。注射放射性药物后患者与注射放射性药物前患者不交叉,人员与放

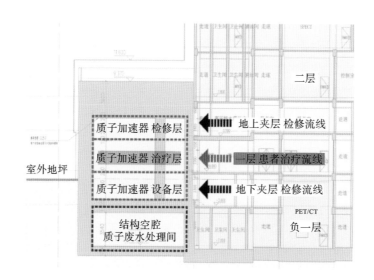

图 4-2-2　质子治疗系统剖面示意图

射性药物通道不交叉,放射性药物和放射性废物运送通道应尽可能短捷。

同济质子大楼涉及的路线主要如下:①辐射工作人员路径;②患者路径;③放射性药物运输路径;④放射性废物暂存及运输路径。

(1)辐射工作人员路径:主要包括医师、技师、护师、物理师、化学师等辐射工作人员进出控制区的相应路径。

(2)患者路径:主要包括接受 PET/CT、PET/MR、SPECT/CT 检查的患者和核素治疗患者接受药物注射或服用药物、诊断检查、住院治疗及出院的路径。

(3)放射性药物运输路径:主要指回旋加速器、核素发生器自制药物和外购药物的运输路径。

(4)放射性废物暂存及运输路径:主要指使用后的放射性废物(主要指固体废物)的暂存及运输路径。

同济质子大楼共设计 7 部电梯,通过空间和时间相结合的方式来控制人流、物流的动向。质子治疗患者及直线加速器治疗患者由南侧主入口进入一层后,平层进入一层质子治疗区或直线加速器治疗区;磁共振加速器治疗患者由南侧主入口进入大厅后,搭乘肿瘤科 1 号专用电梯到达二层东侧磁共振加速器治疗区;核医学科住院治疗患者入院时需通过大楼西侧入口进入建筑内部,搭乘 3 号电梯通往三层至五层核医学科住院、检查区域,出院时则通过大楼西侧 4 号电梯离开;需要进行核医学科 2 米 PET/CT、PET/MR 检查的患者需要从大楼北侧入口搭乘 5 号电梯进入负一层或二层核医学科诊断区;医护人员统一由大楼西南侧 2 号医护专用电梯进入各层南侧的医护工作区;污物流线全部经由大楼北侧 6/7 号污物电梯,定时运离主楼(图 4-2-3)。各功能区分区明确,联系紧密,各人员流线又做到"医患分流、洁污分流、患患分流",保证质子大楼高效运行的同时,保障医护人员及患者的辐射安全。

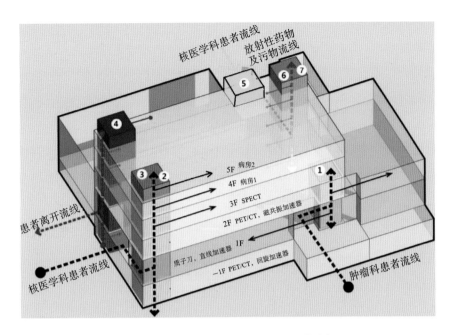

图 4-2-3 同济质子大楼医疗单元间流线分析图

(六)设备安装

同济质子大楼内有多种大型设备,如质子加速器、回旋加速器、直线加速器等,受到地面面积的限制,大型检查室无法全部设在一层,多层叠置的情况下,在方案设计阶段就需要考虑好不同设备的进场运输路径,预留设备吊装孔,并根据不同的运输路径砌筑墙体。部分墙体需在设备进场后再砌筑,避免反复拆改,造成资源浪费。同时,大型设备的吊装还需要预留足够的周边场地,充分考虑吊车的操作空间。

同济质子大楼中的质子加速器则采用了顶部吊装方式,根据设备更换周期的要求,在机房顶部设置了永久性吊装口。平时正常运行时,使用便于拆卸的砌块及钢盖板封堵吊装口,并满足防辐射及防水要求,更换设备时,拆掉砌块进行设备吊装。

(七)消防设计

在民用建筑中,医疗建筑的地位是举足轻重的。它是城市建设中重要的配套设施之一,也是消防设计需要重点考察的目标之一。

医疗建筑的使用人群大多为体弱的患者,紧急疏散的行动力不足,同时每个患者平均有一到两名家属陪同,导致医疗建筑总有大量人群聚集,一旦发生火灾,极易发生混乱,患者难以逃生。国家针对消防问题出台了相关的法律法规,对建筑的消防设计有了更具体的要求,但对于集成化质子治疗系统这类特殊的医疗建筑,仅仅只满足于符合法律法规是远远不够的,更需要以人为本,有针对性地提出解决措施。本小节将从以下几个方面对该建筑的特殊性进行分析,以期引发一些消防设计相关的思考。

1. 功能的特殊性

集成化质子治疗系统所采用的设备相较于其他医疗设备具有较强的辐射强度,因此在设计此类建筑时,设计师会优先考虑将设备及相关的辅助功能房间设置在地下,利用环境土壤进行辐射防护。但从消防疏散的角度,开敞明亮的地上空间才更有利于人群的紧急疏散。在同济质子大楼项目中,我们充分考虑了其功能的特殊性,将辐射最强的回旋加速器和质子加速器的设备部分设置在地下,而将辐射相对较小且使用频率高的直线加速器、磁共振加速器、PET/CT,以及质子加速器的治疗室等设置在地上。同时,我们在建筑南侧设置了一个大天井,既用于吊装设备,又能给地下空间提供自然采光。这在满足辐射防护要求的同时,也在一定程度上改善了消防疏散时的不利条件。

2. 使用人群的特殊性

除了功能特殊,其相关的使用人群也很特殊。除了医护人员,大部分使用人群并没有充足的体力逃生,所以在设计方案时,可以针对这类人群增设一些消防电梯,在满足消防救援需要的同时,也给这些行动不便的患者提供更快捷的逃生方式。

3. 建筑空间的特殊性

相比于其他的公共建筑,医疗建筑为了实现洁污分流、医患分流,功能布局更显复杂,各类功能房间相互依托、密不可分,既要满足科室的使用流程要求,又要满足院感及卫生评价的规范要求,因此也导致医疗建筑的疏散流线过长。那么在设计中,考虑到功能及使用人群的特殊性,适当缩短疏散距离,对于此类建筑有着比较重大的意义。

4. 设备的特殊性

集成化质子治疗系统所使用的医疗设备成本昂贵,在考虑人群使用安全的同时,也需要考虑这类精密设备的安全。因此在设计中,仅在非医疗设备房间设置喷淋系统,而医疗设备房间采用的是气体灭火系统,避免用水灭火对设备的二次伤害,即使是紧急情况,也应尽可能保证设备的安全。

(八)质子治疗设备配置选择

质子治疗设备的配置选择有两种,两种模式各有优缺点,医疗机构需根据自身情况合理选择。第一种是小型化的单室治疗系统,单室治疗系统一次性投资较低,适合对投资回报周期有一定要求的机构,适用于大型医院老院区开发建设;第二种是"1+N"的多室治疗系统,多室治疗系统一次性投资较高,但治疗效率相比于单室更高,在投资回报周期允许的情况下更适合目前方兴未艾的市场情况,适用于大型医院新院区开发建设。同济质子大楼在单体规划阶段即确定了小型化的单室治疗系统,该治疗系统不是简单的"1(回旋加速器)+1(旋转治疗舱)",而是采用加速器嵌入旋转机架的一体化设计,无须束流传输线路和偏转磁铁。项目建成后承担以放射诊疗为主的临床医疗任务,因此必须配置一系列与质子治疗相关的大、中、小型放射诊疗设备来满足患者的检查、治疗需求。同时,为加强医院各科室肿瘤诊疗等方面的研究,也方便患者就医就诊,本项目还将核医学科纳入本次单体规划中。通过考察类似项目发现,国内大多数质子治疗中心配套设备较少,限制了临床的发挥,因此本项目规划明确了质子治疗中心的医技功能需求:2台小型单室质子治疗设备(质子加速器)、2台2米PET/CT、1台PET/MR、1台MR定位机、1台CT定位机、1台配套滑轨CT、2台直线加速器、1台磁共振加速器、2台SPECT、1台回旋加速器等,共计14台大型医疗设备,为合理设定医技功能用房打下了基础(表4-2-1)。

表 4-2-1　单室质子治疗中心医疗设备配置表

序号	配置设备	工作场所	台数	使用区
1	质子加速器	1F	2	肿瘤科
2	配套滑轨CT	1F	1	
3	CT定位机	1F	1	
4	MR定位机	1F	1	
5	直线加速器	1F	2	
6	磁共振加速器	2F	1	
7	2米PET/CT	−1F和2F	2	核医学科
8	回旋加速器	−1F	1	
9	PET/MR	2F	1	
10	SPECT	3F	2	

三、集成化质子治疗系统建筑施工

(一)主体结构施工

本项目加速器机房墙体最大厚度达到3350 mm,且墙体高度高达8530 mm,顶板厚度3850 mm,底板厚度1400 mm。为保障施工安全和超厚混凝土的施工质量,结合混凝土结构及预埋件精度要求,本项目采取各种创新技术,保证了本项目主体结构的顺利施工。

1.施工流程

质子治疗机房整体施工流程如图4-2-4所示。

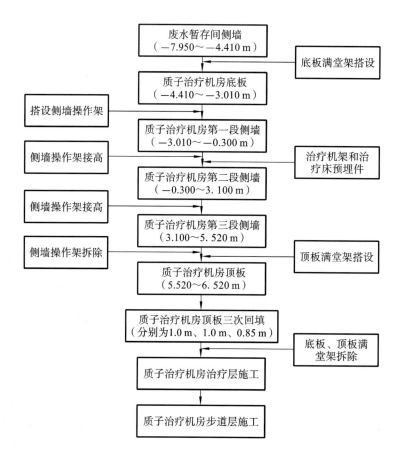

图 4-2-4　质子治疗机房整体施工流程

2. 高大模板支撑体系施工

(1)高大模板支撑体系工程概况。

高大模板分部情况如表 4-2-2 所示。

表 4-2-2　高大模板分部情况

楼层	超危构件部位	超危构件类型	超危构件尺寸 /mm	超危因素(荷载) /kN/m²
质子区域底板	E～F 交 1～5(质子加速器)	超重板	板厚 1400	71.359
质子区域顶板	E～F 交 1～5(质子加速器)	超重板	板厚 3850	150.43
回旋加速器顶板	A～C 交 9～10	超重板	板厚 2700	102.004
直线加速器顶板	A～D 交 9～10	超重板	板厚 2700	102.004
磁共振加速器顶板	B～D 交 8～10	超重板	板厚 1500	58.933

(2)地基处理。

本工程中高大模板支撑体系均位于混凝土结构表面,所有立杆下方应放置垫板(木脚手板或槽钢),强度有保证,无须做基础处理。

质子区域和回旋区域架体拆除时要求如下。

①下方架体所撑的梁板满足 GB 50666—2011 中表 4.5.2 所规定的混凝土强度要求。

②基础面上架体(即本层架体)所支撑的梁板达 100% 设计强度。

因此要求质子区域和回旋区域所有楼层架体均不可以拆除,等到顶板达到 100% 强度后方可拆除下层架体,架体拆除顺序为由上往下拆除。

(3)模板支撑体系设计。

①重混凝土板(1400 mm 厚)模板。

板底纵横水平杆步距 1000 mm,顶层布局 1000 mm(按照 1.5 m 布局计算,专家要求 1.0 m 搭设),小梁 50 mm×100 mm 间距 120 mm,主梁 14a 双槽钢间距 600 mm,立杆间距 600 mm×600 mm,采用 60 盘扣体系(图 4-2-5、图 4-2-6),模板采用 18 mm 木模板,顶部水平杆距板底小于 650 mm,扫地杆距地面小于 550 mm,斜拉杆满布。

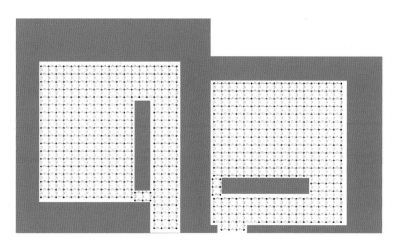

图 4-2-5　质子区域盘扣搭设平面布置图

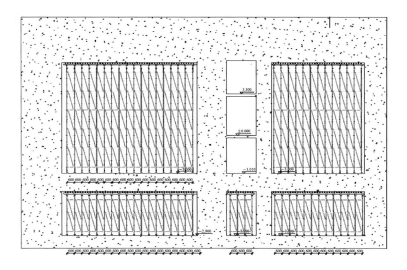

图 4-2-6　质子区域盘扣搭设剖面布置图

②重混凝土板(3850 mm厚)模板。

板底纵横水平杆步距1000 mm,顶层布局1000 mm(按照1.5 m布局计算,专家要求1.0 m搭设),小梁50 mm×100 mm间距60 mm,主梁14a双槽钢间距600 mm,立杆间距600 mm×600 mm,采用60盘扣体系,模板采用18 mm木模板,顶部水平杆距板底小于650 mm,扫地杆距地面小于550 mm,斜拉杆满布。

③普通混凝土板(2700 mm厚)模板。

板底纵横水平杆步距1000 mm,顶层布局1000 mm(按照1.5 m布局计算,专家要求1.0 m搭设),小梁50 mm×100 mm间距90 mm,主梁14a双槽钢间距600 mm,立杆间距600 mm×600 mm,采用60盘扣体系,模板采用18 mm木模板,顶部水平杆距板底小于650 mm,扫地杆距地面小于550 mm,斜拉杆满布。

(4)搭设方法及工艺要求。

所有构件都应按设计及支撑架有关规定设置。

在搭设过程中,应注意调整支撑架的垂直度。

在搭设、拆除或改变作业程序时,禁止无关人员进入危险区域。

模板可调托座伸出顶层水平杆的悬臂长度严禁超过650 mm,且丝杆外露长度严禁超过400 mm。可调托座内插入立杆长度不得小于150 mm。作为扫地杆的最底层,水平杆离地高度不得大于550 mm。

同一水平高度内相邻立杆连接套管接头的位置应错开,错开高度不小于500 mm。

外排围护架必须与主体高大模块支撑体系同步施工且应保证任何时间均高出主体支模架1.5 m。

模板铺设前必须铺设一道安全网,第一道安全网设置在第三道横杆的位置。

支模架最顶层的水平杆步距应比标准步距缩小一个盘扣间距。

插销应具有可靠防拔脱构造措施,且应设置便于目视检查楔入深度的刻痕或颜色标记。

(5)搭设方法及工艺要求。

构造措施:①支架搭设以板底顶撑和托撑放线为主;②盘扣式脚手架最上端模板支架可调托撑伸出双槽钢托梁的悬臂长度不大于500 mm,可调托座内插入立杆长度不小于150 mm,底层水平杆距地面小于550 mm,最顶层水平杆步距不大于1000 mm。

竖向剪刀撑:盘扣斜撑即为竖向剪刀撑,满跨布置。

水平剪刀撑:水平剪刀撑采用普通钢管扣件与盘扣横杆拉结,剪刀撑搭接长度不得小于1 m,搭接区扣件不得少于3个。剪刀撑斜拉杆应用旋转扣件固定在与之相交的横向水平杆的伸出端或立杆上,旋转扣件中心线至主节点的距离不宜大于150 mm。水平剪刀撑设置在扫地杆层、梁下水平杆层及中间相互高差不超过6 m的位置(即中间每隔4步设置一道),水平剪刀

撑与水平杆夹角为 $45°\sim60°$。

搭设高度不大于 12 m 时,应在中间一道剪刀撑的位置满挂白色水平安全兜网;搭设高度超过 12 m 时,每隔 6 m(每隔 4 步)挂设一道。

斜拉杆布置形式按矩阵式形式布置。

3.结构预埋件高精度控制

质子加速器机架支架(重 2.9 t,尺寸为 3670 mm×2700 mm×2670 mm)、治疗床(重 0.74 t,尺寸为 3680 mm×2000 mm×500 mm)的预埋必须位于其指定位置,且每个预埋件在长和宽方向上的误差不大于 1 mm/m,机架支架和治疗床预埋精度相对误差不超过 7 mm。此外,单个机房涉及 200 余个预埋套筒、预埋板(误差不超过 5 mm),13 根不规则弯曲导管(误差不超过 5 mm),预埋精度控制难度极大。

(1)底板预埋件施工。

质子治疗机房底板每个机房有 10 个锚点,2 个机房合计 20 个锚点,锚点加固采用四周竖立 4 根直径 C25 钢筋,长度同板厚。竖立钢筋焊接在底板钢筋上,并设置 C16 钢筋焊接锚点(图4-2-7、图 4-2-8)。

图 4-2-7　预埋套筒预埋件定位装置(一)

(2)治疗机架和治疗床预埋件固定钢架。

治疗机架和治疗床预埋件要求精度在 7 mm 以内,为了保证治疗机架和治疗床预埋件精度,需要用钢架固定。将治疗机架和治疗床预埋件放在钢架上,在钢架底部将钢板预留在底板上。每个治疗机架和治疗床固定钢架需要设置 6 个预埋钢板,钢板截面尺寸 300 mm×300 mm×20 mm,钢板一侧设置钢筋以加强与底板的锚接(图4-2-9)。

图 4-2-8 预埋套筒预埋件定位装置(二)

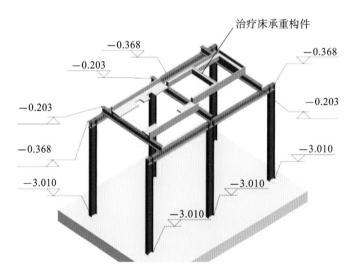

图 4-2-9 治疗床高精度定位钢结构布置

(3)侧墙预埋板及套筒。

为了保证侧墙预埋板以及套筒精度,在侧墙中预埋 16♯ 工字钢,把厂家锚点和工字钢固定在一起。设置 2 道竖向工字钢和 1 道横向工字钢,竖向工字钢在前一道工序浇筑时提前预埋,预埋深度不小于 500 mm,高度与预埋板以及套筒水平标高位置保持一致(图 4-2-10)。

(4)侧墙导管施工。

侧墙预埋设备套管必须采用 16♯ 工字钢固定(工字钢在前一道工序浇筑时提前预埋,预埋深度不小于 500 mm),工字钢围绕套管一周固定套管(图 4-2-11)。

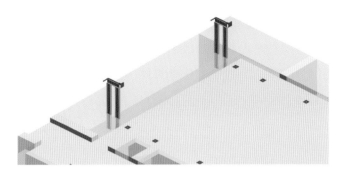

图 4-2-10 侧墙套筒及预埋板预埋固定示意图

图 4-2-11 工字钢固定预埋套管

(5)机械臂预埋件施工。

机械臂预埋件重 2.9 t,为了做好固定,每个机械臂采用 6 根竖向 18♯工字钢支撑架,竖向工字钢在前一道工序浇筑时提前预埋,为了保证工字钢支撑架的稳定性,采用 12♯工字钢斜撑固定(图 4-2-12)。

图 4-2-12 机械臂预埋件底部支撑工字钢

4. 超高超厚墙体垂直度控制技术

为了保证防辐射效果,机房墙板均使用具有良好屏蔽功能的高密度、厚大体积重混凝土。由于质子治疗机房设备为旋转体系,结构本身垂直度要求高,精度要求为 1 mm/m,因此,在高度为 8.78 m、混凝土容重 3.2 t/m³ 的超高超厚墙体施工过程中,必须采取相应的侧墙模板加固措施,来抵抗超高墙体混凝土侧压力,从而保证主体结构施工精度。

(1)模板支撑体系设计。

质子治疗机房侧墙采用木模板体系,模板采用钢管、对拉螺杆加固体系;模板长边同剪力墙长边布置形式,木模板厚为 18 mm;背楞选用 50 mm×100 mm 木枋,间距不大于 220 mm,沿剪力墙长边竖向布置;墙箍采用 48.3 mm×3.6 mm 双排钢管及对拉螺栓加固,第 1 排钢管至楼板高度为 550 mm,第 1~4 排钢管竖向间距为 225 mm,上部间距为 450 mm,即沿墙体全高(550+225×3+N×450)mm 布置;对接螺栓水平间距为 450 mm;对拉螺栓采用直径 M16 止水对拉螺栓。止水对拉螺栓封模时在螺杆两端穿上楔形橡胶塞,螺杆拆除后用高标号防水水泥砂浆填坑。剪力墙模板底部承受的侧向压力最大,为了避免剪力墙混凝土浇筑过程中出现跑模、涨模等现象,最底下四道对拉螺栓均由一般的单螺帽增设为双螺帽,以防受力脱落而爆模。外墙使用时每个螺栓中间焊接止水钢板,钢板与螺栓之间必须满焊,不得有缝隙出现;为了防止墙体偏移,墙体外侧采用钢管斜撑,间距 1.5 m,内侧搭设满堂架,钢管端部增设顶托顶紧墙体内侧模板支撑,以此来抵消混凝土的部分侧压力,控制墙体模板的垂直度。

(2)有限元模型建立及分析。

为确保剪力墙垂直度满足要求,运用 Midas 软件建模,对模板受力进行分析(图 4-2-13),

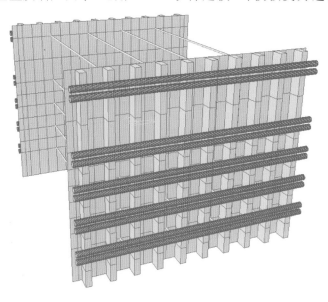

图 4-2-13　剪力墙模板有限元模型

模板体系各参数设置如上所述。模板采用板单元模拟，主、次楞采用梁单元模拟，对拉螺杆用桁架单元模拟，新浇混凝土对模板的侧压力采用压力荷载进行模拟。由 Midas 软件进行模型分析得出以下结果，并列出模板的应力及位移云图。

面板强度验算：模板面板采用 18 mm 木模板，其在最不利荷载作用下的应力如图 4-2-14 所示。

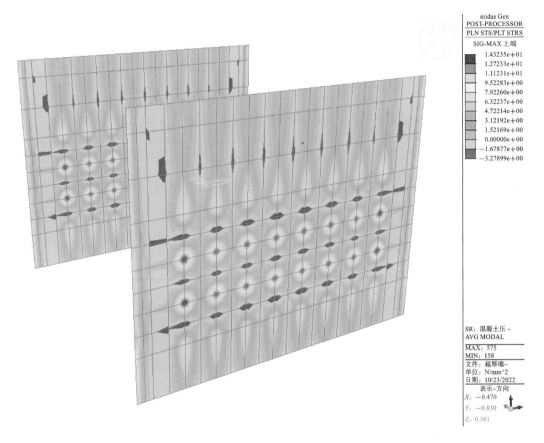

图 4-2-14　模板应力图

由应力图可知，面板最大应力为 14 MPa<[σ]=15 MPa，面板强度满足要求。

(3)模板支撑体系支设示意图。

通过运用 Midas 软件对模板支撑体系进行应力、变形计算，数据显示模板支撑体系具备良好的刚度和强度，能够抵抗重混凝土带来的侧压力。模板支撑体系搭设支设示意图如图 4-2-15 所示。

5.设备吊装口封堵施工

质子治疗机房顶板预留吊装口，待设备吊装完成后需进行封闭，吊装口封板的传统做法是采用后浇混凝土的结构形式，但此做法需搭设架体、支模、植筋、浇筑混凝土等，施工工序多。另外，本项目机房顶板超厚，为高大模板支撑体系区域，且满堂架搭设空间存在一定的限制。

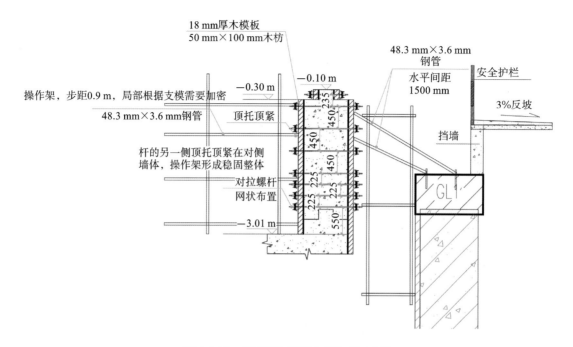

图 4-2-15　侧墙墙体模板支撑体系示意图

根据现场实际情况,本项目采用"装配式预制板＋可拆卸铝塑板斜屋面"封闭加速器机房设备吊装口(图 4-2-16、图 4-2-17)。预制混凝土板施工时错缝搭接,提高了构件整体稳定性,同时阻碍了辐射的直线传播。

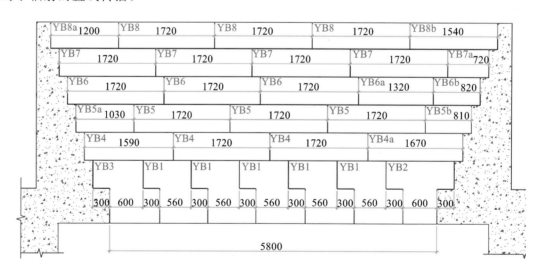

图 4-2-16　吊装口封堵剖面图

(1)吊装工艺流程。

①所有准备工作完成,汽车吊进场、就位——支起支腿,伸出吊臂,检验吊臂操作空间是否满足要求。

②汽车吊每个支腿下方需铺设 1.5 m×1.5 m 的钢板,以减小支腿对地面的集中压力。

图 4-2-17　顶板设备吊装口

③由司索工系挂吊索具,使用钢丝绳连接所有吊点,并经安全员及现场负责人检验确认。

④试吊,提升吊钩,提升设备约 200 mm 高,保持 5 min,检查吊车、支腿、钢丝绳等的状态,若发现异常,必须马上放下并进行整改,直至隐患排除后方可正式吊装。

⑤确认无误后再次指挥汽车吊正式吊装作业:指挥吊车缓慢提升吊钩,当提升高度满足设备底部高于建筑 1 m 时停止,转大臂,设备随大臂缓慢向楼顶部移动。

⑥调整吊车作业幅度,使设备位于安装位置上方,下放吊钩使设备就位于安装位置。

⑦确认安全后解开钢丝绳,撤离吊车(图 4-2-18)。

(2)吊装施工方法。

①机房内设备保护。

为了防止吊装过程中可能存在物品从敞开的吊装口内掉落导致设备破坏,需在吊装口防护拆除前先对设备进行保护,采用双层钢质跳板搭设于设备上空,以保障设备安全。

②预制盖板就位。

在预制盖板的吊装过程中,需实时进行预制盖板板缝灌浆,每进行一层盖板安装后,及时灌入座浆,以保证盖板的密闭性。

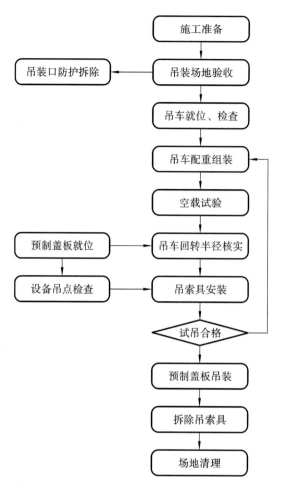

图 4-2-18　吊装流程图

③吊装口防水处理。

为了保证防水及防辐射效果,预制块与预制块之间的缝隙用自密实水泥砂浆灌封处理,预制块顶部斜屋面盖板具体如图 4-2-19 所示。

(二)大型设备安装过程策划

1.回旋加速器

设备安装条件:①门、窗及室内装修完毕,各房间内清洁、防尘、防静电;②回旋加速器底部基坑已完工,基坑散热管道已安装;③放射性产品管道地沟已完成、防护铅砖到位;④设备的吊装和搬运计划已确定,所有路径包括走廊、门的承重和尺寸均符合设备运输要求;⑤配电柜已供电,主电源紧急开关系统已安装并可用,联锁防护门已安装,并安装控制线;⑥远程诊断专用直拨电话或网络接口已安装并可用;⑦空调系统已安装完成并能满足恒温控制要求;⑧各房间照明系统可以正常工作;⑨通风(放射性废气通道)已完成;⑩一级水冷系统已安装完成并能满

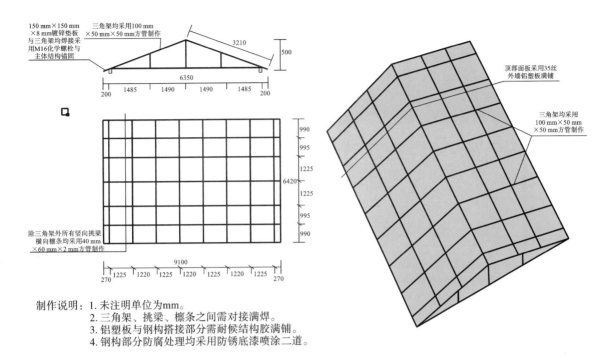

150 mm×150 mm×8 mm镀锌垫板与三角架均焊接采用M16化学螺栓与主体结构锚固

三角架均采用100 mm×50 mm×50 mm方管制作

3210

500

6350

200 1485 1490 1490 1485 200

990

995

1225

6420

1225

995

990

除三角架外所有竖向挑梁、横向檩条均采用40 mm×60 mm×2 mm方管制作

9100

270 1225 1220 1225 1220 1225 1220 1225 270

顶部面板采用35丝外墙铝塑板满铺

三角架均采用100 mm×50 mm×50 mm方管制作

制作说明：1. 未注明单位为mm。
2. 三角架、挑梁、檩条之间需对接满焊。
3. 铝塑板与钢构搭接部分需耐候结构胶满铺。
4. 钢构部分防腐处理均采用防锈底漆喷涂二道。

图 4-2-19 斜屋面盖板

足设备要求；⑪辐射监控系统已安装；⑫热室已安装。

安装工艺：①回旋加速器尺寸为 2000 mm×2000 mm×1850 mm，质量 18 t。横向（水平）吊装最小尺寸（宽×高）2300 mm×2100 mm，净化空调机房右侧预留吊装通道口（4.0 m×4.2 m），吊装路线通道宽 2.6 m；②加速器从屏蔽室一侧墙体预留的设备入口，通过滚轮水平移至屏蔽室；③在回旋加速器屏蔽室和运输路径的地面上铺一层加强的混凝土或金属板，用以承载回旋加速器的质量，使用钢板和特定尺寸的木垫块保护地面；④安装好回旋加速器后，使用 8 个支脚将回旋加速器的脚固定在 4 个支撑腿基座上；⑤回旋加速器及设备应适当覆盖，做到防尘、防潮，控制好温度以及防止冲击。回旋加速器吊装完成后，其屏蔽室应完全封闭。

设备搬运路线：净化空调机房右侧预留吊装通道口（4.0 m×4.2 m），吊装路线通道宽 2.6 m（图 4-2-20）。

2. 直线加速器

安装工艺：①机架尺寸为 3176 mm×3800 mm×2703 mm，质量 6.5 t；治疗床尺寸为 2865 mm×716 mm×（660~1600）mm，质量 1.45 t。②运输尺寸：治疗床预埋件带工装运输组件，宽 2047 mm，高 1907 mm；滚筒带工装运输组件，宽 2290 mm，高 2015 mm；治疗床带工装运输组件，宽 2861 mm，高 1020 mm。③运输路径上的门或走廊最低高度不低于 2.1 m，患者进入治疗室的防护门做到净宽 2.0 m；④通向治疗室的整个通道能满足设备运输安全载重 2 t，设备运输通道地面必须满足点承重 0.6 t。

设备搬运路线：一层肿瘤科主入口作为医疗设备搬运路线，搬运路线通道宽 3.0 m，直线加速器房间门宽 2.0 m、高 2.2 m（图 4-2-21）。

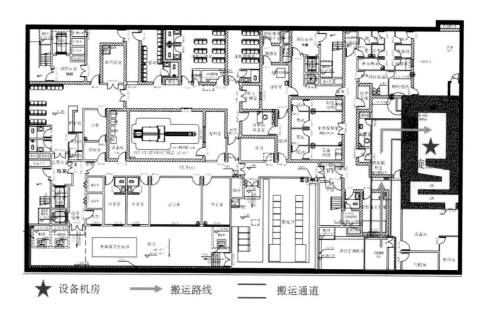

★ 设备机房　　　➡ 搬运路线　　　═══ 搬运通道

图 4-2-20　回旋加速器搬运路线

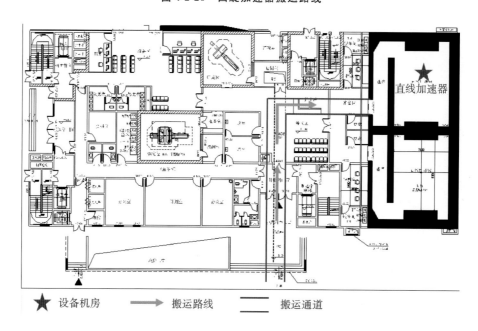

★ 设备机房　　　➡ 搬运路线　　　═══ 搬运通道

图 4-2-21　直线加速器搬运路线

3. 质子加速器

设备概况:质子加速器模块尺寸为 5.64 m(长)×2.79 m(宽)×3.30 m(高),质量 39 t;加速器运输架尺寸为 5.49(长)×2.74(宽)×3.28(高),质量 1.9 t;加速器机架臂尺寸为 5.38 m(长)× 0.86 m(宽)×2.29 m(高),质量 7.3 t;配重架和配重尺寸为 4.70 m(长)×0.81 m(宽)× 2.29 m(高),重 23 t。

机房内部空间尺寸和吊装口介绍:Mevion S250i 系统是一体型小型化质子治疗系统,占地空间较小,机房内部空间尺寸为 11.3 m×9.8 m×8.5 m。机房内部空间尺寸和吊装口如图 4-2-22 所示。

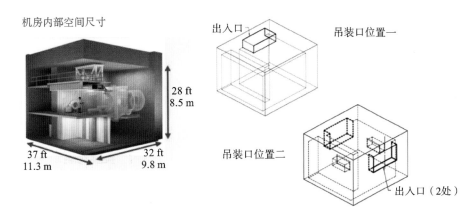

图 4-2-22 质子治疗系统

吊装工艺:①加速器吊装;②加速器旋转;③旋转机械臂到安装位置;④安装孔对中微调;⑤加速器安装;⑥将加速器运输框架部件吊出机房;⑦吊装口封闭。

质子加速器搬运路线:顶板开口 2.9 m×5.8 m 作为设备搬运吊装通道(图 4-2-23)。

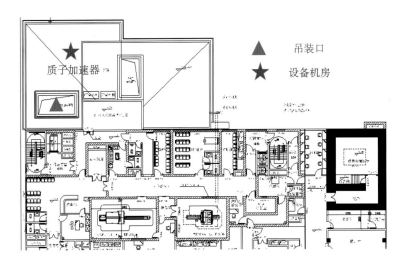

图 4-2-23 质子加速器搬运路线

4.2 米 PET

设备安装条件:扫描间、操作间按要求施工完毕,结构改造、墙面、吊顶、照明、插座、防护已完成安装,并能正常使用;配电箱已安装,并送电,配电箱、电源电压、内阻、接地满足要求;地面基础已按照要求完成,基础强度和水平度达到要求;电缆沟已完成;空调已安装并启用,室内温湿度符合要求;网络接口已安装,并能正常连接;运输通道已开通,全程畅通(包括运输通道的宽度、高度,路面平整度,地面承载能力,已完成地面保护措施等事项的确认)。

搬运路线:通过二层核医学科搬运平台进行吊运,经中活区到设备房,搬运通道宽 3 m。吊运路线上影响医疗设备搬运的构筑物等,待医疗设备搬运后进行施工(图 4-2-24)。

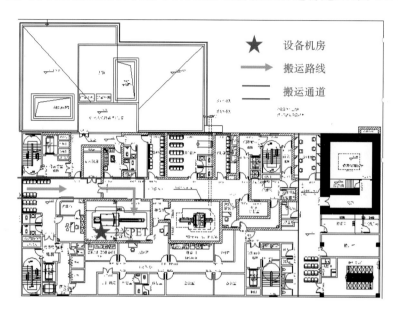

图 4-2-24　2 米 PET 搬运路线

(三)质子治疗中心机电管线精准定位防偏施工

1. 综合管线独立支撑

质子治疗中心旋转机架室与束流通道之间机电综合管线数量多、管线密集,按照常规混凝土内机电管线绑扎固定在钢筋上的方式安装,存在两大缺点:一是钢筋敷设完成后施工机电综合管线的操作空间狭小,施工难度大;二是机电综合管线要等钢筋施工完成后才能开始施工,整体施工工期长。

为解决上述问题,本项目使用综合管线独立支撑技术对机电管道进行固定。这可使机电综合管线的固定不依附于结构钢筋,不受钢筋因施工人员踩踏、自重等因素发生偏移的影响,同时也为机电综合管线的穿插施工创造条件,保证混凝土浇筑过程中机电综合管线固定牢靠、不发生移位。

综合管线独立支撑技术主要是采用独立综合支架对混凝土内安装的机电综合管线进行支撑固定。通过 BIM 正向精准设计,确定独立综合支架的型式、尺寸、安装位置。基于 BIM 正向设计的高精度特性,独立综合支架采用预制的方式进行加工,整体吊运至现场进行安装,如图 4-2-25 所示,大大减少了施工现场钢筋内的焊接工作量,加快了施工速度。独立综合支架现场安装效果见图 4-2-26。

2. 模拟墙板定位预制

校准管是预埋在厚混凝土墙体内的一组具有空间角度的钢管。施工现场穿插有模板施

图 4-2-25　独立综合支架吊装现场

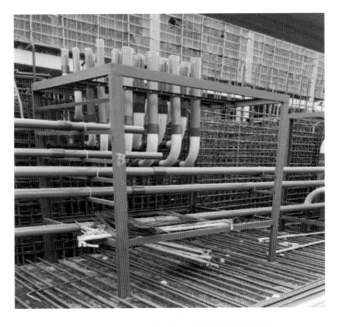

图 4-2-26　独立综合支架现场安装效果

工、钢筋施工,施工环境复杂,在现场进行校准管的空间角度定位困难、施工时间长、精度差。校准管采用场外预制、整体吊装的方式进行施工,为确保校准管预制精度,采用模拟墙板定位预制技术进行施工。在预制加工厂,使用模板、型钢制作墙板模拟校准管安装的真实环境,在模拟墙板上进行校准管的安装固定,实现校准管安装位置角度的精准预制。

校准管精准异形切割:校准管是呈一定空间角度埋设在混凝土墙体内的,故校准管两端的切口为椭圆状,对切割工艺要求高。运用 BIM 技术,模拟校准管成型图样,依据图样使用放样软件进行展开图制作,然后 1∶1 打印在图纸上。将展开图紧紧包覆于管道上,用石笔画切割控制线。用角磨机沿着切割控制线进行管道切割。

校准管组对预制:管道切割完成后,在模拟墙板处进行校准管模拟安装组对。将切割、焊接好的 B 号、C 号校准管伸入模拟墙板已开洞口内,将端口与完成面进行对口重合,然后用 C型钢制作临时支架固定。将 A 号校准管按相同步骤调整到位后,进行临时加固。按图纸所示角度关系进行调整,满足要求后将 B 号、C 号校准管交接部位焊接牢固。选用角钢作为校准管独立支架,按照校准管的固定位置,使用角钢焊接成支架。将角钢支架和校准管连接成一个整体。

角钢支架焊接完成后,再次校核校准管角度无误后,将校准管整体吊落于平整地面,对独立支架进行强度测试,保证支架坚固,无扭曲变形。

校准管整体吊装:校准管独立支架焊接完成后,用塔吊或吊车将校准管调至安装区域。按照图纸要求定位和标高,对校准管整体进行安装、固定。吊装完成后,对校准管的标高和定位进行复核。对校准管各管道角度进行重新校核,确保无角度变化。

3. 管口精准定位

机电综合管线中的电缆导管、工艺水管需要伸出墙体,后期与质子设备进行接驳。出墙处的机电综合管线密集,质子设备对出墙处的管口安装精度要求高。为了避免混凝土浇筑过程中,机电综合管线发生移位而超出质子设备的要求精度。在机电综合管线的管口处采用管口精准定位技术加以固定,用开有管线孔洞的钢板对机电综合管线进行固定,使机电综合管线管口的定位精度满足工艺设备需求。

在管道端口出墙面处,制作定位辅助板进行二次加固,用于机电综合管线管口的精确定位。该辅助板是一块开有各种孔洞的钢板,孔洞的位置及间距根据 BIM 深化设计成果确定,辅助板在工厂采用冷加工技术预制而成。该辅助板安装在靠近结构完成面的机电综合管线端口处,采用独立支架进行固定,各机电综合管线从辅助板的孔洞中穿过,从而实现机电综合管线管口的精确定位。

4. 激光 3D 扫描复测校准

施工过程中采用激光 3D 扫描技术进行机电综合管线安装成品的复核测量,基于激光扫描点云形成机电综合管线的 3D 模型,通过软件将扫描得到的 3D 模型与 BIM 设计模型进行自动比对,生成分析报告。报告可以通过图形与数据,直观、准确地反映出管线管口位置的安装偏差,可以指导工人进行管线管口位置微调。最终实现机电综合管线的高精度安装施工。

(1)激光 3D 扫描复测技术原理。

激光 3D 扫描复测技术,是通过距离与角度计算出实体上各点在空间的三维坐标。通过激光在空气中传播的速度与时间来计算设备到目标物的距离,同时,扫描仪还记录了发射光与返回光的干涉条纹,以此确定数据点与数据点之间的角度,有了距离与角度就可以计算出一个空间点的 3D 坐标。激光 3D 扫描复测技术通过连续、快速地对水平方向与竖直方向的点测量来实现面的测量。

激光 3D 扫描复测技术的直接结果是将实体模型的外貌数字化、图形化,其最显著的特点是可快速、无接触、高精度地获得实体的 3D 点、线、面、体等各种图形数据,其测量结果是可视化的。

(2)管道端口复测校准。

为保证预留预埋精度,在管道安装完成、管口二次加固完成、钢筋施工完成三个节点采用激光 3D 扫描复测技术进行管线定位检查。

(3)设备架设及扫描。

选择先进的扫描设备进行激光 3D 扫描操作,为确保扫描精准,在待扫描部位附近从建筑物基准点引入三个 3D 点位作为激光扫描基点,确认后用胶带做十字交叉记号,将设备按照要求架设在各基准点进行扫描前的准备工作。

(4)扫描结果分析应用。

使用 FARO SCENE 软件,将现场扫描获取的点云数据进行处理,创建出 3D 可视化图像。使用 FARO BuildIT Construction 软件,将 3D 扫描数据与 BIM 设计图进行实时比较,将施工现场偏离设计的位置进行可视化处理。软件自动进行公差评估,将施工现场超出约定公差的区域突出显示出来。公差评估后生成易于阅读的完整报告,将管段的偏差方向和偏差距离数据突出显示。工人按点位对比图及偏差数据表进行管线调整。完成管道端口调整后,再次进行扫描复测,偏差控制符合要求后进行工序交接。

第三节　集成化质子治疗系统防辐射系统设计与施工

一、概述

辐射安全是集成化质子治疗系统正常运行的前提条件,如何采取合理、安全的辐射屏蔽措施,确保人员、环境辐射安全是项目的重中之重。

二、集成化质子治疗系统防辐射系统设计

(一)辐射来源及防护措施

1. 辐射来源

通过分析质子治疗系统的辐射污染源,质子治疗系统的防辐射设计主要从瞬发辐射和残余辐射两个方面进行防护,同时还对场地进行布局设计,采用一些屏蔽补偿的措施,以辅助建立全面的防辐射系统。

(1)瞬发辐射。

瞬发辐射是质子治疗设备运行时发生的核反应,特点是能量高、辐射强,但会随着设备的停机而消失。因此在本项目中,通过专业的辐射环评单位对质子治疗室内各个区域的辐射量进行计算,尤其在束流照射的前方,以保证设计足够大的混凝土屏蔽厚度及重混凝土密度,并采用聚乙烯防护门,对治疗环境的瞬发辐射进行有效屏蔽,避免辐射泄漏的可能性。

(2)残余辐射。

残余辐射主要来自结构构件、冷却水、空气等在核反应之后产生的活化产物,设备停机后仍然存在。因此,结束治疗后,短时间内进入机房的物理师、技师及维修工程师可能会受到辐射,本节将从以下几个方面讲述相关的防辐射措施。

2. 辐射防护措施设计

(1)空气。

本项目在质子治疗区域设置独立的送排风系统,并在建筑的最高处排放,设计的排放点与周边建筑的距离均能满足防辐射要求,避免了对周边建筑及环境产生的辐射影响。同时通过设置监测及门禁联动系统,保证工作人员在治疗室内放射性空气浓度降到了安全范围以内才被允许进入。

(2)冷却水。

设置独立的废水暂存间,用于存放质子加速器产生的活化冷却水,待其自然衰变,排放前取样检测,满足排放标准后排入污水管网。

(3)结构部件。

在检修区域设置专门的放射性废物储存间,实施监控,待其自然衰变达到安全范围后,再进行处理。

(4)土壤及地下水。

设置独立的废水暂存间,并经过专业的辐射环评单位计算,其底板及外墙混凝土达到有效

厚度,以避免对周边土壤及地下水产生的辐射影响。

(二)场所布局与屏蔽

通过计算质子治疗各个区域的辐射量水平,将整个场所分为控制区与监督区。控制区门禁设置安全联锁系统,设备运行时禁止进入;监督区需与其他非辐射区域分隔开,并设置门禁系统。具体的防辐射措施如下。

1. 合理布局

紧邻机房屏蔽墙体的区域除了控制室均无人员常驻场所,医患分流,人物分流,设置独立的人流路线,防止无关人员进入。

2. 辐射屏蔽及监测

机房的屏蔽墙体、屋面及底板均采用一定厚度的重混凝土,并通过相关的辐射屏蔽计算,满足防辐射要求,同时在机房迷路入口处和控制室内均设置监测点位。

3. 管道穿墙处的辐射屏蔽措施

管道穿墙区域为迷路入口防护门上方吊顶内,有条件时采用 Z 形穿墙方式。本项目空间受限,采用近乎直穿的方式,在风管穿出墙体外的部分采用聚乙烯板进行屏蔽补偿,并计算穿墙处的辐射量,满足防辐射要求。

(1)常规机电管线预埋。

质子治疗系统装置的运行需要配套电缆、冷却水、医用气体、通风管道等机电管线。这些机电管线小部分通过迷道进入质子区,另外的大部分因为走向距离和走向定位点的限制,需要在大体积混凝土内穿越预埋。穿越钢筋混凝土墙板的路径结合管线避让和间距要求设计为 2~3 个 S 弯的空间曲线,以同时满足使用要求和防止辐射外溢。

(2)质子治疗设备工艺管线预埋。

质子治疗系统装置的运行除了需要常规的机电管线外,还需要设备本身自成系统的工艺管线。工艺管线的预埋比常规机电管线要求更高。每一根管线都有其独特的编号和作用,不同编号的管线都有相应的唯一尺寸控制、唯一路径要求、一定范围的路径长度要求和最大翻弯数要求。每根管线和其他管线的相对距离需要按要求设置,排布不得太密集也不得过于疏离。管线的入口和出口都必须在规定的墙面进行定位,以保证管线的首尾两端可以与对应的控制柜进行高效连接(图 4-3-1)。

三、集成化质子治疗系统防辐射系统施工

(一)大体积重混凝土施工控制

为保证防辐射效果,机房墙板均设计为具有良好屏蔽功能的高密度、厚大体积重混凝土。

图 4-3-1　设备管线预埋照片

加速器复杂的使用功能对结构抗裂、抗渗性能提出了较高要求,极大地增加了施工难度。施工内容包括超厚板、超厚墙大体积混凝土施工,施工方案的选择对施工质量有极大影响。要兼顾大体积混凝土的温度控制,在结构厚度达到 2 m(局部 3 m)的情形下控制好混凝土水化热,减小内外温差,避免出现裂缝。

1. 重混凝土制备

混凝土原材料控制:大体积混凝土所选用的原材料应性能稳定,且符合相关现行国家和行业规范、标准和规定的要求。此外,尚应考虑环境条件的影响,使配制的混凝土满足设计要求的工作、力学、体积稳定性和耐久性。混凝土原材料应重点控制的指标如下。

水泥应符合《通用硅酸盐水泥》(GB 175—2023)的要求,宜选用 P·O42.5 水泥,比表面积宜为 $300\sim350\ \text{m}^2/\text{kg}$,碱含量应小于 0.60%,$C_3A$ 含量应小于 8%;C_3S 含量应小于 55%。

本工程采用亚东 P·O42.5 水泥(图 4-3-2)。该水泥属于中低热水泥,水化热较低,有利于控制混凝土内部的水化热及温升。具体指标如表 4-3-1 所示。

图 4-3-2　亚东 P·O42.5 水泥

表 4-3-1　水泥性能指标要求

项目	数值
水泥类别 & 强度等级	P·O42.5
初凝时间/min	184
终凝时间/min	243
3 天、28 天强度/MPa	17.0/42.5
比表面积/(m²/kg)	359

粉煤灰应符合《用于水泥和混凝土中的粉煤灰》(GB/T 1596—2017)的要求,应使用Ⅱ级以上粉煤灰,需水量比不超过 100%,流动度比应不低于 100%,不得使用高钙粉煤灰或者磨细粉煤灰,严禁使用生产过程中释放强烈氨味的脱硫脱硝灰。

本工程采用鄂州电厂Ⅱ级粉煤灰(图 4-3-3)。掺适量的粉煤灰,不仅可以改善混凝土的和易性,而且有利于改善混凝土的泵送性能,降低混凝土的水化热,延迟热峰,性能指标如表 4-3-2 所示。

图 4-3-3　鄂州电厂Ⅱ级粉煤灰

表 4-3-2　粉煤灰性能指标要求

项目	数值
细度(45 μm 方孔筛筛余)/(%)	23.1
需水量比/(%)	99
烧失量/(%)	5.2
三氧化硫含量/(%)	0
游离氧化钙含量/(%)	0
安定性	合格

矿粉应符合《用于水泥、砂浆和混凝土中的粒化高炉矿渣粉》（GB/T 18046—2017）的规定。本工程拟采用武新S95矿粉（图4-3-4）。掺入适量矿粉，可改善混凝土的和易性，且有利于改善混凝土的泵送性能，降低水泥用量，改善混凝土的水化热，延迟热峰，性能指标如表4-3-3所示。

图4-3-4 武新S95矿粉

表4-3-3 矿粉性能指标

项目	数值
密度/(g/cm³)	2.9
比表面积/(m²/kg)	415
活性指数/(%)	101
流动度比/(%)	103
三氧化硫含量/(%)	0.32

防辐射混凝土骨料宜采用磁铁矿，不得使用赤铁矿、褐铁矿、黄铁矿（影响成型效果）。铁矿石粗骨料宜采用二级或多级级配骨料混配而成，以满足颗粒级配要求。

骨料原材料选取原则主要考虑颗粒级配、粒型、表观密度、有害物质含量、Fe_3O_4含量等。基于此项标准，本项目考察了国内外十余家磁铁矿厂家，发现国内磁铁矿质量总体而言一般，难以满足项目需求。进口磁铁矿各项指标较好，但成本高，供应不能保证。

本项目创新性地通过第一道初选（排除杂质）（图4-3-5）、矿石第二道磁选（选出满足要求的磁铁矿）（图4-3-6）、颗粒级配第三道筛选（选出满足颗粒级配的磁铁矿）（图4-3-7）工序，最终得到的磁铁矿质量较高,相关的均质性、容重、压碎值、有害杂质、表观密度(要求大于 4200 kg/m³)等指标均符合重混凝土对磁铁矿的要求。

图 4-3-5　磁铁矿第一道初选

图 4-3-6　矿石第二道磁选

图 4-3-7　颗粒级配第三道筛选

磁铁矿细骨料的细度模数和颗粒级配宜符合《普通混凝土用砂、石质量及检验方法标准》(JGJ 52—2006)中级配Ⅱ区中砂的规定,石粉含量和有机物含量应符合 JGJ 52—2006 的规定,并符合表 4-3-4 的规定。

表 4-3-4　磁铁矿性能指标要求

项目	指标
表观密度/(kg/m³)	≥3700
泥块含量/(%)	≤0.5
坚固性/(%)	≤8
氯离子含量/(%)	≤0.02
硫化物和硫酸盐含量(按 SO₃ 计)/(%)	≤0.5
放射性	符合 GB 6566—2010 的规定

普通细骨料应符合《建设用砂》(GB/T 14684—2022)的要求,宜采用吸水率低、空隙率小的洁净中粗砂,细度模数宜为 2.4～2.8,不应低于 2.3 或高于 3.0,且颗粒级配符合 Ⅱ 区要求;砂中含泥量≤3.0%,泥块含量≤1.0%;不得使用海砂、山砂及风化严重的多孔砂。

本工程采用麻城黄砂(图 4-3-8),性能指标如表 4-3-5 所示。

图 4-3-8　麻城黄砂

表 4-3-5　黄砂性能指标

项目	数值
颗粒级配	Ⅱ 区中砂
含泥量/(%)	0.3
泥块含量/(%)	0.1
石粉含量/(%)	0
坚固性/(%)	5
氯离子含量/(%)	0
硫化物和硫酸盐含量/(%)	0

　　考虑到重混凝土使用表观密度大的磁铁矿制备混凝土,一旦控制不好可能出现骨料下沉、浆骨分离的现象,对大体积混凝土结构的裂缝控制难度进一步增大,严重时导致贯穿裂缝而影响混凝土结构的防辐射性能,该外加剂应具有高流动性、高稳健性、高固含量。

　　为此,本项目团队联合高校制备出专用外加剂。该外加剂具有高固含量、高减水率、高流动性、高稳健性,在确保混凝土具有较好流动性的同时不离析、不泌水,且骨料没有下沉(图4-3-9)。

图 4-3-9　苏博特减水剂

　　温度应力在超大体积混凝土结构的开裂中起着主导作用,而现代混凝土的温控问题更为突出,仅依靠单一的现有膨胀剂产品已不能很好地解决混凝土的温降收缩问题,近年来,采取化学外加剂调控水化热的技术逐渐受到重视。该技术是通过化学外加剂降低水泥水化进程中加速期的水化放热速率,延长水泥水化加速期放热过程,充分利用结构的散热条件,为结构散热赢得宝贵的时间,达到大幅度缓解水化集中放热、削弱温峰、延长温降过程,从而降低温度开裂风险的目的。该技术和补偿收缩等技术的复合应用,为解决温度开裂风险严重问题的超长墙体混凝土结构和大体积混凝土结构提供了新的思路。

　　为此,苏博特研究院针对现有材料中膨胀历程与混凝土温度历程、收缩历程严重不匹配等问题研究出大体积混凝土裂缝控制专用抗裂剂——HME®-Ⅴ混凝土(温控、防渗)高效抗裂剂(图4-3-10),从而实现温度场与膨胀历程双重调控。温度场调控是从水泥水化进程干预的角度,采取水泥水化放热速率调控化学外加剂,协同掺和料的水化放热特性,降低水泥水化加速期的放热速率,为结构散热赢得宝贵的时间,从而削弱温峰和温降过程,降低开裂风险;膨胀历程调控则是基于实体结构变形历程特点,利用不同膨胀特性的膨胀组分(氧化钙、氧化镁)实现分阶段、全过程的补偿收缩。与此同时,水化热调控材料和氧化钙、氧化镁类膨胀剂复合,可以延缓结构的升温速率,避免膨胀剂膨胀速率过快,为建立有效膨胀和膨胀压应力的储存赢得时间,增强其补偿收缩效果。

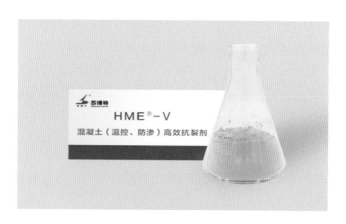

图 4-3-10　苏博特抗裂剂

混凝土配合比设计:在满足强度及掺和料掺量要求的基础上,为提高混凝土的抗裂性能,应遵循的基本设计思路如下。

①在满足混凝土强度与工作性能的基础上,通过掺入矿物掺和料合理优化搭配,尽可能减少水泥与胶凝材料用量,以最优原则确定胶材总量,可大幅度减少水化放热量,有利于减少混凝土的收缩与开裂风险。

②合理控制混凝土的水胶比与最大用水量,可在保证强度的同时,降低自收缩带来的不利影响。

③此基础上进一步掺加适量的高效抗裂剂,一方面优化放热历程,削弱水化放热温峰值和早期放热量,另一方面产生膨胀补偿混凝土的自收缩与温降收缩,通过水化速率与收缩历程协同调控提升抗裂性,抑制混凝土开裂。

④采用减水型聚羧酸高性能减水剂,28 天收缩率比不低于 100%,在降低单方混凝土用水量的同时,不增大混凝土收缩,改善混凝土工作性能,同时密实混凝土,提高力学性能与耐久性。在混凝土中适当引气可以提高混凝土均质性、泵送性能以及极限拉伸值,改善混凝土和易性,防止浇筑时浮浆过多,导致混凝土开裂。

基于质子治疗中心主体结构混凝土抗裂性的需求,结合上述混凝土配合比设计原则,并结合类似工程经验与仿真计算结果,即墙体混凝土开裂风险最高,顶板次之,底板开裂风险最小,对主体结构混凝土在采用较低水胶比、掺加优质掺和料的基础上掺入 8% 的 HME®-Ⅴ混凝土(温控、防渗)高效抗裂剂和抗裂纤维,拟在获得良好工作、力学与耐久性能的同时,获得符合本方案要求的抗裂性能。

混凝土试配验证:在满足混凝土工作、力学、耐久性与抗裂性能的基础上,根据多次试配验证,确定混凝土配合比,配合比中采用磁铁矿石+磁铁矿砂作为粗骨料,主要用于质子区施工。

混凝土耐久性试验:根据重混凝土抗冻试验、抗渗试验、收缩试验(非接触法)、抗氯离子渗透试验、早期抗裂试验,可得各项指标满足重混凝土性能要求。

2.混凝土运输

场外运输：鉴于本项目的重要性，拟采用多条备选运输路线调度，通过 GPS 信息及时关注，确保混凝土施工期间的供应不受交通影响。同时，为了避免早晚高峰期拥堵现象，施工前，选定一条备用路线，避开高峰期拥堵。

场内运输：安排专人值班，指挥现场交通，避免混凝土泵车堵车现象。施工现场车辆出入口处应设置交通安全指挥人员，施工现场道路应畅通，有条件时宜设置循环车道；危险区域应设警戒标志；夜间施工时，应有良好的照明。

3.混凝土浇筑

（1）混凝土泵的选型。

根据本项目的特点，混凝土浇筑量大，浇筑质量要求高，且不允许出现冷缝、裂缝等，确定采用汽车泵进行现场泵送。混凝土泵车设置处场地应平整坚实，道路畅通，供料方便，距离浇筑地点近，便于配管，接近排水设施和供水、供电方便，不影响施工道路的通畅。

（2）混凝土浇筑措施。

①底板混凝土浇筑。

采用斜向推进、分层浇筑的方法，每层浇筑厚度 500 mm 左右，由远端向泵方向以斜向推进的方式组织施工（图 4-3-11）。混凝土振捣采用插入式振捣器，振捣棒要求快插慢拔，保证振捣棒下插深度和混凝土有充分的时间振捣密实。振捣点的间距按照振捣棒作用半径的 1.5 倍，一般以 400～500 mm 进行控制。振捣时间控制具体以混凝土不再下沉且无气泡产生为准。振捣应随下料进度均匀有序地进行，不可漏振，亦不可过振。钢筋密集处要求多次振捣，保证该处混凝土密实到位，注意不要一次振捣过长时间，防止局部混凝土过振离析。在预埋件和钢筋交错密集区域，需用粗钢筋棒辅以人工插捣。

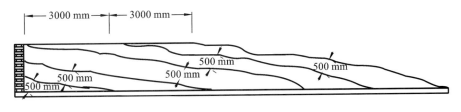

图 4-3-11　浇筑示意图

②墙体及顶板混凝土浇筑。

墙体与顶板混凝土浇筑入模坍落度宜控制在 160～200 mm，含气量宜控制在 5% 及以下；为减小已浇筑混凝土对新浇筑混凝土收缩的约束，利用混凝土"干缩湿胀"的特性，在上部分侧墙及顶板混凝土浇筑前，对已浇筑的下部分混凝土上表面至少提前 24 h 采用清水浸泡处理，使混凝土充分吸水湿胀，从而达到减小对新浇筑混凝土收缩约束的目的。墙体按每层 500 mm 厚分层浇筑；顶板混凝土纵向浇筑顺序与底板墙身相同，顶板混凝土横向浇筑顺序为先将剩余墙身浇筑完成,之后按每层300 mm厚分层浇筑;选择在两种混凝土交界处布置钢丝网,同时浇筑。重混凝土先浇筑,始终保持重混凝土比普通大体积混凝土高30~40 cm,以免普通大体积混凝土流入重混凝土区域,影响整体防辐射性能。

4.混凝土测温

混凝土浇筑体内监测点的布置,应真实地反映出混凝土浇筑体内最高温升、里表温差、降温速率及环境温度。测温点布置方式按下列方式进行:①底板、顶板厚度方向中心部位不少于1处,上、下表/底层(距离表/底面50 mm)不少于1处且与中心部位处于同一垂直线上;②墙体长度方向1/2处沿高度方向在底部中心、中部中心、表层(距离表面50 mm)及顶部中心或表层(距离表面50 mm)各不少于1处;③根据设计文件计算结果,在易开裂的部位不少于1处。

大体积混凝土水平方向,测温点间距如图4-3-12至图4-3-14所示。沿厚度方向每个测温点布置3处测试点,预理不同温度的测温线,用于底板表面、中部、下层温度测试。根据测温面积准备φ10钢筋作为测温线的附着杆,根据不同板厚将对应的测温线依次绑扎在钢筋上,测温线的温敏元件不得触到钢筋,测温线和φ10钢筋均应做好防水处理,以避免底板渗漏。测温时将便携式仪表、测温探头、测温线配合使用,做好测温点位的编号及测温记录,以便随时发现问题。

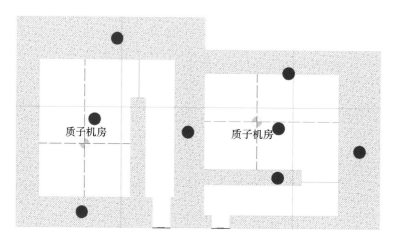

图4-3-12　底板测温点布置

5.混凝土养护

①混凝土应保持湿润不少于7天,最好能保持14天以上。

②混凝土强度未达1.2 MPa前,不得上人和安装模板、支架。

③在基础外侧模板上罩保温材料,减少混凝土表面热量散发。

④大体积混凝土浇筑完毕后,应采取必要的保温、保湿措施,使混凝土内部和表面的温差控制在设计要求范围内。

⑤保温层在混凝土达到强度标准值的30%、内外温差及表面与大气最低温差连续48 h均

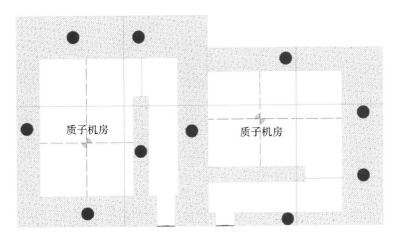

图 4-3-13 侧墙测温点布置

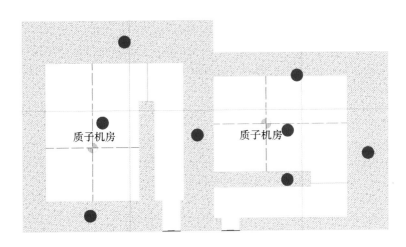

图 4-3-14 顶板测温点布置

小于 20 ℃时,方可拆除。保温层的拆除应分层逐步进行。

⑥在养护过程中,如发现遮盖不严且表面泛白或出现干缩细小裂缝时要立即加以覆盖,加强养护工作,采取措施补救。

(二)辐射防护墙体施工控制

本工程采用了超厚墙板、高密度的重混凝土结构屏蔽辐射,混凝土构件厚度在 1000～3850 mm 之间。为保障施工安全和超厚混凝土的施工质量,另外结合混凝土防辐射要求,加速器机房结构分十一次施工。为防止辐射外泄,在确保施工方便、混凝土均匀的同时,采用"企口"形施工缝(图 4-3-15),以防止缝隙贯通而阻碍辐射的直线传播,从而发挥防辐射的作用。不宜采用后开槽、开孔的施工工艺,全部采用预埋套管的形式,将套管加工成 S 形(图 4-3-16)、Z 形等形状,代替直线形的普通套管,保证超厚混凝土结构的辐射防护效果。

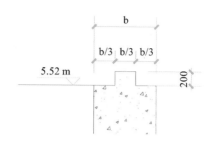

图 4-3-15　"企口"形施工缝"凸"字示意图

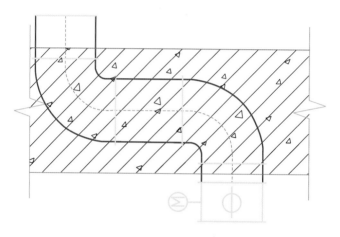

图 4-3-16　套管 S 形处理示意图

第四节　集成化质子治疗系统给排水系统设计与施工

一、概述

　　集成化质子治疗系统给排水系统设计与施工以建筑给排水设计为基础,结合综合医院设计要点,主要包括建筑给水及排水系统、雨水系统、冷却循环水系统、热水系统以及室内外消防系统等系统设计与施工。为满足集成化质子治疗系统医疗功能需求,给排水系统设计与施工不仅需要达到一般性医疗建筑的建设要求,更应该着重考虑集成化质子治疗系统区别于一般性医疗建筑的特殊性和专业性,这也是本节中集成化质子治疗系统给排水系统设计与施工的重点方向。集成化质子治疗系统意味着在有限的建筑空间内,各个设备功能布局和给排水管线系统必须合理且精确。正所谓"麻雀虽小,五脏俱全",集成化不仅提高了设计难度,也让施工工艺面临挑战。

二、集成化质子治疗系统给排水系统设计

(一)集成化质子治疗系统生活给水设计

集成化质子治疗系统生活给水设计有别于一般综合医院核医学科和放射科,该部分设计水量不仅包括门诊医疗检查用水,还包括核医学科患者住院诊疗用水。目前并没有专门的规范资料,接受质子治疗的患者在整个诊疗周期内的用水量可供参考。因此,集成化质子治疗系统生活给水设计参数的设定,需要结合相关规范设计参数及国内医疗机构接诊经验确定。就同济质子大楼项目而言,生活给水系统的设计基于建筑给排水一般性设计思路,重点在于用水需求的确定和系统设计选择。

1. 用水需求

生活给水主要包括门诊用水和住院病房用水。其中,门诊用水包括核医学科和肿瘤科患者就诊、医疗诊断用水。住院病房用水主要包括核医学科患者住院治疗及医务人员生活用水。质子大楼最高日用水量统计如表 4-4-1 所示。

表 4-4-1　最高日用水量统计表

用水对象	用水量标准	用水单位数	每日用水时间/h	小时变化系数(k)	最高日用水量/m³	最大小时用水量/m³
核医学科病房	400 升/(床·日)	18	24	2.0	7.2	0.6
住院医务人员	200 升/(人·班)	15	24	1.8	3.0	0.2
门诊医务人员	80 升/(人·班)	50	24	1.8	4.0	0.3
核医学科检查治疗	15 升/(人·次)	300	9	1.5	4.5	0.8
肿瘤科检查治疗	15 升/(人·次)	230	9	1.5	3.4	0.6
质子冷却系统事故注水	30 升/分		24	1.0	86.4	3.6
其他					10.9	0.6
合计					119.4	6.7

其中,核医学科检查治疗用水按照 15 升/(人·次)统计。质子冷却系统事故注水按照 2 台计算。设备及其他未预见用水量按照生活用水量的 10% 计。

2. 系统设计

质子大楼给水系统主要包括生活给水系统及热水系统。给水系统由市政管网及一期变频加压设备联合供水,以保障大楼内正常生活用水。其中,地下室及地下夹层(除质子治疗室补水外)均由市政管网压力直供,充分利用市政管网压力。质子治疗室补水、一层及以上区域用水由同济医院一期低区变频给水泵供给。各用水支管压力超过 0.2 MPa 时,采用支管减压阀

减压。根据质子大楼不同科室分布,生活用水分层设置水表计量。

质子大楼设置全日制集中热水供应系统,采用太阳能及电热水机组制热,最高日热水量 10.7 m³/d,设计小时耗热量 125.2 kW,设计小时热水量 1.7 m³/h。质子大楼热水系统的供回水温度为 60 ℃/55 ℃,屋面热水机房设置循环水泵进行机械循环。根据质子大楼热水用水点分布特点,热水系统竖向不分区,系统横干管及立管设置同程,减少管网热量损耗。供水主管上设置紫外线催化二氧化钛(AOT)消毒装置,保障热水系统供水安全。该系统满足质子大楼内正常热水供应的同时,也符合节能环保要求。

(二)集成化质子治疗系统工艺给水设计

集成化质子治疗系统将多科室、多种肿瘤治疗手段集中设置在同一建筑单体内,这就意味着各个设备在运行过程中,工艺给水系统需要满足不同设备、不同时段的用水需求。为了不增加额外工艺给水系统设计,减少投资成本,充分了解各个设备的用水需求和系统设置要求是很有必要的。设计人员应在明确集成化质子治疗系统工艺给水需求的基础上,充分考虑既有建筑的给水系统组成及供水条件,从而提出合理的工艺给水系统设计。对于同济质子大楼项目,在用水需求和水质水量保证措施方面有以下技术意见。

1. 用水需求

质子大楼工艺给水包括质子加速器、PET/MR、直线加速器、磁共振加速器、回旋加速器等设备应急冷却补水,以及配套精密空调、设备机房等位置的补水需求。具体统计如表 4-4-2 所示。

表 4-4-2　设备补水量统计表

设备名称	补水量	口径	压力/MPa	台数
质子加速器	1.8 m³/h	DN50	0.41~0.69	2
回旋加速器	—	DN25	0.28	1
PET/CT	—	DN25	0.3~0.5	2
PET/MR	—	DN25	≤0.6	1
磁共振加速器	—	DN25	0.1~0.3	1
直线加速器	—	DN25	≤0.5	2
MR	—	DN25	≤0.6	1

其中,质子应急补水按照 2 台不同时故障考虑。根据设备补水压力及水量需求可知,各个设备供水点可直接从质子大楼生活管网接出,无须设置独立供水系统。因此,在保证质子大楼生活用水正常的同时,在各个设备供水点就近设置给水接口,并设置减压型倒流防止器以保证生活给水系统安全。

2. 水质水量保证措施

根据设备的相关技术参数,质子大楼内的医疗设备需要设计相应的补水措施。各个设备冷水机组补水水质的进水温度、流量、pH 值、硬度、颗粒物、氯气含量等参数需满足设备进水要求。2 米 PET/CT 冷水机组进水水温要求范围相对较广,为 5~40 ℃,直线加速器为 6~15 ℃。除此之外,各设备冷水机组进水 pH 值要求为 6~8,硬度不大于 250 ppm(1 ppm＝1 mg/L),颗粒物不大于 200 μm,氯气含量不大于 200ppm。根据质子大楼给水水源可知,质子大楼给水系统可满足相关要求,局部供水点可采取进水管设置过滤器、流量计等措施。直线加速器冷水机组进水管可安装机械式流量计和机械式温度计,安装位置靠近冷水机组,以便设备维护人员现场查看。

由于医疗设备位于质子大楼不同楼层,需采取相应的压力控制措施,以满足设备补水管的压力要求。其中,位于质子大楼二层的回旋加速器冷水机组补水管需采用支管减压阀减压。除此之外,还应根据设备运行情况准备应急预案。根据质子加速器冷冻水进水水质水量要求,质子大楼所在城市市政管网压力不足以满足设备应急补水压力要求,因此,质子大楼直接采用变频加压供水管网供给。

(三)集成化质子治疗系统生活排水设计

对于普通综合医院,考虑到诊疗过程的安全性,质子治疗手段仅作为核医学科和放射科等特殊科室的医疗检测过程,患者和医护人员相对独立。故很多综合医院的核医学科和放射科会避开院区主要建筑,单独建设,或者分布于医疗建筑某一特定区域内,患者入院就诊和医学检查过程可互相分离,其排水系统也可独立设计。集成化质子治疗系统将医患的整个诊疗周期集中分布在同一栋建筑物内。医患在诊疗期间,不仅会产生普通的生活污水,还会因为服药、检查、清洗、洗漱等行为产生含辐射的污废水。因此,在设计的过程中,需要综合分析整个医疗工艺流程,重点考虑排水水质特点,并配合院感流线和建筑平面布局,合理设计生活排水系统。

1. 排水系统与工艺及院感流线配合设计

就本项目而言,质子大楼作为一栋医疗专科建筑,需要检查的患者从入院登记、诊室就诊治疗,监督区二次候诊检查,到最后离开就诊区,这一过程中的各个排水点需要合理布局。根据院感意见及各专业配合,质子大楼将患者流线和医护流线沿南北方向分隔,患者主要就诊活动区位于大楼北侧,包括患者注射治疗后休息室、卫生间及病房。医护生活工作区主要位于大楼南侧,包括休息室、更衣室、卫生间等。据此,含辐射排水管网和普通生活排水管网沿南北方向分开敷设,设计充分利用建筑内部空间布局,减少排水管网之间的相互影响,满足建筑内部功能及净高要求。

除此之外,需要核素治疗的患者在科室入口登记、控制区服用或注射药物、病房住院治疗及出院这一过程中,医患的生活排水也需要考虑不同楼层的流线分区梳理。住院患者从办理住院、就诊治疗到出院整个过程中,不仅产生普通生活污废水,治疗过程中的放射性污废水也会不间断产出。因此,排水系统设计结合质子大楼院感流线,四、五层分别供患者治疗前后住院使用,排水管网可完全按照楼层分开设计,普通污废水和含辐射污废水经各自独立管网排放收集,互不混淆,不仅系统设计简单明了,而且能有效减小含辐射排水量,进而减小系统末端衰变池的设计规模。

2. 排水水质特点分析

集成化质子治疗系统排水系统相比于一般性综合医院排水系统而言,水质条件较为特殊。其不仅包括医护人员的普通生活污废水,还包括诊疗期间,患者服用或注射放射性药物、医护人员清洗含放射性药物器皿等情况产生的含辐射生活污废水,以及暖通专业存在部分可能含辐射冷凝污废水。对于这些不同性质的排水,我们需要结合实际情况,分别设计排水管网收集、处理和排放污废水。

本项目与其他医疗建筑的区别在于,需要根据含不同半衰期核素的污废水,结合实际就诊人数,得到准确的排水水质水量参数,据此合理设计室内排水管网及室外衰变池污水处理工艺。大楼衰变池运行方式采用间歇式,衰变池的容积按最长半衰期同位素的 10 个半衰期计算。A 类、B 类核素衰变池均设置为三格,本项目衰变池 1(A 类短半衰期废液)供 ^{18}F、^{99m}Tc 等正电子核素药品临床检查使用;衰变池 2(B 类长半衰期废液)供 ^{131}I 病房及甲亢患者留观使用。患者就诊及医护诊断过程中产生的放射性污废水,主要包括 SPECT/CT 产生的放射性核素 ^{99m}Tc,半衰期为 6 h;PET/CT 产生的放射性核素 ^{18}F,半衰期为 110 min;核医学治疗过程中使用的放射性核素 ^{131}I,半衰期为 8 天,以及其他放射性核素 ^{11}C、^{13}N、^{60}Cu、^{124}I 等。放射性污废水处理设施出口监测值应满足总 $\alpha < 1$ Bq/L,总 $\beta < 10$ Bq/L。排水管道安装及衰变池防护措施应满足环评报告要求,且应满足主管部门防护检测要求。

3. 排水系统设计

在了解集成化质子治疗系统诊疗期间各个排水点位分布情况之后,我们需要对排水机制进行整体考虑。根据排水流态不同,其可分为重力流排水和压力流排水。其中地下室可根据排水水质不同及排水点位分布特点,分别采用真空排水系统和提升泵压力排水系统。

本项目地上部分的核医学科及肿瘤科排水管网主要分为普通生活污水管网和含辐射生活污水管网,各管网排水路由独立设置。地下室核医学科排水包括就诊前的候诊卫生间排水、医护值班休息排水,以及患者就诊产生的含辐射排水。其中,患者就诊排水点分布于整个地下一层,排水点除卫生间以外,其他多为医护洗手盆、淋浴地漏等,分布较为分散且存在一定的辐射污染风险,此时,采用普通管道收集至集水坑提升排放的常规压力排水设计思路,对处理这类问题不能提供有效的解决办法。本项目在地下一层采用真空排水系统,可以为集成化质子治疗系统带来的排水点分散和辐射污染风险问题提供解决思路。

通过在各个排水点安装真空排水收集装置,辐射排水进入真空系统管网,统一收集至衰减装置。整个管道系统密闭运行,负压环境可有效降低辐射风险。真空洁具排水量小,可明显减少污水排放量。管网敷设灵活,排水系统服务半径大。整个真空排水系统可全自动运行,无间断监控,任何故障可预报警。对于排水过程中可能产生的废气,该系统也能做相应的处理,消除含辐射气体的污染隐患。

(四)集成化质子治疗系统工艺排水设计

资料显示,质子加速器在治疗及运行过程中所产生的污废水,主要是设备事故冷却水及恒温恒湿空调冷凝水。其中,加速器冷却水中可能含有放射性物质氚和铍;空调冷凝水的水质则相对清洁,可单独排放。回旋加速器在应急或者泄漏时会产生少量放射性液体,其配套冷水机组在运行期间不会产生放射性污废水。对此,我们需要对两种不同性质污废水考虑设计合理的方案。合理的排水系统不仅可以减小含放射性污废水的排出量,而且可以降低质子设备在运行检修期间的辐射风险。

以本项目为例,质子大楼质子设备层以下为地下室空间,相对地下一层诊疗区域而言,该位置独立、便于管理,可设置防护门防止无关人员闯入。设备运行过程中所产生的污废水可沿排水附件和管道重力排放。因此,本项目考虑在质子设备层设置 DN100 排水地漏,事故水经排水管网排至小型衰变池。衰变池容积为 3 m³,收集并处理质子加速器可能产生的放射性污废水,暂存时间约 1 年。小型衰变池设置取样口,当污废水水质满足排放要求后,利用提升泵抽排至室外污水管网。空调冷凝水则通过分布在质子设备层、治疗层和步道层的 DN50 排水地漏经管网统一收集至地下室,经排水管道就近排至集水坑排放。

区别于质子加速器三层的土建布局,回旋加速器位于地下一层,且设备排水点相对分散,在回旋加速器基坑内,冷水控制阀、设备间二级冷水机组和一级冷水机组附近均需要设置地漏排水。考虑到土建施工难度及放射性排水水量特点,回旋加速器排水均采用 DN100 地漏收集,不锈钢排水管预埋在土建降板区域内。结合回旋加速器土建布局,应尽可能缩短排水管网路径,避免因排水管坡降过大导致的土建施工难度及造价增加。对于回旋加速器产生的两种不同性质的污废水,根据现有建筑设计条件,考虑所有排水点排水经管道统一收集汇合至集水井,由真空排水设备提升排至室外衰变池。由于该处排水存在辐射风险,集水井的设置需要避开人员密集区域,可考虑库房等活动较少的位置。

由此可见,如何处理好同一空间内两种不同性质污废水是集成化质子治疗系统排水设计的重点之一。在考虑土建布局的同时,应结合排水量大小,合理设计相应的排水机制。除此之外，还应当与土建施工密切配合，做好降板设计、管道管件预埋等工作。

(五)管道敷设安全措施

集成化质子治疗系统给排水管道安装和敷设如何满足系统运行和人员安全也是设计过程中的重点内容。除了考虑管道的水力条件、安装便捷和管材强度等一般特性之外，还应重点考虑给排水管材的防辐射和防护要求、管道敷设条件。本项目从安全措施出发，对集成化质子治疗系统管道敷设及系统控制做如下设计。

1. 管道防辐射设计

含辐射污废水经排水横干管统一收集至独立水管井内，管井采用壁厚不小于 150 mm 的混凝土建成。架空排水管道则采用 5 mm 厚铅板包裹防护。所有含辐射污废水经管道收集后，统一排至室外衰变池。收集放射性污废水的管道采用 S16 级 HDPE 排水管及相应配件，并采用 5 mm 厚铅板包裹防护。衰变池应采用防渗防腐措施。

给水消防管道等金属管道在穿越屏蔽体时，这些管道的设计走向需尽可能避开束流方向或辐射发射率峰值的方向，并进行屏蔽补偿，确保满足屏蔽体墙外的防护要求。为防止辐射经管道泄漏，需采用 S 形、V 形或 Z 形走向敷设管道。质子大楼回旋加速器机房消防管道穿越屏蔽体时采用"之"字形走向，预埋套管并合理敷设管道。

2. 系统控制及维护

为降低接触风险，衰变池内管道采用气动阀门控制，不同半衰期衰变池独立运行控制。本项目放射性同位素治疗时排放的 A 类、B 类核素放射性污废水单独收集，分别排入独立衰变池。

质子设备间、废水暂存间、地下一层库房等区域因存在放射风险，需要采用门禁系统控制，避免无关人员误入造成安全事故。此外，真空排水系统因运行过程中真空设备及管道内含有放射性污废水，在设备安装及系统维护过程中，操作人员应严格遵守安装手册，规范施工。

三、集成化质子治疗系统给排水系统施工

质子大楼给排水包含给水及排水系统、雨水系统、冷却循环水系统、热水系统、高压细水雾系统、建筑灭火器配置、室内消防给水系统。

质子大楼地下室生活给水由市政管网引入，质子设备冷却水应急补水、一层及以上由一期医院大楼低区变频补水泵供给。

地上卫生间采用排水立管伸顶通气的排水系统，生活污水经立管收集汇总后下至一层出户。地上核医学科排水独立收集排至室外衰变池，地下室放射性污废水经真空排水系统收集

后排至衰变池,经衰变达标后抽排出户。地下室清洁区污水经一体化提升设备抽排后出户。

除配电房、重要医技设备室等不宜用水扑救的场所外,全范围设置自动喷水灭火系统。重要医技设备室、控制室、治疗室、配电室等采用开式系统与预作用系统相结合的形式,设置一套高压细水雾泵组式灭火系统,配备 13.5 m³ 不锈钢消防水箱。

(一)施工工序

施工工序如下:BIM 深化→测量定位→套管预埋→管道预制→支架制作安装→管道安装→管道试压。

BIM 深化:结构施工前,应认真熟悉图纸,与其他专业共同进行管线的 BIM 深化,如发现有专业交叉,及时调整(图 4-4-1)。与厂家确认无误后进行留洞图绘制。

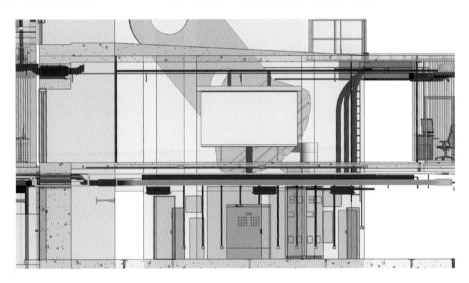

图 4-4-1 机电专业 BIM 模型

套管密集部分,必要时,在满足配筋率及结构安全的情况下对屏蔽辐射墙体内钢筋进行优化,确保套管预埋的准确性。

测量定位:根据设备安装定位的基准点,对所有套管穿墙处进行定位编号。放线时,先对设备安装定位的基准点进行复核,再进行套管定位。模板封闭完成后,再次对套管定位进行审核,确保无误。

套管预埋:穿地下室或地下构筑物外墙处应采用柔性防水套管,穿内墙钢筋混凝土墙及楼板处应采用刚性防水套管,翼环及刚套管加工完成后必须做防腐处理。在混凝土浇筑过程中,安排管道预埋人员值班,随时检查模具是否有跑位、损坏和漏留情况的发生。

管道预制:按 BIM 三维深化图纸确定管道分路、管径、变径、预留管口及阀门位置等,在实际安装的结构位置做上标记,按标记分段量出实际安装的准确尺寸,记录在施工深化图上,然后按深化图测得的尺寸预制加工,按管段分组编号。

支架制作安装：支架制作集中在加工场进行，以方便控制支架的制作质量。设备区、迷道等管道复杂处采用联合支架，在 BIM 图中体现支架的位置及大样图，同时对支架进行编码。支架制作好后要进行除锈和刷漆处理并按要求刷面漆。设备区、迷道等管道复杂处支架安装时应严格按照支架编码进行安装。

管道安装：给水及热水管道采用薄壁不锈钢管，承插氩弧焊连接。普通排水管道采用 UPVC 管，承插粘接；压力排水管道采用热浸镀锌钢管，卡箍连接。排至衰变池的管道采用 HDPE 管，电热熔连接，管道外壁包裹 3 mm 厚铅皮，进行防辐射处理；消防喷淋管道采用内外壁热浸镀锌钢管，DN＞50 时为卡箍连接，DN≤50 时为螺纹连接。高压细水雾管道采用 316L 不锈钢管，其中磁共振加速器、MR 定位保护区需采用不含铁的奥氏体不锈钢材质，系统最低工作压力为 10 MPa。

管道试压：可以对管道分段分区单独试压，然后进行系统试压。管道在隐蔽前做好单项水压试验，系统安装完后进行综合水压试验。其中高压细水雾系统管道压力试验需要严格落实安全措施和应急响应措施。

（二）给排水系统施工工艺要点

1. 不锈钢管氩弧焊接施工工艺要点

①不锈钢管道焊接完后，用磨光机磨掉管道及焊缝表面多余的焊瘤。

②焊接冷却后应及时将焊缝清理干净，对焊缝及邻近区域进行酸洗及钝化处理。

③不锈钢管与支架之间应采用橡胶片隔开。

2. 阀门安装施工工艺要点

①水平管道上的阀门安装位置尽量保证手轮朝上或者倾斜 45°或者水平安装，不得朝下安装。

②法兰式阀门安装，阀门法兰盘与管道法兰盘平行，法兰垫片置于两法兰盘的中心密合面上，注意放正，然后沿对角线上紧螺栓，最后全面上紧所有螺栓。

③螺纹式阀门安装，要保持螺纹完整，加入填料后螺纹应有 3 扣的预留量。

④阀门安装的位置除施工图注明尺寸外，一般就现场情况，做到不妨碍设备的操作和维修，同时也便于阀门自身的拆装和检修。

⑤阀门检修口位置应在装饰天花图纸及现场进行标识。

3. HDPE 管电热熔连接施工工艺要点

①管道切割时，切口应垂直于管中心，切割面应保持清洁。

②熔接时应严格按照操作手册控制温度、压力、时间。

③HDPE 管比较柔软，应严格按照排水管支架间距要求布置支架，保证排水坡度。

4. 高压细水雾管道施工工艺要点

（1）调试顺序。

各分区线路测试—报警设备回路测试—报警设备按分区调试—整体联动调试。

（2）调试人员时间安排。

细水雾泵组、阀组已经完成单机调试，具备联动调试条件，在报警线路测试完成后进行。调试人员应由报警设备生产厂家、细水雾设备生产厂家、消防施工单位、监理单位以及业主单位共同组成。

（3）泵组联动调试。

按照图纸和技术要求，对火灾报警系统及细水雾泵组控制柜的控制、反馈信号进行调试（表4-4-3）。

表 4-4-3 细水雾泵组控制柜与火灾报警系统调试点

序号	信号名称	信号来源	信号去向	接口类型
1	细水雾泵组运行信号	泵组控制柜	消防报警控制器	硬接线
2	细水雾泵组启动	泵组控制柜	消防报警控制器	硬接线
3	细水雾泵组停止	泵组控制柜	消防报警控制器	硬接线

（4）分区阀箱联动调试。

阀组电源指示灯接线连接到位；阀组现场手动紧急启动按钮安装到位；压力开关和电动阀开启反馈接线连接到位；关闭电动阀组上下球阀，手动控制气体灭火控制盘测试电动阀开启功能，测试压力开关反馈信号功能（表4-4-4）。紧急按钮测试：手动打开区域阀应急按钮，阀组打开，压力开关工作。机械应急测试：阀箱配备专用应急手柄，旋转打开电动阀，压力开关工作。

表 4-4-4 高压细水雾各分区阀箱调试点

序号	信号名称	信号来源	信号去向	接口类型
1	压力开关反馈信号	分区阀箱	气体灭火控制盘	硬接线
2	分区阀箱电动阀控制信号	分区阀箱	气体灭火控制盘	硬接线

（5）火灾报警系统联动调试。

火灾报警系统手动/自动控制阀组启动测试；火灾报警系统控制防护区室内外声光报警器、喷雾指示灯测试；火灾报警系统控制防护区内感烟探测器、感温探测器报警测试；防护区自动联动高压细水雾系统测试（表4-4-5）。

表 4-4-5　火灾报警系统联动调试

保护区	信号输入设备	联动设备(联动对应保护区设备)			
		室内声光报警器	室外声光报警器	喷雾指示灯	分区阀箱电动阀
任意高压细水雾防护区	任意一个感烟探测器报警	√			
	任意一个感烟＋感温探测器报警		√	√	√ (延时 30 s)

(6)高压细水雾控制原理。

自动启动:当保护区内发生火灾时,闭式喷头玻璃泡破碎,通过火灾报警联动系统自动开启对应保护区的区域阀组,启动高压细水雾灭火系统进行灭火,值班人员亦可通过设置保护区外手动报警按钮启动系统。

手动启动:当保护区内发生火灾时,闭式喷头玻璃泡破碎,值班人员通过设置在对应保护区的区域阀组内手动报警按钮,启动高压细水雾灭火系统进行灭火。

应急启动:若自动和手动启动均出现故障,值班人员亦可通过区域阀组的阀组手柄,打开控制阀启动高压细水雾灭火系统进行灭火。

泵组手动启动:值班人员若发现闭式喷头玻璃泡破碎和区域阀组已经开启而泵组未启动,可通过设置在消防控制室内的泵组远程强制启动盘来启动泵组或到达泵房直接在泵组控制柜上启动泵组(图 4-4-2)。

(7)高压细水雾的优点。

设置高压细水雾管道可以避免设置常规气体灭火保护区所需的泄压口。

5. 真空排水施工工艺要点

真空排水系统由真空机组(含真空泵、污水泵、真空污水罐等配件)、提升器等组成。

工作原理:污废水经重力流入真空提升器的收集箱内,随着液位不断上升,感应管内的空气压力也增加,当空气压力达到足以触发控制阀设定值后,控制阀启动,开启真空隔膜阀,污废水进入真空管道,当感应管内压力下降后,控制阀内预先设定时间的计时器允许阀开启一段时间,并保持进气。达到预定时间后,控制阀中段真空供应,真空隔膜阀关闭完成一次排污。

真空污水罐内设置有液位传感器,水位达到设定的启动或者停止液位后,排污阀启动或者关闭,并将污废水排入室外衰变池。

6. 设备区施工工艺要点

设备区屏蔽墙体最厚处达 3.35 m,大量机电管线及设备管线需要预埋在墙体内或者楼板

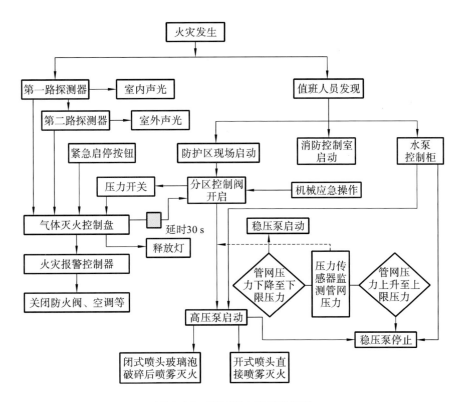

图 4-4-2 高压细水雾控制原理

中。本工程将设备区机电管线与结构钢筋一起进行深化,屏蔽门上方专门预留机电孔洞供机电管线穿入设备区。运用 BIM 技术进行三维可视化设计,钢筋施工时,在结构墙内采用角钢支架进行定位,严格按照 BIM 模型进行定位安装(图 4-4-3)。

图 4-4-3 BIM 可视化应用

采用叠加机房设计,负一层为回旋加速器区,一层为直线加速器区,二层为磁共振加速器区。相应机房的排水管需要预埋在 2.7 m 厚屏蔽楼板中,对于管道的施工及固定,坡度复核时应特别注意。

质子区内管道应以满足机架臂旋转空间为前提进行布置。必要时,结构预留沟槽,保证设备的正常运转。质子大楼质子区步道层顶部进行沟槽预留,将高压细水雾管道布置于沟槽内。

第五节　集成化质子治疗系统供配电系统设计与施工

一、概述

质子治疗系统电气工程涉及高压配电系统，低压配电系统，照明系统，建筑物防雷、接地系统，医疗工艺电气、精装修电气系统。

该类工程变配电系统是一个为大型医疗装置及其相关配套设施供电的电源系统，对系统的可靠性、稳定性及其电源的质量有很高的要求，同时其负荷相对复杂。

(一)设计要点

质子治疗装置属于大型精密医疗设备，具有复杂而严密的工艺，对土建和机电设计有着极高的要求，须遵照设备的场地文件进行设计。不同厂家的治疗设备对设施的要求存在差异。为保证设备的正常启动，对空调通风、工艺冷却水、低压配电系统都有着特殊要求。通过对各种设备用电特性的精细化研究和计算，构建平衡、匹配的低压配电系统，以保证装置供电的高度安全性和可靠性。

安全性是质子治疗中心建设过程的重中之重，包括质子区综合管线设计、辐射防护设计、消防设计等。由于质子设备工艺复杂和对环境有严苛要求，须在有限空间内高效有序地排布各类设备及管线。传统设计手段已经无法满足如此错综复杂的管线设计和表达，可通过 BIM 技术的支持，结合土建机电图纸和设备场地文件，对土建机电管线和装置机电管线的布局进行综合的精细化设计，以满足其施工精度要求。

医院影像科工作人员及大型医疗设备厂家技术人员一般会提出设置大型医疗设备专用变压器的要求，理由是担心其他用电设备干扰大型医疗设备的成像。

经过向已设置大型医疗设备的多家医院的运行人员了解，专用变压器负荷率普遍低于20%，并且功率因数很高，无功补偿电容器没有投入。实际运行情况说明大型综合医院虽然有数量众多的大中型医疗设备，但专用变压器使用效率仍然太低，并且增加了能源损耗，浪费了投资。

在设计低压配电系统时，只要将大型医疗设备与冷水机组、大功率水泵供电变压器分开设置,同时满足设备对电源内阻和线路允许压降的要求,就算不设置医疗设备专用变压器也完全可以满足其供电要求,节约投资,降低运行费用。

(二)设计注意事项

(1)诊疗设备的电源系统均满足设备对电源内阻或线路允许压降的要求。

(2)大型医疗设备的主机与冷水机组等其他冷却辅助设备均分别从配变电所引出专用回路供电,磁共振的室内电气管线、灯具、器具及其支持构件不使用铁磁物质或铁磁制品,采用非磁材料,如铜、铝、工程塑料等。进入室内的电源线路均进行滤波。放射设备室的门口设置受设备操纵台控制的红色工作标志灯,根据设备要求设置门机联锁控制装置。

(3)医用 X 射线设备、医用高能射线设备、医用核素设备等涉及射线防护安全的诊疗设备配电箱,均设置在便于操作处,不设于射线防护墙上。

(4)医用 X 射线设备、PET/CT 设备的隔离及保护电器均按设备瞬时负荷的 50% 和持续负荷的 100% 中的较大值进行参数整定。

(5)对于需进行射线防护的房间,其供电、通信的电缆沟或电气管线严禁造成射线泄漏;其他电气管线不得进入和穿过射线防护房间。

二、集成化质子治疗系统供配电系统设计

(一)质子大楼变配电及应急供电系统设计

1. 变配电室设置

按变配电室设于负荷中心的原则,本项目于地下一层设 20/0.4 kV 变配电室。

2. 静音型集装箱柴油发电机组设置

本项目在室外设置 1 台 800 kW(COP)静音型集装箱柴油发电机组,柴油发电机组供油时间大于 24 h,当正常供电电源中断供电时,在 15 s 内向规定的用电负载供电(距本项目 2.3 km 有加油站,可以满足本项目应急供油,保障柴油发电机组的应急供电时间)。

3. 负荷分级及供电方案

根据《供配电系统设计规范》《医疗建筑电气设计规范》《科研建筑设计标准》《实验动物设施建筑技术规范》《生物安全实验室建筑技术规范》及《民用建筑电气设计标准》中有关负荷分级的规定,以及本项目的建筑特点,本项目总体供电按一级考虑,建筑内部各类型负荷具体分级如表 4-5-1 所示。

表 4-5-1 用电负荷分级

负荷等级	用电负荷名称
一级负荷中的特别重要负荷	涉及患者生命安全的医疗设备及照明用电
一级负荷	各弱电系统控制室电源
二级负荷	介入治疗用CT及X线机扫描室、加速器机房、内镜检查室、影像科（设备）、放射治疗室、核医学室等
三级负荷	消防系统设备、应急照明

4. 负荷估算

办公、医疗及配套用房负荷按 $100\sim130$ W/m² 计算，医技断续负荷按二项式法计算（表 4-5-2）。本项目合计变压器安装总容量为 3200 kVA。

表 4-5-2 负荷估算 单位：kW

负荷类型	数值
持续负荷设备容量	1207
持续负荷计算容量（需要系数法）	905
断续负荷设备容量	550
断续负荷计算容量（二项式法）	324
医技负荷计算容量	1229
非医技负荷计算容量（按 80 W/m² 估算）	720
质子治疗中心负荷总量	1949

注：1. 医技负荷容量参考设备厂家提资。

2. 断续负荷的计算依据二项式法进行。

3. 质子治疗系统断续负荷容量取准备期间和出束状态用电量较大值。

4. 医用负荷类型（持续负荷/断续负荷）按 JGJ 312—2013 第 6 章相关内容确定。

5. 备用电源的设置

根据本项目的供电需求，以及拟引入的市政供电电源条件，本项目已有两个独立电源供电，以满足供电可靠性的要求。为进一步提高消防设备以及医疗设备用电等特别重要负荷的用电可靠性，本项目还设置柴油发电机组作为自备应急电源。

本项目中特别重要负荷设置应急电源，采用不间断电源加自备发电机的方式，其中不间断电源采用在线式不间断电源装置（UPS），并能确保自备发电设备启动前的电力供应。

本项目应急照明采用集中电源集中控制系统，为保证应急照明系统的供电，本项目按防火分区的划分情况设置集中电源，分散设置的集中电源应由所在防火分区消防电源配电箱供电。

集中电源带智能在线监测功能,以确保平时和消防时的正常使用。

6. 市政供电电源

本项目质子治疗中心供电电压等级为 20 kV,变压器设计容量为 3200 kVA(2×1600 kVA),医院前期高压系统已预留本项目用电高压接入容量和回路,可以满足本期设备用电的需要。

7. 20 kV 系统继电保护

本项目 20 kV 配电装置均采用中置式高压开关柜,按无人值守标准进行设计,选用微机综合继电保护装置。

8. 20 kV 配电系统

本项目高压采用单母线分段结线方式、直流弹簧储能操作方式。变压器低压侧相互联络,一、二级重要负荷采用双回路供电,分别引自不同的变压器。空调主机负荷采用专用变压器,不用的季节可切除。两两联络的变压器,当一台故障时,另一台能满足所有一、二级负荷的用电。

9. 供配电线路系统

本项目对消防设备、应急照明等重要用电采用双电源供电,末端切换,重要负荷增设不停电应急电源。火灾自动报警及信息计算机系统、生物安全实验室中特别重要负荷(如实验设备)等增设 UPS 不停电电源,应急照明采用集中电源集中控制型。

本项目低压配电系统采用放射式和树干式相结合的方式,对于单台(处)容量较大的负荷以及重要的负荷,采用放射式供电,其余负荷采用树干式供电。

根据规范要求,本项目消防负荷干线采用矿物绝缘耐火电缆,支干线及支线采用 ZAN-YJY 型(A 级阻燃耐火交联聚烯烃绝缘及护套电缆),非消防负荷干线及支干线采用 ZA-YJY 型(A 级阻燃交联聚烯烃绝缘及护套电缆),其中室内部分均采用 WD 型(低烟无卤电缆)。

10. 应急照明系统

本项目根据《消防应急照明和疏散指示系统技术标准》的要求,应急照明系统采用集中电源集中控制系统,根据现行《建筑设计防火规范》及《火灾自动报警系统设计规范》,设计中严格执行以下要求。

本项目采用集中电源集中控制系统,由应急照明控制器、集中电源、疏散应急照明灯具组成。

应急照明控制器是系统的核心组成部分,通过区域集中电源监视终端灯具的工作状态,接受火灾自动报警系统的火灾报警位置信号,根据疏散通道情况,驱动应急疏散灯具动态指示安全出口方向。疏散指示灯平时常亮,应急照明灯只有在火灾状态下才启动。同时主机对系统内所有疏散指示灯和应急照明灯巡检,巡检系统内所有灯具的工作状态、故障信息等,一旦系统内灯具或者线路出现故障,系统主机可及时发出声光报警,并精确定位故障位置。

(1)选择采用节能光源的灯具,消防应急照明灯具的光源色温不低于 2700 K。

(2)应急照明灯具及疏散指示标志选用 A 型灯具。

(3)灯具面板或灯罩的材质应符合下列规定:除地面上设置的标志灯的面板采用厚度 4 mm 及以上的钢化玻璃外,设置在距地面 1 m 及以下的标志灯的面板或灯罩不采用易碎材料或玻璃材质;在顶棚、疏散路径上方设置的灯具的面板或灯罩不应采用玻璃材质。

(4)火灾状态下,灯具光源应急点亮、熄灭的响应时间应符合下列规定:高危险场所灯具光源应急点亮的响应时间不应大于 0.25 s;其他场所灯具光源应急点亮的响应时间不应大于 5 s;具有两种及以上疏散指示方案的场所,标志灯光源点亮、熄灭的响应时间不应大于 5 s。

本项目应急照明(疏散照明及备用照明)的地面最低水平照度应严格执行表 4-5-3 所示规定。

表 4-5-3　应急照明要求的最低水平照度

场所或房间	参考平面及高度	最低水平照度/lx	应急照明光源
人员密集疏散区域、地下疏散区域	地面	3	LED 灯
楼梯间、前室或合用前室、避难走道	地面	5	LED 灯
人员密集场所的楼梯间、前室或合用前室、避难走道	地面	10	LED 灯
消防控制室	作业面	300(应急照明最低照度不低于正常照明照度)	应急两用型 T5 直管荧光灯
消防水泵房	作业面	100(应急照明最低照度不低于正常照明照度)	应急两用型 T5 直管荧光灯
配电室	作业面	200(应急照明最低照度不低于正常照明照度)	应急两用型 T5 直管荧光灯
排烟机房	作业面	100(应急照明最低照度不低于正常照明照度)	应急两用型 T5 直管荧光灯

注:发生火灾时仍需正常工作的消防设备房应设置备用照明,其作业面的最低照度不应低于正常照明照度。

(二)医疗场所及设施的类别划分与要求自动恢复供电时间

医疗场所及设施的类别划分与要求自动恢复供电时间如表 4-5-4 所示。

表 4-5-4　医疗场所及设施的类别划分与要求自动恢复供电的时间

医疗场所、设施	场所类别			要求自动恢复供电时间			备注
	0	1	2	$t \leqslant 0.5\,s$	$0.5\,s < t \leqslant 15\,s$	$t > 15\,s$	
门诊诊室	√						
门诊治疗		√					
病房		√				√	
术前准备室、术后复苏室、麻醉室		√		√(a)	√		
护士站、麻醉师办公室、石膏室、冰冻切片室、敷料制作室、消毒敷料室	√				√		
肺功能检查室、电生理检查室、超声检查室		√			√		
DR 诊断室、CR 诊断室、CT 诊断室		√			√		
导管介入室		√			√		
MRI 扫描室		√			√		
后装、^{60}Co、直线加速器、γ 刀、深部 X 线治疗		√			√		
物理治疗室		√				√	
大型生化仪器	√			√			
一般仪器	√				√		
ECT 扫描间、PET 扫描间、服药、注射		√			√(a)		
试剂培制、储源室、分装室、功能测试室、实验室、计量室	√				√		
贵重药品冷库	√					√(b)	
医用气体供应系统	√				√		
消防电梯、排烟系统、中央监控系统、火灾报警以及灭火系统	√				√		
中心(消毒)供应室、空气净化机组	√					√	

注:(a)指须在 0.5 s 内或更短时间内恢复供电的照明和维持生命用的医用电气设备;(b)指允许中断供电时间大于 15 s,但应尽快自动恢复供电。

(三)质子治疗系统供配电设计

1. 供电电源及设备容量

质子治疗机房电源由变配电室引来两路独立的 380 V 电源,设备总功率约 250 kW。设备具体用电量如表 4-5-5 所示。

表 4-5-5　设备用电量

电源	功能	断路器		用电量/kVA		
		电压/V	电流/A	准备期间峰值	出束状态	夜间
UPS	水冷橇	480	70	31.8	31.8	31.8
UPS	加速器关键部分	208	40	1.9	1.9	1.9
UPS	控制关键部分	208	40	5.8	5.8	5.8
UPS	低温制冷/RF 冷水机	480	20(2)	4.6	4.6	4.6
UPS	扫描设备架	208	30	3.0	9.0	3.0
备用发电机	磁体电源	480	40	11.0	9.0	9.0
公用设施	加速器非关键部分	208	40	0.2	0.2	0.2
公用设施	控制非关键部分	208	60	5.0	5.0	5.0
公用设施	平板 X 线设备	480	100	86.5	4.1	0.0
公用设施	机架驱动装置	480	60	23.6	1.3	0.0
公用设施	射频	208	100	4.5	7.1	0.0
公用设施	治疗床电源	208	40	3.4	1.0	0.6
公用设施	扫描放大器 1	480	100	2.0	41.0	2.0
公用设施	扫描放大器 2	480	100	2.0	41.0	2.0

2. UPS 规格

UPS 规格如表 4-5-6 所示。

表 4-5-6　UPS 规格

参数	规格
输入电压	有接地线的额定 480 V 三相交流电,50 Hz 或 60 Hz(视当地条件允许决定)。UPS 应能在公用设施电源下连续工作而无须利用交流 408～552 V 的任何输入电压给电池放电。输入谐波电流应在旁路或维护旁路的所有工作条件下保持在 IEEE 519 中规定的水平以下。交流主电源中断后恢复时,UPS 应在几秒的时间内逐步加载主电源
输出电压	有接地线的 480 V 三相交流电,60 Hz 或 50 Hz(视当地条件允许决定)。UPS 的输出电压应在所有输入电压和载荷的条件下保持在交流 475～485 V 的范围内。输出电压应为真正弦波,在所有载荷并有任何载荷波峰因素的条件下电压失真应小于 3%
输出功率	最小 60 kVA/80 kVA
效率	满载效率＞90% 50% 载荷效率＞85%
维护旁路	UPS 应配备断路器,并满足控制要求,可以将临界载荷转移到公用设施或由其转出而不中断。公用电源一旦接通,系统应能将 UPS 与公用设施和载荷完全隔离

3. 工作插座设置点位

工作插座设置点位如表 4-5-7 所示。

表 4-5-7　工作插座设置点位

插座	点位
机房	
服务设备用墙壁插座	内墙壁,低,8 英尺间距,四线插座
治疗室下面	
服务设备用墙壁插座	外墙壁,低,8 英尺间距,四线插座
下迷路	
服务设备用墙壁插座	侧墙壁,低,8 英尺间距,四线插座
治疗室	
工作面上、下方病例台的墙壁插座	外墙壁,高、低至少四个四线插座
沿防护墙壁的墙壁插座	防护墙壁,计数器下方,至少两个四线插座
沿隔板系统的墙壁插座	外接电源线用顶板上方的外墙壁接线盒
生命安全插座(如选用)	外墙壁,计数器上方
治疗室墙壁上的生命安全插座(如选用)	外接电源线用顶板上方的外墙壁接线盒
摄像头和显示器用移动电源	外接电源线用顶板上方的外墙壁接线盒
治疗控制台	
工作面上、下方病例台的墙壁插座	控制区,高、低至少四个四线插座
步道	
服务设备用墙壁插座	外墙壁,低,8 英尺间距,四线插座

4. 导轨 CT 电源供电要求

导轨 CT 电源供电要求如表 4-5-8、表 4-5-9 所示。

表 4-5-8　80 kW 高压发生器供电要求

参数	供电要求
电源	3/N/PE AC 50/60 Hz±2 Hz
电源接入值/kVA	86.5
电压/V	400±40
电源内阻/mΩ	≤95
电源功耗/kVA	
待机	≤4
阅片	≤2.5
关机	≤1.7
2 s 时	≤125

表 4-5-9　100 kW 高压发生器供电要求

参数	供电要求
电源	3/N/PE AC 50/60 Hz±2 Hz
电源接入值/kVA	86.5
电压/V	400±40
电源内阻/mΩ	≤85
电源功耗/kVA	
待机	≤4
阅片	≤2.5
关机	≤1.7
2 s 时	≤140

CT 设备接地系统采用 TN-S 系统。推荐使用专用变压器(功率不小于 160 kVA),如果采用与其他设备共用变压器的方式,变压器分配给 CT 设备的预留容量应不小于 160 kVA。根据《民用建筑电气设计标准》的要求,电源变压器至 CT 设备专用配电箱之间应敷设铜芯绝缘电缆,建议采用等截面 5 芯电缆。不要在此电缆上接入其他负载,以避免产生谐波和不平衡电流,从而对设备产生干扰。

(四)回旋加速器系统供配电设计

(1)本系统电源采用符合国家规范的供电制式。电压 380 V,最大偏差不得超过+10%、−5%,频率 50 Hz,最大偏差不得超过 0.5 Hz。

(2)本系统的最大功耗为 109 kVA;推荐使用最小过电流保护器的额定电流为 200 A。

(3)本设备要求专线供电。推荐使用专用变压器,容量为 150 kVA。三相导线标明相序后与 N、PE 线一并引入配电柜。

(4)进线电缆必须采用多股铜芯线,接入柜内额定电流为 200 A 的断路器,且电缆颜色和断路器规格必须符合标准电气安装手册的规定;配电柜内需配备额定电流为 125 A、40 A、32 A(D 型,2 个)、16 A(2 个)的断路器,以分别连接设备柜。除 125 A 断路器的最小漏电保护电流为 300 mA 外,其余断路器的最小漏电保护电流均为 100 mA。配电柜必须具备防开盖锁定功能,以确保电气安全作业。操作间、设备间、回旋加速器室需各安装一个连接到配电柜的紧急开关,便于操作人员在发生紧急情况时切断系统电源。

(5)变压器到配电柜之间的电缆由院方负责提供,供电电缆截面的选择应保证独立变压器输出端到设备配电柜的压降小于 2%。

(6)空调、冷水机、空气压缩机、照明和电源插座用电必须与本系统用电分开,院方根据所需设备的负荷单独供电。

（7）放射化学实验室合成柜附近要求有带地线的 220 V 电源插座，以供合成柜专用。

（8）回旋加速器室、设备间、操作室、放射化学实验室及质控室均要求有带地线的 220 V 电源插座，以便维修。

(五)2 米 PET 供配电设计

2 米 PET 电源供电要求如表 4-5-10 所示。

表 4-5-10　2 米 PET 电源供电要求

参数	供电要求
电压/V	400±40
频率/Hz	50±1
电源内阻/mΩ	≤65
电源容量/kVA	≥215
断路器大小/A	250
接地电阻/Ω	≤1(联合)，≤2(独立)
电缆线径 (铺设距离)/mm²(m)	70(≤100)；95(>100～130)；120(>130～150)
其他	1.从变压器直接铺设一路专用高质量铜芯电力电缆至配电箱。电源须三相五线制，全年电压稳定，相序准确 2.准备配电箱和急停断电开关 3.预留插座和网口

供电设计：配电箱进线电缆要求三相五线，线缆必须采用多股铜芯线，线径要满足电源内阻要求，系统最大功率 215 kVA，电源内阻要不大于 65 mΩ；系统专用独立电源，中间不得搭接除此系统以外的其他设备；配电箱必须具备防开盖锁定功能（明锁扣），以确保电气安全作业；配电箱内主回路电缆采用至少 50 mm² 铜线；配电箱外壳要接地。

(六)线路敷设设计

1.消防设备供电线路电缆(线)选型及布线方式

本项目对所有消防设备用电采用双电源供电，末端切换。

消防设备除应急照明采用链式（不多于 4 个应急照明配电箱链接）供电外，其余均采用放射式供电。

本项目消防负荷干线采用矿物质绝缘电缆，支干线采用 WDZAN-YJY 型（A 级低烟无卤阻燃耐交联聚烯烃绝缘及护套电缆），在地下室及其他设备机房区域采用瓦楞式节能钢制电缆桥架敷设，在竖井内采用带盖板的托盘桥架敷设。

消防负荷末端支线在机房内采用 WDZAN-YJY 型（A 级低烟无卤阻燃耐交联聚烯烃绝缘及护套电缆），采用瓦楞式节能钢制电缆桥架或穿厚壁热镀锌钢管布线。

应急照明末端支线采用 WDZCN-BYJ 型（C 级低烟无卤阻燃耐火交联聚烯烃绝缘电缆），穿 JDG 管暗埋布线，个别外露部位刷防火漆保护，以满足火灾耐火时间要求。

本项目室内电缆均满足《电缆及光缆燃烧性能分级》（GB 31247—2014）中 B_1 级燃烧性能要求。

在人员密集场所疏散通道采用的火灾自动报警系统的报警总线，应选择燃烧性能为 B_1 级的电线、电缆；其他场所的报警总线应选择燃烧性能不低于 B_2 级的电线、电缆。消防联动总线及联动控制线应选择耐火铜芯电线、电缆。电线、电缆的燃烧性能应符合《电缆及光缆燃烧性能分级》（GB 31247—2014）的规定。

2. 消防设备配电线路敷设要求

消防配电线路应满足火灾时连续供电的需要，其敷设应符合下列规定。

明敷（包括敷设在吊顶内）时，应穿金属导管或采用封闭式金属槽盒保护，金属导管或封闭式金属槽盒应采取防火保护措施；当采用阻燃或耐火电缆并敷设在电缆井、沟内时，可不穿金属导管或采用封闭式金属槽盒保护；当采用矿物绝缘类不燃性电缆时，可直接明敷。

暗敷时，应穿管并敷设在不燃性结构内，且保护层厚度不应小于 30 mm。

消防配电线路宜与其他配电线路分开敷设在不同的电缆井、沟内；确有困难需敷设在同一电缆井、沟内时，应分别布置在电缆井、沟的两侧，且消防配电线路应采用矿物绝缘类不燃性电缆。

3. 非消防设备供电线路电缆（线）选型及布线方式

本项目对重要医技设备、各弱电机房、电梯等一级负荷用电均采用双电源供电，末端切换。

对其他非一级负荷设备用电采用放射式和树干式相结合的方式，对于单台容量较大的负荷以及重要的负荷采用放射式供电，其余负荷采用树干式供电。

非消防负荷干线、支干线及电力设备末端支线均采用 WDZA-YJY 型（A 级低烟无卤阻燃交联聚烯烃绝缘及护套电缆），在地下室及其他设备机房区域采用瓦楞式节能钢制电缆桥架敷设，在竖井内采用带盖板的托盘桥架敷设，个别支线电缆采用穿 JDG 管敷设。

普通照明末端支线采用 WDZC-BYJ 型（C 级低烟无卤阻燃交联聚烯烃绝缘导线），地上暗敷设的普通照明、插座回路及地下非人防区暗敷设的普通照明回路采用 PVC 套管敷设，其余位置均采用 JDG 管或小规格金属封闭线槽在吊顶内或架空地板内敷设。

三、集成化质子治疗系统供配电系统施工

同济质子大楼项目电气工程涉及 20 kV 高压配电系统、20/0.4 kV 变配电系统、低压配电

系统、照明系统、建筑物防雷与接地系统、火灾自动报警及消防联动系统、智能化弱电系统及医疗工艺电气、景观与精装修电气系统。

质子大楼为保证重要医疗设备、信息中心机房、消防及安防控制室、消防设备等的供电,这些设备和机房除按一级负荷供电,采用双电源供电、末端自动切换外,还在各机房根据设备需要设置了相应的 UPS 电源。

质子大楼应急照明采用集中电源集中控制系统,本系统具有自动巡检功能,定时、自动巡检系统中每个灯具的状态。

质子大楼为一类建筑,结合医疗使用属性,总体按一级负荷要求供电。其中涉及患者生命安全的医疗设备及照明用电,如质子治疗系统、回旋加速器、束流线及热室用电等为一级负荷中特别重要负荷;各弱电系统控制室电源、介入治疗用 CT 及 X 线机扫描室、加速器机房、内镜检查室、影像科(设备)、放射治疗室、核医学室等为一级负荷;消防系统设备、应急照明等为二级负荷;其他用电负荷,如一般电力、照明、制冷与通风空调等为三级负荷。

(一)供配电系统施工工序

施工工序如下:BIM 深化→测量定位→套管预埋、配管→桥架安装→配电箱安装→灯具、面板安装→系统调试。

BIM 深化:结构施工前,应认真熟悉图纸,与其他专业共同进行管线的 BIM 深化,如发现有专业交叉,及时调整。在桥架排布时,除安装空间外,还需考虑后期电缆敷设时的施工空间。提前规划好电井内桥架和母线的排布,优化电井留洞图。

测量定位:根据排布图纸,对所有穿墙套管进行测量放线,确定好位置后再进行套管固定安装。在模板封闭完成后,再次对套管定位进行审核,确保无误。

套管预埋、配管:穿地下构筑物外墙处采用刚性防水套管,翼环及刚套管加工完成后必须做防腐处理。预埋线管前要熟悉图纸内容,按照图纸内容预埋,转弯处留出足够的转弯半径,同时按照规范要求留好过线盒,方便后期穿线。预埋线管时不能出现三根线管在同一处交叉的情况,若图纸中有过多交叉,需要提前对路由进行优化。

桥架安装:非消防电缆桥架使用热镀锌槽式桥架。消防电缆桥架使用表面喷涂防火涂料的热镀锌防火桥架,根据厂家需求,质子治疗机房使用网格状的热镀锌桥架。非镀锌桥架中间连接板的两端应跨接保护联结导体。镀锌梯架之间不跨接保护联结导体时,连接板每端不应少于 2 个有防松螺帽或防松垫圈的连接固定螺栓。

配电箱安装:对于配电房和电井这种配电箱数量较多的区域,安装前需要画好排布图,按照排布图进行安装。高压细水雾机房落地柜需要做不低于 300 mm 高的基础支架。配电箱应安装牢固,且不应设置在水管的正下方。配电箱安装垂直度允许偏差不应大于 1.5‰,相互间接缝不应大于 2 mm,成列盘面偏差不应大于 5 mm。

灯具、面板安装:单相两孔插座,面对插座的右孔或上孔与相线连接,左孔或下孔与中性导体(N)连接;单相三孔插座,面对插座的右孔与相线连接,左孔应与中性导体(N)连接。单相三孔、三相四孔及三相五孔插座的保护接地导体(PE)接在上孔;插座的保护接地导体端子不与中性导体端子连接;同一场所的三相插座,其接线的相序一致。Ⅰ类灯具的外露可导电部分采用铜芯软导线与保护接地导体可靠连接,连接处设置接地标志。

系统调试:送电调试先从配电房送至强电井,再从电井送至各个末端。在送电前,先做绝缘电阻测试,确保绝缘电阻满足要求才能送电。

(二)供配电系统施工工艺要点

1. 设备区施工工艺要点

质子治疗中心建筑的医疗专项设备管线复杂,电线暗敷情况多,同时部分剪力墙特别厚(1200～3300 mm),配管配线时应特别注意以下几点:磁共振加速器室、PET/CT 室、MR 定位保护区管道、支架及螺栓等应采用非磁性材料,支架及螺栓采用不锈钢材质;对重点区域采用BIM 进行管线排布,在 BIM 模型中对预埋管线进行优化和精确定位(图 4-5-1),同时跟进土建进度,特别是超厚剪力墙区域密接配合土建预埋,对出入质子区的管线严格按要求预留,使用厚底盒,并做好管线及底盒加固,防止松动和移位。浇混凝土前应复测、复检,浇筑过程中有专人看护,确保预留质量。

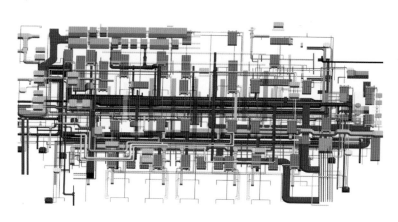

图 4-5-1 机电专业 BIM 模型

桥架在穿越防辐射区域时需要大 V 形预埋套管,严禁做成直线形,且施工完成后,需要在两端加装铅板进行防护。

开关、插座以及灯具的位置安装接线盒,接线盒的尺寸应根据与接线盒连接的电线导管确定。接线盒四周开洞,当洞口与管外径不配套时,要求在盒体两侧使用异径套管。在现浇混凝土顶板内安装接线盒时,具体做法如图 4-5-2 所示。

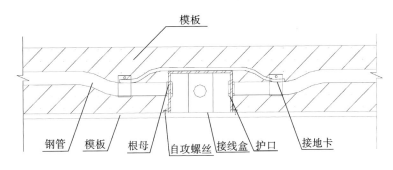

图 4-5-2　接线盒安装

不同系统、不同回路的导线严禁穿在同一根保护管内,导线在保护管内不得有接头和扭结。

在穿过建筑物变形缝时,应按要求对管线(电缆及桥架)设置补充措施。

2.配电箱设备及安装工艺要点

配电箱内元器件质量是保障可靠供电的核心要素。招标前,与业主方及设备厂家对设备功能需求及接口进行充分沟通,明确具体用电需求,确保配电箱满足使用要求。设备采购合同中应对元器件各参数及质量检测要求予以明确规定,进场时检测产品技术文件、铭牌、合格证等证件齐全。

设备安装前建筑工程应具备下列条件:屋顶、楼板施工完毕,不得渗漏;结束室内地面工作,室内沟道无积水、杂物;预埋件及预留孔符合设计,预埋件应牢固;门窗安装完毕;有可能损坏已安装设备或设备安装后不能再进行施工的装饰工作全部结束。

配电箱在搬运和安装时应采取防震、防潮、防止框架变形和漆面受损等安全措施,必要时可将装置性设备和易损元件拆下单独包装运输。

单独或成列安装时,其垂直度、水平偏差以及盘、柜偏差和盘、柜间接缝的允许偏差应满足验收规范要求。

3.配管施工工艺要点

配管预制时要使用专业工具,不准用电、气焊切割,避免毛刺划伤电线电缆,配管的弯曲处没有褶皱、凹穴和裂缝现象。配管进箱盒采用管母固定,管口露出箱盒应小于 5 mm,明配管应用锁紧螺母固定,露出锁紧螺母的丝扣为 2~4 扣。配管所有连接的接地线必须牢固可靠,使管路在结构和电气上均连成一体。

4.设备接线工艺要点

设备、开关、插座、灯具接线时,应按施工图要求选择相色。颜色标志可用规定的颜色标记在导体的全部长度上,也可标记在所选择的易识别的位置上(如端部可接触到的部位)。

5.电缆敷设工艺要点

敷设前应按设计和实际路径计算每根电缆的长度,合理安排每盘电缆,减少电缆接头。

在带电区域内敷设电缆，应有可靠的安全措施。

电力电缆在终端与接头附近宜考虑设备安装需求，留有备用长度。

(三)防雷接地施工要点

同济质子大楼按第二类防雷建筑物设计，建筑物电子系统雷电防护等级为 C 级。采用共用接地系统，即变压器中性点接地、保护接地及弱电系统接地等共用防雷接地装置。质子大楼的低压配电接地形式采用 TN-S 接地系统，接地电阻不大于 1 Ω。

第六节　集成化质子治疗系统暖通系统设计与施工

一、概述

同济质子大楼暖通系统包含工艺性空调风系统、空调水系统、防烟与排烟系统、通风（含事故通风）系统、分体空调系统、多联机系统、净化空调系统等。

二、集成化质子治疗系统暖通系统设计

(一)质子加速器空调及通风系统设计

1. 质子加速器空调系统设计

质子加速器治疗室内空调通风设计参数如表 4-6-1 所示，室内空调冷负荷详见表 4-6-2。

表 4-6-1　质子加速器治疗室内空调通风设计参数

参数	规格要求
夏季	
温度/℃	21±2
相对湿度/(%)	30～70
冬季	
温度/℃	21±2
相对湿度/(%)	30～70

续表

参数	规格要求
最小新风量/（m³/h）	每人 40
换气次数/（次/时）	4
噪声/dB（A）	≤40
空气负压	√

表 4-6-2　质子加速器治疗室内空调冷负荷

区域	空调冷负荷（稳定状态）/kW	空调冷负荷（最大值）/kW	空调系统形式	最大状态持续时间
治疗室	3	5		<治疗时间的 5%（患者定位）
下迷路	13	21	多联机空调系统	<治疗时间的 10%（延长时间进行校准（质子束接通））
机架区	9	12		<治疗时间的 15%（质子束接通和/或机架定位）

根据质子加速器室内的空调冷负荷，在质子治疗层、设备层和检修层分别设置多联式空调机组，用于抵消质子加速器室内的环境热荷载。

2. 质子加速器通风系统设计

空调系统换气次数不低于 4 次/时，大约补充 20% 的新风量。

按照不低于 4 次/时的换气次数补充新风，配以 120% 风量的平时排风机，用于快速排出顶部氦气以及平时排风，同时满足工艺性以及舒适性空调需求，新风冬季不加湿。

送风管由治疗层迷路进入，并伸至治疗区域，避开工艺设备布置双层百叶风口侧送至医师及患者等人员停留区域；排风管道由检修层迷路区（顶层）进入，避开工艺设备布置顶部单层百叶风口，由治疗区最顶部排走，同时作为顶部氦气迅速排出的措施（猝熄事件，3.5 m³ 常温氦气释放到机房顶板，需要快速稀释机房内氦气，将氦气水平恢复到安全极限值），排风由屋面经处理后排出，满足环评要求。

（二）回旋加速器空调及通风系统设计

1. 回旋加速器空调系统设计

回旋加速器室、配套设备间及操作间空调采用多联式空调机组＋直膨式新风机组。

2. 回旋加速器通风系统设计

回旋加速器室、热室和质控室的通风系统，应确保回旋加速器室、热室和质控室等高辐射区域相比邻近低辐射区域保持负压。排风由屋面经处理后排出，满足环评要求。回旋加速器室参考送风换气次数为 10 次/时、排风换气次数为 12 次/时。

放化合成柜顶部有一根直径为 125 mm 的软连接头,需连接至通风系统,通风量为 150 m³/h,进口和出口的阀门设置负压 150 Pa。

热室需确保通风量 72 m³/h,30～80 Pa 的负压。

若配套有放射性气体产品,则从热室和放化合成柜产生的放射性气体必须经过衰减才能排放出去或排放到通风系统。

(三)2 米 PET 空调及通风系统设计

1.2 米 PET 空调系统设计

2 米 PET 各配套房间及不同条件下空调设计参数与冷负荷详见表 4-6-3。

表 4-6-3　2 米 PET 各配套房间及不同条件下空调设计参数与冷负荷

房间名称/条件	温度/℃	相对湿度/(%)	气压/hPa	系统散热量/kW	备注
扫描间	20～24	30～70	700～1060	10	扫描间、操作间、设备间散热量仅含 PET 系统设备 扫描间、操作间和设备间会产生一定噪声,需采取降噪措施
操作间	18～26	30～70	700～1060	2.5	
设备间	18～26	30～70	700～1060	43(风冷柜)	
				17(水冷柜)	
运输	−18～38	20～60	700～1060	—	
储存	4～28	30～70	700～1060	—	

2 米 PET 检查室、准备室、控制室空调采用多联式空调机组＋直膨式新风机组。2 米 PET 检查室设落地式除湿机及地漏,以保证特殊季节的除湿要求。

2.2 米 PET 通风系统设计

按照不低于 4 次/时的换气次数补充新风,配以风量平衡的平时排风机。

(四)质子治疗系统设备工艺冷却水(冷冻水)系统设计

1. 质子加速器工艺冷却水(冷冻水)系统设计

质子加速器需要工艺冷却水(冷冻水)对装置进行冷却,工艺冷却水(冷冻水)由水-水换热器提供一次水,换热器及后端的二次冷冻水由质子加速器供应商提供。

工艺冷却水(冷冻水)要求如表 4-6-4 所示。

表 4-6-4　工艺冷却水(冷冻水)要求

名称	说明	要求的流量 /(gal/min) (m³/h)	压力 /psi(MPa)	供水温度/℃	水消散的大致热载荷(磁体充磁,扫描关)/kW	水消散的大致热载荷(扫描开,最大射野尺寸)/kW
设施冷冻水	主冷冻水供给	>45 (10.2)	60~100 (0.41~0.69)	≤8	<40	<80
城市自来水	应急水供应	>8 (1.8)	60~100 (0.41~0.69)	≤27	<35	<35

　　本项目质子治疗机房需预留的工艺冷却水(冷冻水)系统最大冷负荷为 80 kW,采用全年单冷型涡旋式风冷冷水机组,一用一备,满足全年供冷需求。单台机组名义制冷量为 65 kW(全年极端天气(-18.1~45 ℃)下需保证单台实际最小制冷量 40 kW)。该系统需全年 24 小时不间断运行,并保证供水温度小于 8 ℃,系统水流量大于 10.2 m³/h;备用冷源为城市自来水,作为应急水供应,冷冻水系统故障时实现自动切换。

　　工艺冷却水(冷冻水)水质要求如表 4-6-5 所示。

表 4-6-5　工艺冷却水(冷冻水)水质要求

参数	规格要求
流体类别	冷冻水
总溶解固体含量	<100 ppm
pH 值	6.5~10.5
微生物量	0

2. 回旋加速器工艺冷却水(冷冻水)系统设计

　　回旋加速器需提供一级冷水机系统,为回旋加速器系统配套供货的二级冷却水系统(板式换热机组)提供一次冷冻水。一级冷水机要求如表 4-6-6 所示。

表 4-6-6　一级冷水机要求

参数	规格要求
总供冷量/kW	≥80
供冷量变化范围/kW	4~70
流量/(m³/h)	7.2~9.6
供回水温度/℃	10~15
板式换热器一次水阻力/MPa	0.13
连接尺寸	DN32

一级冷水机组采用风冷机组,其室内机设置地点附近需提供电源、上下水及地漏。

给排水要求(作为二级冷水机的备用冷源)如下。

(1)回旋加速器基坑内、冷水控制阀附近、设备间二级冷水机附近、一级冷水机附近需提供标准地漏(DN100)。

(2)设备间二级冷水机附近、一级冷水机附近需提供上下水(上水管径为 1/2″(12.7 mm)),供水能力为 12 m³/h。此供水作为二级冷水机的备用冷源。

3.2 米 PET 工艺冷却水(冷冻水)系统设计

可以采用风冷或水冷型一级冷水机组,机组选配要求如下:

(1)水冷、风冷型冷水机组选型原则。

如果能提供合格的一次水/蒸馏水,且确保使用期间全天候正常运行,可选用水冷系统。否则,选用风冷系统。

(2)一次水/蒸馏水水质要求。

供水压力:0.3~0.5 MPa。最小流量:1.8 m³/h。水温:5~40 ℃。接口尺寸:RC1。水质:pH 值 6~8,硬度(以 CaCO₃ 计)<250 ppm 或<14 °dH。过滤物:<500 μm。氯气含量:<200 ppm。

三、集成化质子治疗系统暖通系统施工

(一)暖通系统概况

同济质子大楼暖通系统包含空调风系统、空调水系统、防烟与排烟系统、通风系统等。

质子大楼医疗设备检查房间按使用区域和功能局部采用独立的多联式空调机组,多联机室外机集中布置在屋面。其余空调房间均采用风机盘管加新风系统,舒适性空调冷热负荷由屋面的 12 台涡旋式风冷热泵机组(热泵型)提供,单台名义制冷量为 130 kW,单台名义制热量为 140 kW。

质子治疗机房工艺设备间的工艺冷却水负荷,由屋面的 4 台涡旋式风冷热泵机组(单冷型)提供,单台名义制冷量为 65 kW(全年极端天气(-18.1~45 ℃)下需保证单台实际最小制冷量 40 kW)。

消防控制中心、保安监控室均采用双制分体柜机制冷、供暖。电梯机房等采用单冷分体空调制冷,配电房采用机房专用多联式空调机组夏季供冷。

空调水系统采用二管制一次泵变流量。各环路水系统采用水平同程、竖直异程敷设方式。

没有自然通风条件的防烟楼梯间、独立前室、合用前室、消防电梯前室及封闭避难间均设置机械加压送风系统。防烟楼梯间的地上部分和地下部分,其机械加压送风系统分别独立设置。

排烟系统竖向分段独立设置,每段高度不超过 50 m,排烟风机设置在屋面的排烟机房内。防烟分区采用挡烟垂壁、隔墙或从顶棚下突出不小于 0.5 m 的梁划分,且防烟分区不跨越防火分区。除机械排烟以外的区域,采用自然排烟系统。

(二)暖通系统施工工序

水管安装施工工序如下:BIM 深化→测量定位→套管预埋→管道预制→管道安装→管道试压。

风管安装施工工序如下:BIM 深化→测量定位→套管预埋→风管安装→风阀安装→风口安装。

根据工程特点及主体施工顺序,暖通系统施工可分为三个阶段。

第一阶段为水系统主管道安装和风系统制作安装。

第二阶段为主体验收后竖向及各层的水管、风管、设备的安装。

第三阶段为配合精装修进行的风口等的安装。

(三)暖通系统施工工艺要点

1. 预留预埋阶段施工工艺要点

(1)回旋加速器区域套管预埋在 800 mm 和 2200 mm 厚的屏蔽辐射墙体内,管线后期不可检修、不可更换。管线穿越墙体时,应采用 S 形、V 形或 Z 形,并进行屏蔽补偿。

(2)回旋加速器区风管需在墙体内改变直管段路由。风管套管采用 3 mm 厚无缝钢板,利用三个预制的 90°弯头,分别埋入墙体后再进行对焊拼接工作,形成 Z 形穿越墙体(图 4-6-1)。

图 4-6-1　风管 Z 形处理

（3）多联机系统制冷铜管预埋套管，采用铜管＋保温＋套管一次预埋，在墙体内斜45°角预埋形成V形管道穿越墙体。

（4）质子区采用工艺冷冻水系统预埋套管，采用冷却水管＋保温＋套管一次预埋，斜45°角穿越墙体。

2. 水管安装阶段施工工艺要点

（1）空调水系统垂直安装的总（干）管，其下端应设置承重固定支架，上部末端设置防晃固定支架。管道的干管三通与管道弯头处应加设支架固定，管道支吊架应固定牢固。

（2）特殊阀门及附件安装需格外注意以下几点：电动阀门安装前，进行模拟动作试验。机械传动应灵活，无松动、卡滞现象。驱动器通电后，检查阀门开启、关闭行程是否能到位；风机盘管电动二通阀安装时，先安装阀体，执行器待接线时再进行安装，以免执行器损坏、丢失；平衡阀安装时，为了对平衡阀流量进行准确测量与控制，在平衡阀前必须留有5倍于管道直径长度的直管，在平衡阀后必须留有2倍于管道直径长度的直管；压差平衡阀应安装在回水管路上，测压孔的开孔与焊接工作必须在管道的防腐、试压工作前完成。

（3）质子大楼空调水系统采用分层试压和系统试压相结合的方式试压，试压须严格符合规范要求，试压完成后方可进行管道保温工作。

（4）管道安装过程中应优先策划系统冲洗内容。特别是旁通阀的设置、泄水阀的设置、快速补水的设置应提前考虑，并与给排水专业、装饰专业进行充分的沟通，确保给水点、排水点、检修口的完善，保证冲洗效果。

（5）因质子区对工艺冷却水（冷冻水）水质有明确要求，总溶解固体含量＜100 ppm，pH值范围为6.5～10.5，无可检测微生物。故在冲洗过程中应时刻观察泄水管水质，当水质达到肉眼可见清澈程度后，启动电子水处理仪和软化水装置，对水质进行处理及循环作业。待循环2周后进行取样，验证是否合格。

3. 风管安装阶段施工工艺要点

（1）质子大楼风机及空调设备集中位于屋面及楼内夹层，水平及竖向风管错综复杂，楼内公共空间相对狭小，为保证施工进度和施工质量，应合理规划安装风管生产线。

（2）清洁区、监督区、控制区的送排风系统按照区域独立设置。不同污染等级区域压力梯度符合定向气流组织原则，保证气流按清洁区→监督区→污染区方向流动。

（3）质子大楼因风机安装位置及功能需求，风管系统属于中亚系统矩形风管，风管加固采用螺杆内支撑的形式。风管安装完毕以后，在保温之前须对安装完毕的风管进行漏风量的测试抽检，检查数量按风管系统工程的类别和材质分别不得少于3件及15 m²。为确保风管漏风量检测结果的真实、可靠性，风管的抽检部位由业主及监理进行指定。

（4）独立排风系统较多，施工工序应遵循先立管后水平管的原则，在风井砌筑前，优先安装风管立管并进行漏风量检测，检测合格后方可进行隐蔽。

（5）有负压要求的设备间、病房等，应遵循房间功能确定排风口的设置位于天花板上或者距地 300 mm 安装。新风口设置与排风口形成对角，保证房间内空气流通顺畅。

（6）屋面排风机出风口设置应远离周边建筑物并高于质子大楼建筑高度，在排风机入口处设置高效过滤器和活性炭过滤器，对放射性废气进行处理后排放。

管道安装完成后，应再次校验机组的水平度，水平度无变化说明管道受力未影响到机组。将最靠近机组的每根管道接头打开，拆去法兰螺栓检查管道对中情况。如有任何螺栓被卡在螺孔内或接头偏移，说明管道不对中，应采取适当措施进行调整。

因风冷热泵机组为贵重设备，机组外部有很多易损坏的元器件。在机组安装完成后，其周围仍存在许多施工项目，可能会对机组造成破坏。这些破坏可能会导致严重的经济损失或工期延误，因此必须加强对机组的防护。施工时对机组换热肋片需封好护木板，同时指派专人定期巡查看护。

第七节　集成化质子治疗系统污物处理系统设计与施工

一、概述

质子治疗中心产生的污水成分复杂，按照是否含有放射性污染物质可以分为普通污水及放射性污水。其中普通污水可参照医院常规污水处理流程处理，放射性污水除含有大量细菌、病毒、药物、消毒剂、解剖遗弃物等医院常规污染物外，还含有大量放射性废液，成分复杂、危险性高，按普通污水处理无法满足国家环境保护有关规定，需设衰变池对污水进行特殊处理、衰变，确保处理后的出水达到排放标准。本节着重对放射性污水的处理系统进行阐述。

二、集成化质子治疗系统污物处理系统设计

（一）放射性污水处理总体标准

我国目前对于放射性污水的处理要求主要依据《核医学辐射防护与安全要求》（HJ 1188—2021），其中对质子治疗系统及其他核医学科诊疗所产生的放射性废液的处理提出了以下要求。

（1）核医学工作场所应设置有槽式或推流式放射性废液衰变池或专用容器，收集放射性药物操作间、核素治疗病房、给药后患者卫生间、卫生通过间等场所产生的放射性废液和事故应急时清洗产生的放射性废液。

（2）放射性废液收集的管道走向、阀门和管道的连接应设计成尽可能少的死区，下水道宜短，大水流管道应有标记，避免放射性废液集聚，便于检测和维修。

（3）经衰变池和专用容器收集的放射性废液，应储存至满足排放要求。衰变池或专用容器的容积应充分考虑场所内操作的放射性药物的半衰期、日常核医学诊疗及研究中预期产生储存的废液量以及事故应急时的清洗需要；衰变池池体应坚固、耐酸碱腐蚀、无渗透性、内壁光滑和具有可靠的防泄漏措施。

（4）含碘-131治疗病房的核医学工作场所应设置槽式废液衰变池。槽式废液衰变池应由污泥池和槽式衰变池组成，衰变池本体设计为 2 组或以上槽式池体，交替储存、衰变和排放废液。在废液衰变池上预设取样口。有防止废液溢出、污泥硬化淤积、堵塞进出水口、废液衰变池超压的措施。

（5）核医学诊断和门诊碘-131治疗场所，可设置推流式放射性废液衰变池。推流式放射性废液衰变池应包括污泥池、衰变池和检测池。应采用有效措施确保放射性废液经污泥池过滤沉淀固形物，推流至衰变池，衰变池本体分为 3～5 级分隔连续式衰变池，池内设导流墙。污泥池底有防止和去除污泥硬化淤积的措施。

（6）槽式衰变池储存方式：

①所含核素半衰期小于 24 h 的放射性废液暂存时间超过 30 天后可直接解控排放。

②所含核素半衰期大于 24 h 的放射性废液暂存时间超过 10 倍最长半衰期（含碘-131核素的暂存时间超过 180 天），监测结果经审管部门认可后，按照 GB 18871—2002 中 8.6.2 规定方式进行排放。放射性废液总排放口总 α 不大于 1 Bq/L、总 β 不大于 10 Bq/L、碘-131 的放射性活度浓度不大于 10 Bq/L。

（7）放射性废液的暂存和处理应安排专人负责，并建立废物暂存和处理台账，详细记录放射性废液所含的核素名称、体积、废液产生起始日期、责任人员、排放时间、监测结果等信息。

（二）衰变池选址

衰变池的选址应充分考虑衰变池对公众产生意外照射的风险，应尽量设置在人员较少到达的位置，并利用绿植等设施进行隔离，避免无关人员靠近，防止发生意外照射。同时应充分考虑衰变池的覆土深度，利用表层土壤作为射线屏蔽层。

（三）放射性污水处理工艺

衰变池的基本结构形式分为间歇式和连续式。

间歇式衰变池是利用 2 个或 2 个以上的衰变池轮流接纳和储存放射性医疗废水,使废水在池中经过衰变达到国家规定的排放标准后,再排入周围环境。间歇式衰变池处理效果可靠,缺点是衰变池容积大、占地面积大,需要设置控制阀门及水泵,控制相对复杂,且需要专人管理,造价及运行费用偏高。

连续式衰变池是利用水力学中的推流原理,将放射性废液的储存及衰变过程结合在一个池中连续进行。整个衰变池被分隔为一条曲折的水流通道,进入池中的废液沿通道顺序流过,废液流出出口即刻达到国家规定的排放标准。与间歇式衰变池相比,连续式衰变池具有容积小、占地面积小、操作管理方便、造价及运行费用较低等特点,但在发生突发事件时的超负荷运行中,出水水质不稳定。

以同济质子大楼项目为例,考虑到项目中肿瘤科及核医学科合设在质子治疗中心,放射性废液水量较大,且碘-131 半衰期较长,暂存时间大于 180 天,因此采用间歇式衰变池。

本项目共设置 3 组衰变池,均为 2 个 1 组的槽式衰变池,衰变池前端均设置前处理池(一用一备,功能为沉淀固化物,进行厌氧发酵,使大分子有机物水解成为酸、醇等小分子有机物,改善后续的污水处理),衰变池后端设置防溢流池 1 个,防止溢流。

放射性废液从核医学工作场所首先进入各前处理池,前处理池切割潜污泵将废液搅碎并提升至 1# 池体,此时,其余池体进水口和出水口全部处于关闭状态;当 1# 池体液面达到设定液位时,进水阀关闭,2-2# 池体的进水阀门开启,废液进入 2-2# 池体;当 2-2# 池体液面达到设定液位时,进水阀关闭。在此过程中,1# 池体的衰变周期到了,抽样检查合格后开启电动阀及其水泵,放射性废液排至院内污水处理系统。如此循环,确保了每次排放的池体内的废液都储存、衰变了足够长的时间。

(四)衰变池容积计算

衰变池容积以满足最长半衰期核素 10 倍储存时间为原则计算。当所含核素半衰期小于 24 h 的放射性废液暂存时间超过 30 天后可直接解控排放,所含核素半衰期大于 24 h 的放射性废液暂存时间超过 10 倍最长半衰期,其中含碘-131 的放射性废液暂存时间需超过 180 天时,监测结果经审管部门认可后才可进行排放。因此,衰变池容积为容纳的暂存期内所有用水量的总和。

现以同济质子大楼项目为例,根据工程分析,回旋加速器机房清洗靶废水产生量约为 0.1 米³/天、0.6 米³/周、31 米³/年,事故循环冷却水产生量约为 0.1 米³/天、0.1 米³/周、0.1 米³/年,则放射性废液总产生量约为 0.2 米³/天、0.7 米³/周、31.1 米³/年;热室工作场所放射性废液产生量约为 0.1 米³/天、0.6 米³/周、31 米³/年;负一层和一层 PET 核医学工作场所患者废液产生量约为 0.32 米³/天、1.92 米³/周、99.2 米³/年,辐射工作人员废液产生量约为 0.04 米³/天、

0.24 米³/周、12.4 米³/年,工作场所清洁废水产生量约为 0.11 米³/天、0.66 米³/周、34.1 米³/年,则放射性废液总产生量约为 0.47 米³/天、2.82 米³/周、145.7 米³/年。

因此,负一层和二层核医学工作场所放射性废液产生量约为 0.77 米³/天、4.12 米³/周、207.9 米³/年。负一层和二层核医学科半衰期最长的核素为碘-124,半衰期为 4.18 天,则放射性废液需暂存 10 个半衰期,即 41.8 天(约为 7 周)才可直接解控排放。当废水在 1-1♯处理池暂存时,剩下的 1♯前处理池和 1-2♯处理池可接纳的废水量为 9.639 m³＋30.905 m³＝40.544 m³,集满所需时间按周计为 9.8 周(＞7 周),因此 1♯衰变池容积可以满足使用储存时间要求。

(五)衰变池辐射防护设计

衰变池的池体顶板外部墙壁和内部隔断均需满足辐射防护当量折算需求,且厚度不应低于 250 mm,同时可充分考虑顶板覆土厚度,利用外部覆土作为射线屏蔽层。衰变池各池体结构应保证坚固、焊接牢固、耐酸碱腐蚀、无渗透性、内壁光滑、内设拉撑,保证池体不因水压造成泄漏。衰变池排水管道外围需包裹硫酸钡或 6 mm 厚铅板。管道材质为 304 不锈钢外包硫酸钡或铅板,耐压耐腐蚀。此外,为防止衰变池池底污泥硬化淤积,应定期对各池体进行清理掏污。

为确保放射性废液收集的便利性和长期运行的安全性,放射性废液收集管道走向、阀门和管道的连接设计成尽可能少的死区,污水管道尽可能短,且有标记以便于维修及监测,避免放射性废液集聚。

三、集成化质子治疗系统污物处理系统施工

(一)衰变池施工要点

目前主流的屏蔽防护材料大致可分为四类:实心墙体、铅板、硫酸钡水泥砂浆、新型复合材料。主要管控要点如下。

1. 实心墙体

实心墙体包括实心混凝土墙体和实心砖墙,在空间允许的情况下,采用实心墙体作为防护材料是一种性价比较高的做法。实心墙体可同时起到围护结构和防护材料的作用,造价较低,机械稳定性好,对环境也友好。其相应缺点如下:①比较占用空间,在 120 kV 的电压条件下,普通的实心黏土砖需要 240 mm 厚度才能等效 2 mm 铅当量;②施工要求较高,砖墙砌筑时填缝的水泥砂浆必须饱满密实,否则易造成射线泄漏。如果采用现浇钢筋混凝土墙体,除浇筑时要密切注意防止混凝土开裂外,后期改造难度也很大。

2. 铅板

铅板防护是目前采用较多的一种防护材料。铅板的优点是性能稳定、厚度薄、加工容易、施工简便。但其缺点也较为明显。一是造价较高,目前市场上 1 mm 厚铅板的单价在 300 元/米³以上,加上龙骨及人工成本,则价格更高。二是铅板对于环境有一定污染,铅金属本身有一定毒性,安装在墙体内的铅板会有微量挥发到空气中,造成空气中铅含量增加,危害人体健康。出于这点考虑,目前部分地区环评过程中也逐渐摒弃铅板这种防护材料。三是铅金属的性质较软,加上本身厚度薄、自重大,长期使用会有缓慢变形的情况,影响防护的稳定性,目前已有针对这一情况进行改善的措施,如将铅板与木基层板压合在一起形成铅木复合板。

3. 硫酸钡水泥砂浆

硫酸钡水泥砂浆是将硫酸钡粉、水泥、水按照 100∶25∶1 的比例进行混合而成的一种涂料性质的防护材料。其造价便宜、环保,等效厚度较铅板厚而低于实心墙体。一般厚 10～15 mm 的硫酸钡水泥砂浆可以等效为 1 mm 铅当量。

4. 新型复合材料

新型复合材料为现在市面上的一系列新型防护材料的统称。其主要的原理是将硫酸钡等高密度材料通过一些技术手段压制成成品板材。部分材料将防护层与装饰层复合在一起,简化了施工流程。

5. 防护门

防护门为防护达到设计要求的射线防护专用门,可分为自动防护门及手动防护门。自动防护门运行平稳、无噪声,手动防护门整体结构牢固、可靠,不易变形和锈蚀。

(二)施工方法

1. 实心墙体砌筑

(1)砌筑砂浆强度等级应根据设计要求,实心砖密度不低于 1.65 g/cm³,所使用的砌体材料应有出厂合格证、复验合格证。

(2)采用"三一砌砖法"进行砌筑,砌筑前试摆,合理布置,放出墙中心线及边线,事先绘制好砌块排列图,设置皮数杆,将砌筑材料洒水润湿。墙砌至梁、板下时,待砌体沉实约 5 天后,在砌体与上部梁、板之间用砖斜砌填实。

(3)在砌筑时正确留出墙体上的洞口、预埋件,洞口两侧选用规则整齐的砌块砌筑,洞口顶部按要求设置过梁。

(4)水平灰缝铺筑时应均匀平坦,一次铺灰一般以不超过 0.75 m 长为宜,炎热夏天和严寒冬天适当缩短。

(5)在构造柱部位因先砌墙后浇筑构造柱混凝土,墙体按规定要留出马牙槎并加设拉结筋。

（6）质量控制要点有砌筑砂浆的强度等级，砌体表面的平整度、垂直度，灰缝横平竖直，砂浆饱满。

2. 铅板施工

墙面采用粘贴法或干挂法，地面采用粘贴法，顶棚采用安装龙骨骨架＋高密度板承托方式，铅板平铺做法。粘贴法铅板施工是将混凝土楼板清理干净，铲除松动表皮，用角磨机将不平整的部位打磨平整，在混凝土楼板上刷一层结构胶，用刮板刮平。用洗涤剂将铅板上的防锈保护油膜清洗干净，均匀涂上一层结构胶并用刮板刮平。将铅板从一端开始压紧在混凝土楼板上，一边向前推进，一边用木夹板压平按紧，避免空鼓，一张铅板铺完后，用一张模板把铅板压紧，待结构胶凝固后取下模板。铅板与高密度板同时进行平铺施工，铅板平铺在高密度板上方，建议做法为铅板与高密度板进行复合，使之形成一个整体。注意铅板与铅板之间的搭接要符合相应要求。

质量控制要点有接缝处理、孔洞封堵、搭接处理、穿墙孔洞保护。

3. 硫酸钡水泥砂浆施工

（1）墙柱面、楼地防护涂料施工。清理基层，将残存在基层的砂浆粉渣、灰尘、油污等清理干净，并提前浇水润湿。墙壁上满铺钢丝网，固定钉的距离不大于 200 mm。甩毛用稠度适宜的掺入 8％建筑胶的 1∶1 水泥砂浆，用机械或扫把甩毛。每次批荡 2 个铅当量防护涂料，待干透后，经监理验收合格后再批第二次，以此类推直至达到设计值。

（2）夹墙灌注防护材料。夹墙砌筑 800～1000 mm 为一个施工高度段，砌筑完成 24 h 后按照设计厚度灌注防护材料夹层，灌注时要注意观察，避免涨模，灌注时要适当用钢钎插动，避免出现蜂窝孔洞。对于安装在砌筑墙体上的消防箱，应采用铅皮进行包裹。

质量控制要点有硫酸钡砂浆配合比、砂浆厚度以及塑性开裂、空鼓、脱落、渗透质量问题。

第八节　装饰装修设计与施工

一、概述

装修设计是建筑设计的最后一个环节，既能优化建筑整体的感官效果，又能从细节处提升建筑设计的专业性。通过对装饰物进行修饰或对内部空间进行再改造设计，改变其布局、结构和相对位置，以达到更加优化美观、突出主题、表明设计思路的目的。装饰装修设计包括对室内陈设、空间布局的调整设计以及对建筑装修材料的选用和安装,通过选择装修材料的颜色、材质、大小、形状等进行人为的设计和组合,来增加人的视觉美观效果,并适应不同建筑需求的装修风格,改变建筑给人视觉、心理上的直观感受。因此,对于医院这种特殊建筑,除了建筑功能布局的设计之外,室内装饰装修设计也同样重要。本节将从多个方面对集成化质子治疗系统的装饰装修设计需要注意的问题进行阐述。

二、集成化质子治疗系统装饰装修设计

在疾病诊治的过程中,不同环境会给予患者不同的心理感受,因此在空间环境设计过程中,不仅要考虑常规医疗服务需求,同时也要关注环境对患者的心理影响,保证患者良好的生理健康和积极的心理健康,在这样的趋势下,室内设计也应受到重视。室内空间设计能够通过空间环境的具体特征来舒缓患者或家属的不良情绪,从而辅助提升整体医疗服务质量,有助于营造平和稳定的医患关系。当前,我国医疗系统在很大程度上受到院感问题的影响,室内设计在一定程度上也要考虑院感防控因素,但除此之外,如何平衡和协调设计与院感之间的关系,在未来的医疗建筑设计中不容忽视。

1. 空间布局的安全舒适性

医院是用于治疗患者的场所,因此对于患者这类敏感的人群而言,打造一个安全舒适且能让人感到放松的环境,是医疗建筑设计最基本的要求。从设计角度,要注意保证候诊空间的充足,避免人流量较大时人员密集度过高,可以适当增加吊顶高度,更大的空间有利于缓解患者焦虑紧张的心情。尽量保证大厅及等候区的自然采光条件,局部增加开敞的交往空间,消解人们对医疗建筑冰冷刻板的印象。同时,可以通过装修艺术的设计,为医疗建筑营造一种温馨舒适的氛围,例如:墙面及地面尽量使用暖色调,给人以温馨舒适之感,并在该区域设置一些带靠背的软质材料休息椅,在休息椅附近配以相应的路线指引图,最大限度地体现人文关怀。同时可以采用方便挪移的座椅,可针对不同的实际需求,调整该区域内的座椅布置,灵活运用不同的公共空间等。通过木质地面、舒适的座椅、宽敞明亮的玻璃窗等,让医院公共空间的氛围生活化,传递轻松温暖的感受,充分提升患者的心理安全感,使患者从环境中获得一定的心理抚慰,消减焦虑情绪,从而获得更加有效的医疗效果。

2. 突出集成化质子治疗的医疗功能,考虑使用人群的特殊性

医院具有特定的功能性,所以医疗建筑的首要特征就是需要服务于这种功能的特定性,也就是医院的医疗特性。通过特定的建筑设计、建筑手法达到符合现代化医院建设的模式。本项目作为集成化质子治疗系统的高端医疗建筑,有别于其他普通医疗建筑,其针对的使用人群主要是特定的肿瘤患者,因此在装饰设计中更要突显其舒适性、先进性、便捷性和专属性,一切

以患者的需求为设计前提,更加重视医患双方使用环境的高质量性和私密性,不仅为患者也为其家属和朋友提供合适的等候环境。通过装饰装修的设计,减轻患者在等候时紧张的感觉,取而代之的是舒适感和专属感;室内充满阳光和绿植,家具的材质选择柔性布艺或藤制,并通过鲜花和艺术品的装饰营造出安心、安静的环境,最大限度地缓解患者焦虑和烦躁的心情。对于不同的医疗建筑,我们都应该考虑其不同的特质,从而在建筑艺术或室内装修的过程中,予以突出表达。

3. 室内空间的细微设计

不同于一般性建筑,质子治疗系统医疗建筑的合理空间功能划分不仅能提高就诊效率,对于肿瘤患者的个人安全也有一定的保障。通过对不同功能的出入口的规划设计,并设置明显的指向性提示,或者通过颜色及装饰物的划分,将各个区域明确区分开来,既保证了不同使用人群的私密性,又能提升整个医疗建筑的利用率和工作效率。

除了注重患者的生理感受外,还需要注重患者的心理感受,他们即使身患疾病,也应该像健康人一样体面且有尊严地进行检查与治疗,在设计中需要充分保护他们的私密感。例如:设置不同级别的等候区,设置独立的更衣室,每个诊室设置检查围帘,并且为了满足日常防疫需求,诊室应有充分的空间;等候沙发的摆放避免正对着质子治疗室的入口;将大等候区分割成小等候隔间;通过视线阻隔将不同类的等候人群分隔开等,在一定程度上可满足患者的安全感、归属感和私密感。

4. 节能环保

医疗建筑作为长期投入使用的实用性建筑群体之一,其生态性的设计需要被重视。集成化质子治疗系统作为高端医疗的代表,其设计应更具先进性和可持续发展性,充分贯彻节约能源、生态保护的设计思想。一方面从装修选材方面予以重视,重点选用绿色、节能的环保材料,达到"硬件"节能;另一方面从空间设计入手,规划设计洁污流线,在提高资源利用率的同时避免医疗废物对于生态环境的污染,以此达到减少投资和运营费用的目的。

三、集成化质子治疗系统装饰装修施工

(一)装饰工程概况

1. 室内装饰工程简述

同济质子大楼室内精装修工程包含室内地下室至屋面所有的地面、顶面、墙面面层装饰施工内容。涉及的装修分项包含墙面工程(铝板、软包、玻化砖、涂料、硅酸盐冲孔吸音板、玻纤壁布、石材、PVC墙胶、玻纤树脂板、硬包等)、顶面工程(铝单板、铝扣板、硅晶板、涂料、硅酸盐板、石膏板等）、地坪工程（地砖、石材、地板、PVC 地胶、金刚砂固化剂、耐候性无溶剂环氧树脂防滑坡道、卫生间台面、隔断、小五金等）。质子机房、2 米 PET 机房室内装饰装修示例分别如图 4-8-1、图 4-8-2 所示。

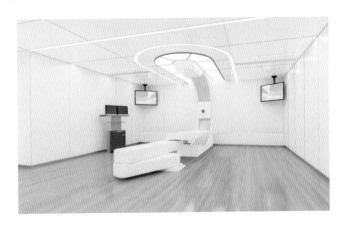

图 4-8-1　质子机房

图 4-8-2　2 米 PET 机房

2. 室内装饰工程的难点及应对措施

（1）楼层高度大，管道密集，吊顶施工难度大。

由于同济质子大楼项目的管道情况复杂多样、种类繁多，装饰吊顶的高度为 2.4 m 左右，较多区域吊顶与楼板间距大于 1.5 m，按照施工规范的要求，需要设置反支撑，防止吊顶向上变形。

考虑到吊顶内的复杂情况及施工规范要求，在与设计师、业主讨论后决定在吊顶内设置检修转换层，并在转换层上设置马道，连通至附近的设备（图 4-8-3）。吊顶内安装的大部分管道及设备安装在转换层上方，便于后期维修保养。

解决了吊顶反支撑问题后，为了能更合理地布置装饰轻钢龙骨基层，与各专业管道统一协调。在机电、通风、给排水等专业的综合管线已布置的 BIM 建筑三维空间模型的基础上，结合

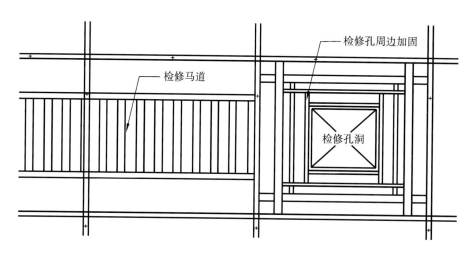

图 4-8-3　检修转换层平面示意图

过往施工经验及规范要求,对装饰吊顶的吊筋、主副龙骨等隐蔽内容做合理布置,以满足水、电、风等专业管道设备的布置和现场施工的需要。遇到无法排布的区域,与机电安装部协调解决。通过将平面图纸(二维图纸)转换成三维模型的方式,找出平时容易忽视的地方,在装饰施工的策划和准备阶段先行查找并解决这些问题,达到避免返工、缩短工期、提高工效的目的。

(2)建筑内部空间布局复杂、多专业同步施工,交叉作业多。

在进入装饰阶段后,由于项目的特殊性,同步施工的单位较多,有大量工作存在交叉作业的情况。为了确保工程的整体质量和安全,做如下安排。

在正式进入装饰阶段前,召集所有本工程的施工单位(不仅限于强电、弱电、暖通、消防、电梯)召开全专业协调会,明确各单位各自的施工界面,防止因施工界面不清引起的窝工、返工现象。

在施工过程中,每周定期召开工程协调会,对施工现场遇到的问题在会议上进行统一的协调解决。根据不同阶段各专业单位施工进度,统筹安排各楼层场地使用平面布置。对每个进场施工单位的材料机械仓库、临时配电箱、材料堆放点等按统一的原则设置,并统一绘制临时设施图,统筹动态安排管理场地的使用。

合理规划各单位材料进场时间。对于占用施工平面多的材料,根据施工现场的进度情况、需求量制订运送进场时段、路线,保障供应及时有效。在施工使用前的2～4天安排材料。

(3)建筑房间数量、类型众多,装饰效果不一。

本工程有医疗建筑的典型特点,各楼层的房间数量较多,根据设计图纸,对建筑内所有的房间进行梳理,根据房间使用功能、装饰饰面找出其中的规律,并根据规律开始归类整理。将归类后形成的文件向施工班组进行交底,明确做法。制作房间用料表,张贴到每个房间、区域内,表中明确墙、顶、地六面体的终饰饰面、地面完成面高度、吊顶完成面高度等信息,使得每个进入该区域的人员能立刻知道饰面做法。

(二)装饰工程施工管理

1.室内装饰工程四化管理措施

以建造优质工程为目标,在重视结果的同时要强调过程控制,在过程中做到图纸标准、材料成品、现场整洁和管理可视,确保现场施工有序。

(1)施工图纸标准化。

根据设计图纸,结合施工现场实际情况,对设计图纸进行优化、深化工作,主要包括洁具定位、墙地砖排版、机电末端点位的综合排布及通用节点图等。

设立测量小组,其人员组成:技术员1名、施工员1名、资料员1名。小组中每位成员在测量的过程中全程参与。

测量时要求标准统一,采用红外测距仪测量时需保证手平稳,每个房间根据实测实量要求,长、宽都必须记录两组尺寸数据。

由于房间较多,为避免混乱,每个楼层的不同区域分别张贴楼层号及区域名称。粉刷尺寸、铺贴尺寸确定后制成表格,尺寸类型统一编号,表格中明确每个楼层中每个区域相对应的尺寸编号。

复核土建施工的结构完成面尺寸,绘制原始尺寸图。

结合原始尺寸图及室内装饰材料表,确定各区域(房间)的标准尺寸(即粉刷尺寸)。

机电末端点位定位图:对比装饰施工图与水、电、风等专业图纸,标出插座、开关、灯具等所有需增加或改动的项目,并根据装饰效果的需要进行局部调整。定位图设计确认后,张贴于施工区域墙面,便于现场施工。

墙地砖排版图:根据材料的板块及现场测量的尺寸,绘制排版图,根据设计蓝图,充分考虑美观和损耗率后进行绘制。图中明确开关、插座、地漏等设备的位置,避免在砖缝处安装。排版图中所有需切割加工的砖按照墙地面方位进行编号。

(2)材料加工工厂化。

目前装饰装修行业的发展趋势是传统的手工操作工艺将逐步被淘汰,取而代之的将是"工厂化生产施工"。装饰工程工厂化生产施工是指工厂化生产、现场装配施工,包括图纸深化、现场放样、下单加工、材料运输、进场质检、现场装配及成品验收等一系列过程。

材料加工工厂化的优势有绿色环保、提高质量、节约工期、减少损耗、节约成本。

(3)施工现场整洁化。

对建筑材料和装修材料进行检验,发现不符合设计要求及《民用建筑工程室内环境污染控制规范》(GB 50325—2020)的有关规定时,严禁使用。

施工现场做到活完料清场地清,防止产生污物及粉尘。施工现场的垃圾做到每天定时清理。对于各施工作业层产生的固体废弃物,在各层设垃圾点,由专人收集处理,严禁凌空抛撒。

已施工完毕的房间区域锁闭,严禁闲杂人员进入。需进入该区域施工的人员向项目部办理相关手续后,方可进入施工。

2. 室内装饰工程质量管理

(1)顶棚及墙面整面施工的质量控制。

主控项目:所用材料品种、型号、颜色、性能等应符合设计要求。所选用乳胶漆中有害物质含量必须满足《民用建筑工程室内环境污染控制规范》(GB 50325—2020)的规定;涂饰工程的颜色、光泽和图案应符合设计要求;涂饰工程应涂饰均匀,粘结牢固,无漏涂、透底、脱皮、返锈和斑迹。

(2)墙砖、地砖镶贴的质量保证措施。

主控项目:观察检查,产品检验合格证及现场材料验收记录、粘贴用料、嵌缝胶要符合设计图纸要求;瓷砖之间的缝隙均匀一致、填嵌密实、平直、颜色一致。特殊部位砖块压向正确,非整砖使用部位适当,排列平直。纵横成行在同一直线上,当墙角阳角为45°角对接时,角度正确,线条顺直。

(3)面板墙面及吊顶质量保证措施。

主控项目:方钢骨架和面板的材质、品种、式样、规格应符合设计要求;方钢骨架安装、龙骨必须位置正确,连接牢固,无松动;面板连接件的数量、规格、位置、连接方法和防腐处理必须符合设计要求,面板安装必须牢固。

3. 室内装饰工程成品保护管理

(1)成品保护的原则。

成品的观感质量是建筑工程好坏最直接的指标,作为项目施工收尾阶段的装饰工程,必须做好成品保护,做到一次成活,减少返工。成品保护有以下5点原则。

①加强对全体施工人员的已安装设备、成品保护教育。

②科学合理安排施工作业顺序,注意做好有利于成品、半成品保护的交叉作业安排。

③已完工或正在施工的项目由施工单位采取防护和隔离措施进行妥善保护。

④有工序交接的施工项目,按工序交接单的要求由下道工序施工单位采取措施进行妥善保护。

⑤如果施工必须破坏成品,必须经成品所属施工单位、成品破坏责任单位、项目部和现场施工监理审核批准后再实施。成品的恢复由破坏单位委托施工单位进行,并需经项目部和施工监理检验合格。

（2）成品保护的主要形式。

建筑工程成品保护的好坏，直接影响单位工程的观感质量评定。如果施工中没有采取妥善的措施加以保护，就可能造成破坏，增加维修费用。此外，后期很难修复到原样，能看到修复后的痕迹，这势必降低工程观感质量的评分，甚至影响整个单位工程的质量等级。总结以往经验，工程成品保护主要分为以下四种形式。

护：就是对成品进行防护。

包：就是对成品进行包裹，以防止污染或损伤。

盖：就是对成品进行表面覆盖，以防止污染或损伤。

封：就是进行局部封闭，防止损伤或污染。

（3）成品保护的具体措施。

成品保护工作是直接影响工程质量、进度、成本的重要因素，贯穿整个施工工程的始末。因此，成品保护也应根据施工计划的不同采取不同的措施。

制订季度、月度计划时，要根据总控计划进行科学合理的编制，防止工序倒置和不合理赶工期的交叉施工以及采取不当的防护措施而造成互相损坏、反复污染等现象的发生。

各专业交叉施工时，相互配合，相互保护，不得踩踏已安装好的产品。

现场设置的施工设备用木板或其他材料垫离地面，防止油污污染装饰成品地面。

进行电、气焊作业时，采取有效的隔离措施，设置接火盆，防止损坏已完成的墙地面。

上道工序与下道工序（主要指装修与安装，不同单位间的工序交接）要办理交接、会签手续。交接工作在各单位之间进行，各责任人将交接情况记录在施工日记中。

分包单位在进行本道工序施工时，如需要碰动其他专业的成品，不得擅自拆除，必须以书面形式上报。经与其他专业分包协调后，其他专业派人协助分包单位施工，待施工完成后，由相关专业的人员恢复其成品。

第九节 集成化质子治疗系统弱电智能化设计与施工

一、概述

质子治疗系统弱电智能化系统主要包括信息化应用系统、信息设施系统、建筑设备管理系统、公共安全系统、物联网应用系统等。

信息化应用系统的配置应满足医疗建筑物运行和管理的信息化需要,应提供建筑业务运营的支撑和保障。信息化应用系统在提高医疗服务效率、减轻医生压力、提高患者就医体验、促进医疗行业信息化、实现医院数字化转型等方面发挥着重要作用,是医疗行业信息化进程中不可或缺的一部分。

信息设施系统应为医院智能化系统工程提供信息资源整合,并由具有综合服务功能的基础支撑设施。由计算机、网络、通信等技术构成用于信息处理、传输和存储的设施和系统,包括布线系统、数据中心等。这些设施和系统构成了信息化应用系统的基础,为医院提供信息化服务。信息设施系统的构建需要考虑多方面因素,包括设施和系统的安全性、可靠性、容灾性、扩展性等。同时,还需要制定相应的管理和维护制度,确保设施和系统的正常运行和管理。信息设施系统可以为医院提供高效、安全、可靠的信息化服务,提高医疗服务的质量和效率,促进医院的数字化转型。

建筑设备管理系统是一种用于管理建筑设备(如暖通空调、给排水、电气等)的综合性信息系统。其可以帮助业主更好地控制和管理建筑设备,从而提高建筑物的质量、安全性和可持续性。主要作用包括:该系统对医院的机电设备(包括空调新风系统、送排风系统和给排水系统)进行监测、控制和管理,并通过通信接口实现对冷热源系统、变配电系统等的管理,从而达到设备管理、环境温湿度的舒适性控制以及节能管理等目的。该系统采用集散型控制,实现集中监控管理和分散控制。

公共安全系统在维护公共安全、预防和应对紧急事件方面发挥着至关重要的作用,可以保障公共安全、提高应急处置能力、减少风险和损失、提高公众安全意识、促进医院应急管理,是医院数字化不可或缺的基础设施之一。该系统包括多个子系统,主要有视频安防监控系统、入侵报警及紧急报警系统、出入口控制系统、电子巡更系统等。

物联网应用系统将物联网技术应用于医院管理和服务中,实现各种设备、物品、人员之间的连接和交互,从而提高医院管理和服务的智能化、高效化、便捷化程度。该系统通常包括感知层、网络层、应用层和数据层,其中感知层负责收集各种数据信息;网络层负责将感知层的数据信息传输到中间层进行处理和分析;应用层负责对数据信息进行分析、处理和决策,并执行相应的操作;数据层负责存储和管理各种数据信息。

二、集成化质子治疗系统弱电智能化设计

1. 信息化应用系统

信息化应用系统可提供快捷、有效的业务信息运行服务,具有完善的业务支持辅助功能。信息化应用系统一般包括排队叫号系统、医护对讲系统等。

2. 信息设施系统

信息设施系统为建筑物的使用者及管理者创造了良好的信息应用环境，根据需要对建筑物内外的各类信息予以接收、交换、传输、存储、检索和显示等综合处理，并提供信息化应用功能所需的各种类信息设备系统组合的设施条件。

信息设施系统包括信息接入系统、综合布线系统、无线网络（WiFi）覆盖系统、用户电话交换系统、信息网络系统、有线电视系统等。

3. 建筑设备管理系统

建筑设备管理系统包括建筑设备监控系统（BAS）、建筑能效监管系统、电梯五方对讲系统。

4. 公共安全系统

公共安全系统由火灾自动报警系统、视频安防监控系统、出入口控制系统、电子巡更系统等组成。

（1）火灾自动报警系统。

火灾自动报警系统采用集中报警系统形式，由火灾探测器、手动火灾报警按钮、火灾声光警报器、消防应急广播、消防专用电话、消防控制室图形显示装置、火灾报警控制器、消防联动控制器组成。火灾报警控制器所连接的火灾探测器、手动火灾报警按钮和模块等设备总数和地址总数均不应超过 3200 点，其中每一总线回路连接设备的总数不超过 200 点，且已留有不少于额定容量 10% 的余量。消防联动控制器地址总数或火灾报警控制器（联动型）所控制的各类模块不超过 1600 点，每一联动总线回路连接设备的总数不能超过 100 点，且应留有不少于额定容量 10% 的余量。系统总线上设置总线短路隔离器，每个总线短路隔离器保护的火灾探测器、手动火灾报警按钮和模块等消防设备的总数不超过 32 点；总线穿越防火分区时，在穿越处设置总线短路隔离器。

火灾自动报警系统的报警总线应选择燃烧性能 B1 级及以上的电线、电缆。消防联动总线及联动控制线应选择耐火铜芯电线、电缆。电线、电缆的燃烧性能应符合《电缆及光缆燃烧性能分级》（GB 31247—2014）的规定。

所有报警主机通信采用环形连接，通过 CAN 总线与一期消控主机组成环网联网，质子大楼报警信息能在一期消防主控制室内显示，以实现报警信息互通。

消防控制室内设置的消防设备包括火灾报警控制器、消防联动控制器、消防控制室图形显示装置、消防专用电话总机、消防应急广播控制装置、智能消防应急照明和疏散指示系统控制装置、防火门监控器、消防电源监控器、电气火灾监控器、可燃气体探测监控器、智能余压监控器、远程水位显示装置等设备或具有相应功能的组合设备。

消防控制室可接收感烟、感温、可燃气体等探测器的火灾报警信号及水流指示器、检修阀、压力报警阀、手动报警按钮、消火栓按钮的动作信号；消防控制室还可显示消防水池、消防水箱水位和消防水泵的电源及运行状况。消防控制室可联动控制所有与消防有关的设备。

在设置气体灭火系统的场所设置感烟、感温探测器组合。

（2）视频安防监控系统。

视频安防监控系统采用网络数字视频监控产品构建，以实现对医院各区域实施不间断视频监控。该系统建成后能够满足监控、远程控制、录像存储等要求，能满足30天影像存储容量需求。监控信号并入一期已打造的安防系统整合平台，与门禁、报警系统应急联动，本项目不另建监控中心。

视频安防监控系统作为综合安防系统的重要子系统之一，在医院的主要出入口和电梯间、主要走廊、楼梯转角、公共区域及周界等处设立视频监控点，将监控图像实时传输到监控中心和其他相关部门，并对图像进行实时存储，通过对监控录像的实时浏览、回放等方式，使相关职能部门直观地了解和掌握监控信息。

一期安防监控中心应设置为禁区，各出入口均设置门禁控制装置以保证自身安全，内部配置有线电话及无线对讲装置，并设置紧急报警装置和留有向上一级接处警中心报警的通信接口。

除了基本功能之外，该系统还能实现智能化报警（绊线、入侵警戒区、人体徘徊、人体滞留、物品遗留、物品移除、烟雾）、人数清点等功能，可与其他系统集成和联动，如与报警系统、门禁系统、巡更系统的联动。

按照管理要求，公共区域的监控点位集中接入一期保卫科进行监控；地下室回旋区监控摄像头内容不接入保卫科，在回旋区操作间单独设置监控屏幕和存储装置；病房、医务区域和患者治疗区域的摄像头内容不接入保卫科，在病房层护士站、准备室等处单独设置监控屏幕和存储装置。

本项目室内注射后休息室、候诊区、走道、病房、护士站、操作间、储源室、治疗层、设备层、加速器室等处采用1080P摄像机，并在护士站等服务场所增加拾音器，各区域给药过程需全程监控，各MR、CT、PET/CT、PET/MR、直线加速器等的机房均需监控覆盖。所有摄像机均带红外摄像功能。各场所具体选型如下。

①在室外及周界场所选用带红外的低照度网络球形摄像机。

②在室内低照度场所选用带红外的低照度半球形网络摄像机。

③大厅出入口选用支持宽动态的高清网络球形摄像机。

（3）出入口控制系统。

网络门禁管理系统由读卡器、网络门禁控制器、电锁、门磁、出门按钮、门禁管理主机、打印机和门禁管理软件等组成。

出入口控制（门禁）系统主机设置于一期机房内，智能卡由一期统一发放，三院区原门禁一卡通系统无缝对接，使用同一数据库。

本项目出入口控制系统组网后，数据纳入院区已建成的数据集成平台进行管理，该平台用于处理各个信息系统之间的信息交互及数据流整合，亦是门禁管理系统与其他系统交互的支撑平台。本项目新增的门禁系统需要和人事系统进行对接，具体权限分配应该由用户管理系统进行统一授权。

智能卡要在同济医院全院范围内实现一卡通的各种身份识别和电子支付功能，包括门禁管理、考勤管理、停车场管理、医疗保健收费管理、餐厅消费管理、上网查询、学分和图书借阅管理等。智能卡需要兼容 RFID、条码、磁条及 IC 卡的功能；管理模式可根据各分部门的具体需求分为直接刷卡、刷卡加密码或者刷卡加指纹几种。持卡对象为本院所有职员（包括医护人员、管理人员、服务人员）、培训人员（包括老师、学生、进修人员）、其他人员（包括职工家属、外协合作人员、访客贵宾）。

门禁管理主机、数据库服务器、各分支机构门禁管理分机、门禁控制器之间均由 TCP/IP 网络连接；系统采用多层架构，具备友好的管理界面及用户操作向导。

对大楼内有重要设备、资料或现金的房间设置门禁，如重要机房、档案室、财务室、重要仪器房间等，此类门禁的作用是保护房间内的设施等，通过软件设置，只有通过授权的人员才能进入该类房间。

在大门处设置门禁，防止未授权的人员进入。

对手术室区域进行分隔规划，将医生通道和患者通道分离，没有相应权限的门禁卡不得随意进入该区域。

对各层标准病房层各个不同病区进行分隔规划，方便医院对病房进行管理；通过病房层门禁的设置，医院可以有效管理患者家属的探病时间，在规定时间以外患者家属不得探视。

医生通道和患者通道交会处需要设置门禁。

各公共楼梯间设置门禁，未授权人员无法利用其上下楼梯，患者需按规划的医梯患者流线上下。

给药室至分装室设置门禁，避免未授权人员进入。

PET 操作间设置门禁，避免未授权人员进入。

储源室存放有校准源，按照双人双锁配置门禁，并配监控摄像头。

更衣室与公共通道之间设置门禁，避免患者误入。

操作间设置门禁，避免受检者进入。

（4）电子巡更系统。

电子巡更系统主机设置于一期一层消防及安防控制室内，由一期统一进行管理。

在医院内设置电子巡更系统对巡逻人员进行控制管理。巡逻人员手持信息采集器(巡更棒)按照由信息钮(巡更点)组成的巡逻路线逐一点击信息钮,回到控制室后将信息采集器插入数据传输及充电器上,信息将自动传入已安装操作软件的控制主机上,并连接打印机记录巡查报表、巡查事件报表等信息资料,对巡逻人员工作进行监督。

另外,电子巡更系统可与门禁系统对接,有门禁读卡器的部位可通过职工一卡通采集到位时刻数据。

5. 物联网应用系统

(1)物联网后勤设备设施智能管理平台。

为了保证质子重离子系统设备(以下简称 PT 设备)的正常运行,确保患者治疗安全,需要对配套的电气、工艺冷却水、暖通空调等系统进行精细化的管理。PT 设备庞大、技术复杂,涉及医学工程、放射物理、生物化学、加速器、电力、空调、敷设防护、计算机及智能控制等,因此对后勤管理工作提出了更高的要求。充分利用科技手段,整合各分散系统和资源,建立集中统一的后勤设备设施智能管理平台。平台的功能是集中采集各类数据,增加分析辅助软件,运用 BIM 技术、物联网技术,实现加速器系统和工艺冷却水系统运行状态的实时显示,集成个人辐射安全联锁系统、环境辐射监测系统、备件备品库管理、能耗管理和供应商管理等各系统功能,使专业工程师能在第一时间了解全院各系统设备运行的状况,及时发现问题,做出预判和提出处置方案,高效、快速、全面地掌握和处理各类故障,减少维修时间、降低运行成本、确保 PT 设备和相关配套设备的正常运行。

以医院资产全生命周期管理为目标,采用大数据联网分析、物联网技术实时管理、智能技术等,对资产设备及各项系统进行全方位智能化监控和管理。物联网技术可通过信息传感设备将任意物体连接到医院的平台网络中,通过网络可以实时更新和交互物体的相关信息,定位和追踪物体的使用过程和场景。平台应用物联网技术对资产设备运行过程、运行环境、运营结果进行实时全维度监测,将原始数据标准化,而后进行深度分析和智能化分析,为医院的运营决策提供依据。

(2)辐射防护信息平台。

辐射防护信息平台的设计基于医用质子重离子加速器结构复杂、辐射防护要求较高的特点,以网络为基础,计算机系统为终端,TCP/IP 为通信协议,采用 C/S 模式,通过浏览器访问,实现用户统一登录的方式,通过权限控制各模块的操作限制。将该平台整合进医院办公自动化(office automation,OA)系统,可以在各个计算机端口根据权限范围进行登录查询。该平台包括常规的六大模块,即制度与法规模块、个人档案模块、人员管理模块、主值班工作记录模块、夜班值班记录模块及辐射安全信息模块。各个模块相互依存、相互联系,共同构成质子辐射防护体系。

（3）医疗设备和资产定位。

医院资产分为移动资产（如 CT 仪、MRI 仪、生化分析仪、DSA 机、加速器、呼吸机，以及消毒灭菌等各类诊断、治疗及辅助医疗设备）、固定资产（各科室、网络中心的计算机及网络设备）、基础设施（楼宇及水、电、气、消防等设施）三大类。传统的资产管理方式经常导致固定资产管理混乱，资产管理部门之间信息沟通不畅，花费了大量时间、人力。

配属资产管理系统根据用户关于固定资产管理的要求，配用射频识别技术（RFID）来标示固定资产。通过 RFID 可对固定资产进行全程跟踪，识别方便，可远距离识读；读取快速，可迅速在手持机里显示。

系统可对医疗废弃物进行管理，实现室内外实时定位，记录其移动轨迹、停留时间，出现异常立即预警，杜绝医疗废弃物外流；可对手术仪器、手术用品使用情况进行精确统计，帮助医院实现对人的智慧化医疗和对物的智慧化管理。

（4）病患监护系统。

核医学是一门利用核技术及其标记物进行临床诊治及生物学研究的学科。核医学在药学领域常用来研究药物的作用原理、分析药物的成分以及测定药物的活性等，在医疗领域则被普遍应用于诊断、治疗以及医学研究。在为患者进行核医学治疗时，医护人员需通过一定途径将放射性核素及标记物注入患者体内。在此过程中，患者或者相关的医护人员很有可能会受到辐射的威胁，注射放射性核素后的患者应避免随意活动，应待在专门的候检室单独等候一段时间，以免患者之间相互照射。医护人员需要看护好患者，保护他们的安全。对注射后的患者进行定位管理是一个很好的方法，能够更好地保证患者和医护人员自身的安全，为康复治疗提供有利条件。

质子大楼病患监护系统以定位系统提供的位置信息为基础，以物联网摄像机及融通单元布设覆盖全院的物联网覆盖为信息传输载体，实现患者腕带报警信息回传、定位器和定位引擎的信息交互。

（5）病患体征监护系统。

医护人员需对治疗或检查后的患者进行看护，其工作量很大，也存在一定的辐射危险。如医护人员需于早晨询问患者的身体状况与睡眠状况，但患者可能并不能准确地描述出自己的身体状况和睡眠状况，而这些数据对患者本身的治疗是十分重要的。

利用智能化的技术手段可以减轻患者监护管理过程中巨大的工作量，解决传统管理上存在的难题，将医护人员从传统的"人盯人"的落后管理模式中解放出来。这不仅极大地减轻了医护人员的工作压力，而且显著地提高了医院整体工作效率和医疗服务水平。

病患体征监护系统主要由体征感应器、多模无线收发器、轮架、体征看护工作站客户端、体征看护工作站、患者看护 APP 和报警管理系统等部分组成，主要利用体征感应器和多模无线收发器,采用微振动与压力传感技术,实现对医院患者体征监护及紧急事件预警接警的全面管理。

(6)移动心电采集系统。

医护人员可携带具有无线通信功能的心电图机在病床边为患者采集心电图。临床科室配备移动心电采集仪,随时完成患者心电图信息采集,数据通过无线网络传到服务器上,心电图医生在心电诊断中心根据采集的数据进行分析诊断、发出报告,查房医生可即刻看到集波形与文字信息于一体的患者心电诊断报告,及时做出临床诊断。

(7)移动心电遥测系统。

心电遥测在无线网络普及之前就已大量应用于医疗临床,对患者的心脏功能进行 24 h 的观测,并将数据实时传输到护士站的监控台,方便医护人员连续实时观测,及时掌握患者的情况。为了方便患者在病区内移动,又能够不间断地接收患者身上上传的数据,通常会在医院病区内铺设一套支持单一频段(608～614 MHz、1395～1400 MHz 或 1427～1432 MHz)的室内信号分布系统,保证患者在移动过程中无线数据的传输零漫游、零丢包。

三、集成化质子治疗系统弱电智能化施工

信息网络系统是基于综合布线系统已敷设的线缆链路的支撑医院 HIS、CIS、PACS、OA系统等数据传输的主要硬件环境,是实现医院综合信息系统的基础。

有线电视系统覆盖了医院的医、教、研等各个方面。多媒体电视信号经布线传输向下传送至各个病房、值班室、休息室、候诊区、会议室、示教室等,为院内提供医疗信息,国际国内的法律、经济、金融信息、新闻快讯等节目。

医护对讲系统作为医院病房的必备设备,在方便患者和医护人员进行及时联系以及提高医疗服务质量方面发挥着极其重要的作用。新一代的医护对讲系统不仅保留了传统产品的优点,而且创造性地提供了呼叫转移、护士定位、床头灯控、语音提醒、信息发布等功能,可大大提高护理工作的自动化、数字化和人性化水平,实现医院护理信息管理系统向病房的延伸,成为医院数字化建设中不可缺少的重要组成部分。

视频监控系统是安全技术防范体系中的一个重要组成部分,是一种先进的、防范能力极强的综合系统,它可以通过摄像机及其辅助设备(镜头、云台等)直接观看被监视场所的一切情况,主要分布在医院的主要人行通道及出入口、重要的机房及办公区等位置。

出入口控制(门禁)系统是将智能卡技术、计算机控制技术与电子门锁有机结合,利用CPU 卡替代工作证实现对员工的身份验证,配合计算机实现智能化门禁控制和管理的系统,有利于完善内部人力资源管理、提高重要部门和地点的安全防范能力等。管理工作站装有门

禁系统的管理软件,它管理着系统中所有的控制器,接收其发来的信息,还可以定制接口的开发。

楼宇自控系统(BAS)是由中央计算机及各种控制子系统组成的综合性系统,它采用传感技术、计算机和现代通信技术对采暖、通风、电梯、空调监控,给排水监控,配变电与自备电源监控,火灾自动报警与消防联动,安全保卫等系统实行全自动的综合管理。各子系统之间可以信息互联,为大楼的拥有者、管理者及客户提供最有效的信息服务和一个高效、舒适、便利和安全的环境。BAS 一般采用分散控制、集中监控与管理,其关键是传感技术与接口控制技术以及管理信息系统。

能耗计量与能耗分析系统通过对医疗建筑进行详细的能耗分析,安装分类分项智能能耗计量装置,采用远程传输等手段及时采集能耗数据,实现建筑能耗的在线监测和动态分析,在保证供电可靠性并且不降低患者和医护人员的舒适体验前提下,通过能耗分析和管理,大大减少医疗建筑的能耗。

1. 集成化质子治疗系统弱电施工工序

管线敷设→链路测试→设备安装→工作站软硬件安装→服务器软硬件安装→系统调试→系统试运行。

管线敷设:导管、线槽内穿越墙壁、地板的电缆都有防火隔离物,所有的电缆都不能有接头。要避免电缆受到过度拉引,布放线缆时,线缆不能放成死角或打结,以保证线缆的性能良好;水平线槽中敷设电缆时,电缆应顺直,尽量避免交叉。

链路测试:线路敷设后需对点位逐一进行福禄克测试并做好相应标记。

设备安装:拆箱并清查设备,装设备并上电。报警及监控类设备的安装需根据现场实际情况进行。

工作站软硬件安装及服务器软硬件安装:交换机和服务器可以根据设计要求安装在标准19 寸机柜中或独立放置,设备应水平放置,螺钉安装应紧固,并应预留足够大的维护空间。插入交换机的电缆线要固定在托架或墙上,防止意外脱落。机柜或交换机应符合接地要求。

系统调试:安全防范系统中视频监控系统接通视频电缆对摄像机进行高度调整,开启控制器电源、监视器电源,若设备指示灯亮,则开启摄像机电源,监视器显示图像。图像不清晰时,可遥控变焦,遥控自动光圈,观察变焦过程中的图像清晰度,对于出现的异常情况应做好记录,各项技术指标都应达到产品说明书中的数值。

由于设备经历了出厂、运输以及现场存放环节,因此在安装前做一般项目单机试验是必要的。利用上述方法,可以对所有摄像机、控制器、显示器进行单机试验,试验时做好试验记录,及时编写调试报告。

一卡通系统的调试重点在于控制器的调试和系统软件的运行,这两个部分的调试工作必须同时进行。控制器的功能除了读卡器输入以外,还应根据需要设定好继电器联动输出功能。

2. 集成化质子治疗系统弱电施工要点

(1)管线路清洗测试施工要点:参照图纸对前端的所有点到位情况进行详细检查,看是否有被接掉、割断的现象;检查所有线路的标签是否正确、有无缺失;用专门测试仪表对所有线缆进行断路、短路的测试;用 500 V 的兆欧表测量所有线与线、线与地之间的绝缘电阻,不得低于 20 MΩ。

(2)安装前的设备检验施工要点:施工前应对所安装的设备外观、型号、规格、数量、标志、标签、产品合格证、产地证明、说明书、技术文件资料进行检验,检验设备是否选用厂家原装产品,设备性能是否达到设计要求和国家标准的规定;施工前,设备必须进行 24 h 通电检查,检查设备的稳定性,并做好设备通电检查记录,发现不合格设备及时更换。

(3)设备安装位置的设置施工要点:根据图纸设计要求,正确选定安装位置;施工前对设备安装位置的性质进行统计,如吊装、墙装、顶装安装高度等,做到安装之前心中有数。

(4)设备支架安装施工要点:根据设备的大小,正确选用固定螺丝或膨胀钉;固定螺丝需拧紧,不应产生松动现象;支架安装尺寸应符合设计要求。

(5)接线端接头处理:接头制作平整牢固;接线头必须进行焊锡处理,保证接线端接触良好,不易氧化;做好线标。

(6)质子大楼正式投入使用后,患者入住后会注射放射性核素进行标记,因此在患者流线的通道上要设置单向开门按钮门禁,控制患者流动方向,另一侧设置可视对讲门禁,可由注射间或控制室远程控制,用于在特殊情况下远程控制开启。

(7)质子大楼病房区为辐射区域,护士不能随意进出。因此病房区除卫生间外,要做到监控全覆盖,出入口的门禁须设置为可视对讲门禁,且在护士站设置远程控制,进行全覆盖管理。

第五章

集成化质子治疗系统工程监理管理

第一节　监理工作重难点

监理工作重难点分析和施工现场重大危险源辨识是最基础的监理工作,可明确监理工作的重大危险源,指明监理工作的目标和方向,为监理关键技术提供理论支持和应用依据。

要做好监理工作重难点分析,需要我们对整个集成化质子治疗系统的设计、建造及管理特点进行多次深度认识,必须重点考虑业主的需求和关注重点,必须重点掌握核心设备(如质子加速器系统、Total-Body 正电子发射断层显像系统、回旋加速器系统等)工作原理及其进场前置条件、调试流程、验收前置条件及流程,同时了解质子治疗系统环境影响评价、职业病危害辐射防护预评价和控制评价,最后必须掌握整个集成化质子治疗系统在设计、建造时所采用的关键技术。

与常规质子项目相比,集成化质子项目因设备安装、设备运转以及机房环境等因素,对建筑结构的防渗要求、结构和埋件的精度等要求更高,通过对项目的深层次认识,结合项目设计、建造、管理特点,项目监理机构选择将保证质量难度大、对设备效果影响大、发生质量和安全问题危害大的对象作为监理工作的重难点,并在建造过程中采取相应的控制措施。

第二节　监理工作流程和标准化

监理工作贯穿建设工程的全过程,衔接建设的各个阶段、各个参建单位和各个方面。为了圆满完成委托监理合同约定的监理工作中的各项目标,为了规范项目监理机构日常的各项管理工作,根据《建设工程监理规范》(GB/T 50319—2013)和相关规范、规程的要求,项目监理机构将企业标准体系(监理工作流程标准化指南、监理成果标准化工作指南、监理工作标准示范文本等)作为项目部规范化、标准化开展工作的指导性文件,通过规范监理工作标准,对现场资源进行有效整合,以达到"三控两管一协调一履责"的监理目标,真正做到施工现场质量、安全、进度、造价等可控、受控,工程资料及时整理、真实完整、分类有序。

一、监理工作流程

1. 重大方案研究/评审/专家论证/决策管理流程

重大方案研究/评审/专家论证/决策管理流程如图 5-2-1 所示。

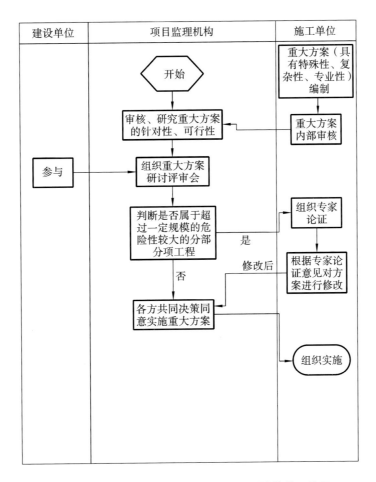

图 5-2-1　重大方案研究/评审/专家论证/决策管理流程

2. 工程材料/构配件/设备进场验收及见证取样送检流程

工程材料/构配件/设备进场验收及见证取样送检流程如图 5-2-2 所示。

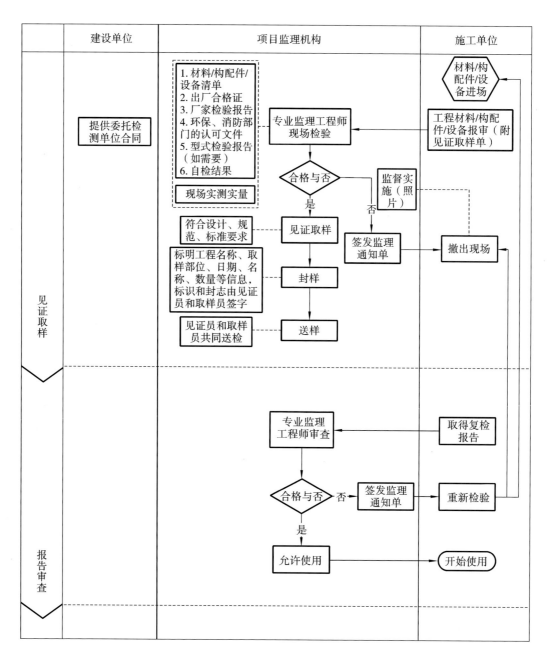

图 5-2-2　工程材料/构配件/设备进场验收及见证取样送检流程

3. 构件、埋管、锚点安装控制与验收流程

构件、埋管、锚点安装控制与验收流程如图 5-2-3 所示。

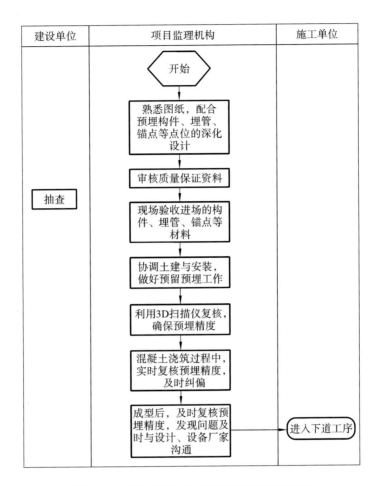

图 5-2-3　构件、埋管、锚点安装控制与验收流程

4. 设备吊装管理流程

设备吊装管理流程如图 5-2-4 所示。

5. 设备进场、调试、出束管理流程

设备进场、调试、出束管理流程如图 5-2-5 所示。

二、监理标准化

(1)分部工程质量验收程序如表 5-2-1 所示。

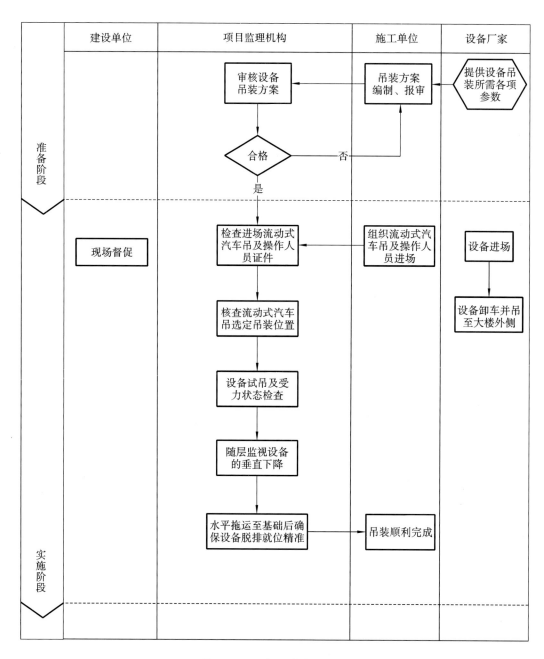

图 5-2-4 设备吊装管理流程

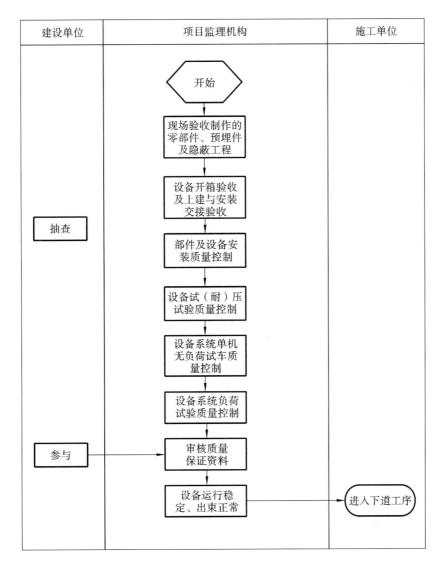

建设单位	项目监理机构	施工单位

开始

现场验收制作的零部件、预埋件及隐蔽工程

设备开箱验收及土建与安装交接验收

抽查

部件及设备安装质量控制

设备试（耐）压试验质量控制

设备系统单机无负荷试车质量控制

设备系统负荷试验质量控制

参与 → 审核质量保证资料

设备运行稳定、出束正常 → 进入下道工序

图 5-2-5 设备进场、调试、出束管理流程

表 5-2-1 分部工程质量验收程序

参加验收单位	建设单位、勘察单位、设计单位、监理单位、施工单位、质量监督部门、其他单位
组织	总监理工程师
验收条件	1.所含分项工程的质量均应验收合格 2.质量控制资料应完整 3.有关安全、节能、环境保护和主要使用功能的抽样检验结果应符合相关规定 4.观感质量应符合要求

续表

验收程序	1. 施工单位向项目监理机构报送分部工程报验表 B.0.8： (1)_____分部工程自评报告 (2)_____分部工程质量控制资料 ①_____分部(子分部)工程质量验收记录 ②表 H.0.1-2 单位工程质量控制资料核查记录(_____分部) ③表 H.0.1-3 单位工程安全和功能检验资料核查及主要功能抽查记录(_____分部) ④表 H.0.1-4 单位观感质量检查记录(_____分部)
	2. 项目监理机构完成分部工程质量验收申请报告的审核工作
	3. 项目监理机构组织建设、勘察、设计、施工等单位以及质量监督部门完成分部工程质量验收
	4. 分部工程质量验收存在问题需整改的： (1)项目监理机构应按照验收意见签发监理工程师通知单，要求施工单位返工、返修或采取其他补救措施 (2)施工单位在完成不合格工程的返工、返修或采取其他补救措施后，应重新提交验收申请报告，按程序重新进行验收 (3)经返修或加固处理的分项、分部工程，满足安全及使用功能要求时，可按技术处理方案和协商文件的要求予以验收
	5. 分部工程验收合格的，方可进入下一道工序
备注	经返修或加固处理仍不能满足安全或重要使用要求的分部工程，严禁验收

(2)单位工程质量(预)验收程序如表 5-2-2 所示。

表 5-2-2　单位工程质量(预)验收程序

参加验收单位	建设单位、勘察单位、设计单位、监理单位、施工单位、质量监督部门、其他单位	
组织	单位工程预验收	总监理工程师
	单位工程验收	建设单位项目负责人
验收条件	1. 所含分部工程的质量均应验收合格 2. 质量控制资料应完整 3. 所含分部工程中有关安全、节能、环境保护和主要使用功能的检验资料应完整 4. 主要使用功能的抽查结果应符合相关专业验收规范的规定 5. 观感质量应符合要求	

续表

验收程序	1.施工单位向项目监理机构报送单位工程竣工验收报审表 B.0.10： (1)工程质量验收报告、工程竣工报告 (2)工程功能检验资料 ①表 H.0.1-1 单位(子单位)工程质量竣工验收记录 ②表 H.0.1-2 单位(子单位)工程质量控制资料核查记录 ③表 H.0.1-3 单位(子单位)工程安全和功能检验资料核查及主要功能抽查记录 ④表 H.0.1-4 单位(子单位)观感质量检查记录
	2.项目监理机构在 14 天内完成竣工验收申请报告的审核工作： (1)审查工程技术档案和施工管理资料 (2)组织工程竣工预验收 ①不具备竣工验收条件的,通知施工单位还需完成的工作内容,施工单位完成项目监理机构通知的全部工作内容后,再次提交竣工验收申请报告 ②已具备竣工验收条件的,项目监理机构对工程进行质量评价,并撰写工程质量评价报告。总监理工程师签批竣工验收申请报告(预验收意见),并报送建设单位
	3.建设单位在收到经项目监理机构审核的竣工验收申请报告后,于 28 天内进行审批并组织监理、承包、设计等相关单位完成竣工验收
	4.工程竣工验收存在问题需整改的： (1)项目监理机构应按照验收意见发出指示,要求施工单位对不合格工程返工、返修或采取其他补救措施 (2)施工单位在完成不合格工程的返工、返修或采取其他补救措施后,应重新提交竣工验收申请报告,按程序重新进行验收
	5.工程竣工验收合格的,建设单位应在验收合格后 14 天内向施工单位签发工程接收证书
备注	1.建设单位在收到经项目监理机构审核的竣工验收申请报告后,28 天内不组织验收的视为竣工验收报告已被认可 2.建设单位无正当理由逾期不颁发工程接收证书的,自验收合格后第 15 天起视为已颁发工程接收证书 3.经返修或加固处理仍不能满足安全或重要使用要求的单位工程,严禁验收

(3)造价控制的依据、内容、方法及措施如表 5-2-3 所示。

表 5-2-3　造价控制的依据、内容、方法及措施

依据	1. 合同文件 2. 工程设计文件 3. 招投标文件、工程量清单等 4. 政府主管部门发布的政策性文件及信息价等 5. 施工进度计划
内容	1. 熟悉施工合同、约定的计价规则及招投标文件 2. 现场工程计量见证及费用索赔审核工作 3. 编制月完成工程量统计表,进行偏差分析,在监理月报中向建设单位报告 4. 审核工程款支付申请,签署工程款支付证书 5. 竣工结算审核
方法	运用投资控制的动态原理,对工程投资进行动态分析、比较和控制。应重点做好以下几项工作: (1)对计划目标值的论证和分析 (2)及时对项目进展做出评估,即收集实际证据 (3)进行项目计划目标值与实际支出值的比较,以判断是否存在偏差 (4)采取控制措施以确保投资控制目标的实现
措施	1. 明确造价控制人员,制定造价控制制度,落实造价控制责任 2. 编制造价控制工作计划 3. 确定、分解投资控制目标,进行风险分析 4. 定期进行投资实际支出值与计划目标值的比较,发现偏差,分析产生偏差的原因,采取纠偏措施 5. 对施工组织设计、施工方案、设计变更等技术性文件进行技术经济比较 6. 在材料、设备采购过程中运用价值工程方法进行分析,提出造价控制的意见 7. 做好工程施工记录,保存各种文件图纸,注意积累素材,为可能发生的索赔提供依据

(4)专项施工方案审核流程如表 5-2-4 所示。

表 5-2-4　专项施工方案审核流程

编制、审核	施工单位	1. 时间:分部工程开工前 2. 编制:项目技术负责人 3. 审核:公司安全、质量、技术等职能部门 4. 批准:技术负责人
	项目监理机构	1. 审查:专业监理工程师 2. 审核:总监理工程师

续表

程序符合性审查	项目监理机构在审批施工方案时,应检查施工单位的内部审批程序是否完善、签章是否齐全
依据合规性审查	1.《危险性较大的分部分项工程安全管理规定》(住房和城乡建设部令第37号) 2.《住房城乡建设部办公厅关于实施〈危险性较大的分部分项工程安全管理规定〉有关问题的通知》(建办质〔2018〕31号) 3.《湖北省房屋市政工程危险性较大的分部分项工程安全管理实施细则》(鄂建办〔2018〕343号) 4.合同文件 5.设计文件 6.施工组织设计 7.相关法律、规范、规程、标准图集等 8.工程场地周边环境(含管线)资料 9.《建筑施工组织设计规范》(GB/T 50502—2009)
内容完整性审查	1.工程概况:危大工程概况和特点、施工平面布置、施工要求和技术保证条件 2.编制依据:相关法律、规范性文件、标准及施工图设计文件、施工组织设计等 3.施工计划:包括施工进度计划、材料与设备计划 4.施工工艺技术:技术参数、工艺流程、施工方法、操作要求、检查要求等 5.施工安全保证措施:组织保障措施、技术措施、监测监控措施等 6.施工管理及作业人员配备和分工:施工管理人员、专职安全生产管理人员、特种作业人员、其他作业人员等 7.验收要求:验收标准、验收程序、验收内容、验收人员等 8.应急处置措施 9.计算书及相关施工图纸
备注	1.危大工程实行分包并由分包单位编制专项施工方案的,专项施工方案应当由总承包单位技术负责人及分包单位技术负责人共同审核签字并加盖单位公章 2.对于超过一定规模的危大工程,施工单位应当组织召开专家论证会对专项施工方案进行论证。实行施工总承包的,由施工总承包单位组织召开专家论证会。专家论证前,专项施工方案应当通过施工单位审核和总监理工程师审查

　　(5)危险性较大的分部分项工程管理流程如下:辨识→资质审核→专项施工方案→监理实施细则→交底→工程材料/构配件/设备进场验收→告知(若需)→公告→作业人员复核→实施→验收→运行管理→拆除管理→档案管理(表5-2-5)。

表 5-2-5　危险性较大的分部分项工程管理流程

项目		监理管理要点	施工单位	监理方法
作业准备	辨识	复核危大工程清单	辨识并编制危大工程清单	审查
	资质审核	1.施工单位资质文件 2.专职管理人员和特种作业人员的资格证书 3.业绩材料 4.安全管理制度	施工单位资质报审	1.网上查询 2.审查 3.审核
	专项施工方案	1.符合性审查 2.内容完整性审查 3.工程建设强制性标准审查 4.超过一定规模的危大工程 (1)总监理工程师及专业监理工程师提出审查、审核意见 (2)参加专家论证 (3)对施工单位按照专家提出意见修改后的专项施工方案进行审核或重新参加专家论证	1.编制专项施工方案 2.报项目监理机构审核 3.超过一定规模的危大工程: (1)组织专家论证 (2)按专家论证意见进行修改 (3)重新报审或重新组织专家论证	1.审查 2.审核 3.存档
	监理实施细则	1.专业工程特点 2.编制依据 3.工作流程 4.工作要点 5.工作方法及措施 6.验收要求 7.建立危大工程安全管理档案	—	1.编制 2.审核 3.存档
	交底	1.方案交底 2.作业人员安全技术交底 3.交底签字手续齐全 4.交底记录内容完整 5.被交底人与现场作业人员相符	1.向施工现场管理人员进行方案交底 2.向作业人员进行安全技术交底 3.共同签字确认	1.督促 2.存档
	工程材料/构配件/设备进场验收	1.按专项施工方案要求对进场的工程材料/构配件/设备进行验收 2.对需要复检的工程材料/构配件/设备按要求复检 3.验收合格的,签署准予进场意见 4.验收不合格的,严禁使用,予以退场	1.工程材料/构配件/设备报审 2.验收合格的,组织下一步施工 3.验收不合格的,组织退场	1.核查资料 2.外观检查 3.实测实量(使用游标卡尺、力矩扳手等) 4.见证取样送检 5.存档
	告知 (若需)	检查、签批安装告知相关资料	办理安装告知手续	1.审查 2.存档

续表

项目		监理管理要点	施工单位	监理方法
实施阶段	公告	内容:危大工程名称、施工时间、具体责任人员、设置安全警示标志等	设置危大工程公告牌	查验
	作业人员复核	1.现场复核特种作业人员人证相符,证件真实性 2.记录复核结果	1.作业人员实名登记花名册 2.报审	1.网上查询 2.记录、存档
	实施	1.核查专项施工方案执行情况 2.专职安全管理人员、施工管理人员到岗 3.专项巡视检查/旁站	现场监督、巡查	1.专项巡视检查 2.旁站(若需)
验收	检测(若需)	审核第三方检测报告	组织检测	1.现场见证 2.存档
	联合验收	总监理工程师组织验收: (1)验收合格的,总监理工程师签字确认 (2)验收不合格的,严禁使用,督促整改	组织联合验收: (1)验收合格的,进入下一步施工 (2)验收不合格的,组织整改	1.资料收集 2.实测实量 3.监理通知单 4.存档
	使用登记(若需)	查验使用登记证明	取得使用登记证明	存档
	验收标志牌	注明验收时间、责任人员	施工现场明显位置设置验收标志牌	1.查验 2.拍照、存档
运行管理	管理规定	1.检查危大工程管理制度执行情况 2.施工单位现场安全管理重点 3.对安全隐患督促落实整改	1.执行危大工程管理制度 2.现场监督、巡查 3.隐患排查 4.组织整改	1.专项巡视检查 2.监理通知单 3.工程暂停令 4.监理报告 5.存档
	定期检查	1.组织定期检查 2.检查每月维修/保养记录(若需)	1.组织定期检查 2.每月进行维修/保养并记录(若需)	1.组织、参加 2.存档
	拆除管理	1.核查专项施工方案执行情况 2.特种作业人员人证相符、证件真实 3.施工单位专职安全管理人员到岗 4.拆除过程中进行专项巡视检查/旁站	1.作业人员实名登记花名册 2.报审 3.现场监督、巡查	1.网上查询 2.专项巡视检查 3.旁站(若需) 4.存档

续表

项目	监理管理要点	施工单位	监理方法
档案管理	1.监理实施细则 2.专项施工方案审查意见(附专家审查意见) 3.专项巡视检查记录 4.旁站记录 5.验收记录 6.整改记录	1.专项施工方案审查意见 2.专家论证 3.交底记录 4.现场检查记录 5.验收记录 6.整改记录	单独存档

第三节　监理关键技术

一、防水与防渗漏监理质量管控

集成化质子治疗系统因占地面积小,设备及其配套构件集中且机房环境对湿度、温度要求较高,故对防水与防渗漏要求较常规质子项目更加严格。质子机房防水分为地下室底板防水、地下室侧墙防水、质子机房顶板防水三个方面,以混凝土结构自防水为主,卷材、涂料等防水措施为辅。其中质子机房顶板预留设备吊装口采用预制块进行封堵。预制块与预制块之间的缝隙用自密实水泥砂浆灌封处理,预制块顶部施工坡屋面设置盖板进行防护。项目监理机构应对施工前、施工过程中以及施工完成后的全过程进行检查,保证防水质量。

1. 施工前监理工作

(1)施工图审查:该建筑的使用功能、设计功能与业主的要求是否一致;设计采用的防水混凝土品种、强度等级与防水等级,并鉴别其选用是否恰当,采用几道防水措施,防水混凝土以外的辅助防水措施与防水材料的选用;各种构造措施、配筋与预埋件的设置。

(2)方案审查:审查内容包括施工缝划分位置;冬季、夏季与雨季施工的措施;所采用的外加剂是否满足要求,产品是否符合国家标准。

(3)原材料和配合比设计审查:原材料重点检查水泥、外加剂、骨料,配合比重点检查所选用的各种材料,与受验试配的原材料是否一致;水泥与外加剂是否过期。

(4)施工进度计划审查:考虑防水实施阶段气温及天气情况。

（5）企业、人员检查：监理工程师应检查防水施工企业资质、人员资格。

（6）材料检查：监理工程师应对进场材料进行检查验收，未经检查合格的材料严禁使用。

2. 施工过程中监理工作

（1）检查垫层：垫层应抹平、压光，坚实平整，不起砂。收面完成后及时覆膜养护。在防水层施工前应保证基层表面平整、洁净、均匀一致、干燥。

（2）检查防水卷材。

①检查阴阳角、管道口、落水口等防水薄弱处附加层增设情况：卷材在阴阳角部位，增贴500 mm的附加层，每边搭接250 mm，卷材附加层应与基层全粘贴。

②检查是否按照"先节点，后大面；先低处，后高处"的要求进行铺贴。

③卷材的搭接长度均不得小于100 mm。相邻两排卷材的短边接头应相互错开1/3幅宽以上。

④检查卷材留设长度及上翻高度是否满足规范及设计要求。

⑤卷材接缝部位应用密封材料封严，其宽度不应小于10 mm。

⑥铺贴卷材应平整、顺直，搭接尺寸准确，不得扭曲、皱折。

（3）检查防水涂料。

①防水涂料施工前检查基层强度是否满足要求，表面是否干净整洁。

②涂刷按先垂直后水平的顺序开展，注意先细部后整体处理。

③防水涂料固化干燥后方可铺设防水卷材，注意黏接材料必须是与卷材及防水涂料相容的黏接剂，并使用胶粘带及密封材料对接缝开展封闭加强处理。

（4）检查防水混凝土。

①钢筋工程：钢筋绑扎前检查是否除污除锈、钢筋保护层厚度，防止出现漏筋，绑扎时不得接触模板。

②模板工程：检查模板拼接是否严密，不漏浆、不变形；检查止水螺栓的止水环与螺栓满焊情况。

③混凝土工程：浇筑前检查施工单位钢筋工、混凝土工、架子工、管理人员以及材料准备情况；进行混凝土开盘鉴定，检查混凝土配合比、抗渗等级，施工过程中检查混凝土坍落度、入模温度。要求施工单位对混凝土及时振捣，不得少振、漏振、超振，分层浇筑必须保证下一层混凝土在上一层混凝土初凝前完成；检查各种预埋管道四周的混凝土振捣是否密实；检查混凝土二次抹面、覆膜养护情况；浇筑完成后检查养护措施及养护效果；屋面防水应检查排水沟以及面层坡度，找平层厚度，分隔缝、排气孔留设方法。

3. 细部构造的检查

(1)阴阳角检查。

①检查阴阳角部位残留的杂物,水泥残渣等应清理干净,需要修补的洞口裂缝应先修补密实。

②检查阴阳角圆弧倒角的处理。

③防水施工后必须进行充分的养护,以防止过早失水导致防水层开裂或者粉化。

(2)穿墙管、落水口检查。

①检查穿墙管预埋高度、位置。

②检查迎水面预留凹槽密封材料嵌填密实情况。

③检查管道周边防水卷材沿管身翻入管口的长度。

④检查主管加焊止水环情况。

(3)地下室外墙施工缝检查。

①检查施工缝留设位置。

②检查施工缝处止水钢板埋设情况。

③检查施工缝处混凝土界面剂涂刷情况。

(4)顶板吊装洞口防水检查。

①检查底层预制块拼接处堵漏王填充密实度。

②检查中间层砂浆填充情况。

③对预制块顶层防水涂料涂刷情况进行检查。

④对吊装口顶部雨棚钢架稳定性及铝塑板连接情况进行检查。

4. 蓄水及淋水试验

防水材料铺设后,应及时进行蓄水及淋水试验并记录检查情况,不合格处要求施工单位及时整改。

二、混凝土配合比设计与试配监理工作

原材料的质量及其波动对混凝土质量及施工工艺有很大影响。如水泥强度的波动,直接影响混凝土的强度;各级石子粒径颗粒含量的变化,导致混凝土级配的改变,并将影响新拌混凝土的和易性;骨料含水量的变化,对混凝土的水灰比影响极大。为了保证混凝土的质量,在生产过程中,一定要对混凝土的原材料进行质量检验,全部符合技术性能指标方可应用。骨料中所含有害物质超过规范规定的范围,则会阻碍水泥水化,降低混凝土的强度以及骨料与水泥石的黏结强度,能与水泥的水化产物发生化学反应并产生有害的膨胀物质,因此科学的配置是

保证混凝土质量的先决条件。

大体积混凝土施工中对裂缝的控制非常重要,其中配合比设计是关键。工程实践表明,合理的配合比可有效减少水化热,降低绝热温升,因此项目监理机构应要求施工单位提前一个月提交混凝土配合比试验结果以供审查。针对混凝土配合比设计,应重点考虑以下几点。

(1)材料及外加剂的有关要求。

①采用较低水化热和安定性好的水泥,水泥的初凝、终凝时间应符合《通用硅酸盐水泥》(GB 175—2007)的要求。

②掺粉煤灰。在保证大体积混凝土强度的前提下,尽可能减少水泥用量,降低水化热峰值,通过绝热温升试验,优选混凝土配比。要求施工单位粉煤灰选用同一厂家、同一批次的优质Ⅰ级灰,并严格控制使其烧失量、含硫量符合《用于水泥和混凝土中的粉煤灰》(GB/T 1596—2017)的要求。不得使用高钙粉煤灰或者磨细粉煤灰,严禁使用生产过程中释放强烈氨味的脱硫脱硝灰。

③石料要求:监理单位应考察铁矿石生产单位,并严格检查铁矿石密度、压碎指标、含泥量、坚固度、氯离子含量等各项指标的检测报告是否符合《重晶石防辐射混凝土应用技术规范》(GB/T 50557—2010)的规定。

④监理单位应检查商混站砂子是否选用中粗砂,含泥量应不超过 2%,其他要求应符合《普通混凝土用砂、石质量及检验方法标准》(JGJ 52—2006)的规定。

⑤拌制混凝土所用水应符合《混凝土用水标准》(JGJ 63—2006)的规定。

⑥外加剂的使用。监理人员应严格检查外加剂适配结果。外加剂需符合国家或行业标准一级品以上的质量要求,结合混凝土的性能要求满足抗渗、和易性、抗裂、初凝时间等的需要,严格控制配比重量以满足工程的需要。

⑦采用合理水灰比及配合比。要求实验室提供满足工程性能需要的配合比、适宜的水灰比,以保证工程质量。

(2)材料温度控制:夏季施工时,应检查砂石场地是否搭设凉棚以降低砂石温度。另外,夏季使用的水应适当增加冰块以降低温度(应控制在 4~8 ℃之间),从而降低材料温度。如果是冬季,应做好保温、防雪措施,使用的水温应控制在 30~40 ℃,以保证出机时的温度控制。

(3)坍落度要求:监理人员应对适配后混凝土坍落度进行检查,确保混凝土保水性能良好。坍落度不仅要保证泵送要求,也要保证混凝土流淌距离不能过长,以免混凝土分层施工衔接不上而形成冷缝。

(4)初凝时间的控制要求:根据混凝土分层一次浇筑的最大方量,混凝土供应能力,运输时间及施工季节的气温,确定混凝土的初凝时间不小于 12 h,为保证分层衔接时混凝土不至于初凝,需要进行计算确定。

(5)混凝土强度要求：监理人员应检查 7 天、28 天及 60 天龄期试块抗压试验情况。

三、大体积混凝土施工监理质量管控

集成化质子机房结构墙、板因防辐射要求，厚度均超过 1 m，局部超过 3 m，是典型的大体积混凝土。大体积混凝土具有结构体积大、承受荷载大、水泥水化热大、内部受力相对复杂等结构特点。在施工中，结构整体性要求高，一般要求整体浇筑，不留施工缝。这些特点的存在，导致在工程实践中，大体积混凝土易出现其特有的施工冷缝、泌水现象、早期温度裂缝等质量通病，监理人员在施工过程中对质量的控制尤为重要。

1. 施工准备阶段监理工作

(1)项目监理机构应严格审批施工专项技术方案，在施工前要求施工单位提交施工专项技术方案，要对浇筑面积、浇筑工程量、劳动力组织、施工设备、浇筑顺序、后浇带或施工缝的位置、混凝土原材料供应、混凝土浇筑的连续性以及停电、停水的应急措施等进行认真的综合研究并逐项落实。在正式开盘浇筑混凝土前，监理人员必须检查施工单位在技术上、组织上的落实情况。

(2)项目监理机构应会同施工单位做好混凝土生产厂家考察，检查生产厂家营业执照、安全生产证书、计量认证年检、试验室、车程及交通状况以及厂家生产管理状况是否满足施工的需要，提前提供能够达到此工程混凝土性能的配比单，便于研究与协调。

(3)监理人员应严格审查混凝土浇筑分段分层的合理性，以利于热量散发，使温度分布均匀。审查温度控制方案的有效性，对温度变化进行预测，在预测的同时对温度进行监测。

(4)审查施工方案中温度及温度应力的计算，严格控制温差；审查测量措施及测温点布置是否合理；同时注意所采用的材料如水泥、砂石、外加剂等是否符合大体积混凝土的施工要求。

(5)核实混凝土的试配结果是否满足设计和施工要求。

(6)检查机具准备情况。检查搅拌机、运输车、料斗、串筒、输送管道及振捣器等准备是否充分，对可能出现的故障是否有应急措施，是否经过试运行。

(7)检查预埋件预留孔洞是否齐全，钢筋分布是否合理。

(8)核实近期的气象情况以及供电情况。

(9)审查模板及其支架的设计计算书、拆除时间及拆除顺序，模板和钢筋应做好预检和隐检，在浇筑混凝土前应再次检查，确保模板位置、标高、截面尺寸与设计相符，且支撑牢固，拼缝严密，模板内杂物已清除干净。关键部位应再次查验钢筋品种、数量、规格及插筋、锚筋。

(10)督促施工单位落实管理人员及施工人员的组织技术安排，并列值班表。

(11)检查抗渗、抗压试模是否齐全。

（12）检查水、电、照明等现场条件是否符合规定，是否有保证。

（13）审查大体积混凝土的浇筑方案组织是否合理；大体积混凝土分段分层浇筑时间差，是否控制在初凝之前。

（14）审查浇筑路线是否合理，施工时必须按照路线予以落实。

（15）审查施工中的安全、文明施工控制措施是否可靠，大体积混凝土浇筑方法是否妥当。

2. 施工过程中监理工作

（1）在浇筑过程中，监理人员进行全过程旁站监理，检查浇筑工艺过程是否符合规范要求；是否按照方案过程实施；检查搅拌站配合比是否严格按照要求的比例称重，控制偏差，现场设专人检查坍落度是否达到交付商品灰的要求，运输出现异常时及时联系厂家处理，设备出现故障时及时督促施工队予以处理。

（2）督促施工人员分层浇捣，严格控制分层厚度，及时移动泵管，严格落实浇捣顺序，确保各部位振捣密实，振捣时上下垂直、快插慢拔，插点均匀，防止混凝土离析和漏振。

（3）抽检混凝土的入模温度；混凝土内外温度及温差的监测、分析，必要时须采取措施，防止混凝土受冻和产生裂缝；加强对蓄热覆盖防风措施的监察，确保覆盖及时到位。

（4）检查水平施工缝处理是否按照方案要求进行，尤其要做好表层处理，使混凝土振捣密实，表面平整。混凝土初凝前用抹子进行抹压搓平。在混凝土初凝至终凝前，视混凝土表面的凝结状况进行多次抹压，尽可能消除混凝土所产生的干缩裂缝。

（5）督促施工队按照规定做好测温工作，测温点位及数量应严格按照已审批的方案执行。

（6）督促施工队按规范留置试块。

（7）检查混凝土的坍落度是否严格按试验报告中的标准控制，严禁随意增加用水量。

（8）检查原材料计量是否控制在允许偏差范围内。

（9）检查混凝土施工缝留置位置是否与设计要求及已审批的施工专项技术方案一致。

（10）施工缝的浇筑与处理

①在施工缝处浇筑混凝土时，已浇筑的混凝土的抗压强度一定要达到 1.2 MPa 以上。施工缝施工时，要检查混凝土表面是否凿毛并清理干净。

②在施工缝位置附近回弯钢筋时，要检查钢筋周围的混凝土不受松动和损坏。钢筋上的油污、水泥砂浆及浮锈等杂物必须清除。

③浇筑前水平施工缝应铺上 10～15 mm 厚的水泥砂浆，配合比应与混凝土内的砂浆成分相同。

3. 混凝土的养护及温差监控工作

（1）检查混凝土养护措施、养护频率及养护时间。

（2）检查混凝土内部与表面温差、表面与大气温差以及混凝土每日降温幅度。

四、埋件与埋管精准定位

集成化质子机房单个机房涉及 200 余个预埋套筒、预埋板(误差不超过 5 mm),13 根不规则弯曲导管(误差不超过 5 mm)。在高密度钢筋中定位异形(Z 形或者 S 形)套管的预留预埋,在超厚混凝土(包括底板、墙板、顶板)内的安装与固定套管,且保证埋件与埋管定位准确,监理工程师应按以下要求对承包商报送的测量放线控制成果及保护措施进行检查,符合要求时,监理工程师对承包商报送的测量成果申请表予以签认。

①审核承包商的施工测量方案。

②审查承包商专职测量人员的岗位证书及测量设备检定证书。

③审核控制桩的校核成果、控制桩的保护措施以及平面控制网、高程控制网及临时水准点的测量成果。

1. 施工前的监理工作

(1)复核工程施工控制测量资料的成果,基准点、标墩及标志,落实控制点保护措施。

(2)对照施工单位投标书承诺的测量工具,审核承包商用于工程测量的仪器和设备的完好性、可靠性、精确度及法定计量单位的标定证书和建设单位认可的合格条件,审查测量人员的组成和能力。

(3)应督促承包商复测施工控制网及开展点位保护工作。

(4)复核建设单位提供的施工设计图纸上有关测量数据,并准备好每个单位工程、分部工程及分项工程的测量放样数据。

(5)审核和认可承包商关于测量放样方案、方法及放样数据的申请。

(6)督促施工单位对预埋件、预埋管相关图纸进行交底,同时加强现场巡视。

2. 施工过程中的监理工作

(1)对精度要求较高的部位,要求施工单位执行"一放二复"原则,测量人员放线完成后由项目技术负责人进行复测,复测合格后报监理工程师进行检查。

(2)监理工程师应对控制点、高程点、轴线位置、标高等进行复测。

(3)监理工程师进行复测时不宜与施工单位采用同一套设备。

(4)大型预埋件落位微调时监理人员应实时进行监测。

五、给排水系统监理质量管控

集成化质子治疗系统给排水系统主要包含生活给水系统、热水系统、排水系统、雨水系统、消防水系统五大系统,每个系统又可细分,其中高压细水雾系统、真空排水系统、放射性污废水预处理系统是给排水系统的特色,也是关键技术,列为监理质量管控重点。

1. 质量管控重点一:高压细水雾系统

(1)系统概述:系统保护总面积 1294.87 m²,主要保护区域为 PET/CT 室、配电房、热室、回旋加速器室、直线加速器室、CT 定位室、消控室、MR 定位室、质子间、磁共振加速器室、弱电机房、UPS 间、PET/MR 室、SPECT 室,选用开式系统与预作用系统相结合的形式。

(2)质量管控重点、质量要求与检查方法:如表 5-3-1 所示。

表 5-3-1　高压细水雾系统质量管控重点、质量要求与检查方法

序号	重点	质量要求	检查方法
1	材料、设备进场验收	1. 高压细水雾泵组、分区控制阀、细水雾喷头应具有检验报告、消防产品认证证书 2. 喷头最低工作压力不得小于 10 MPa 3. 闭式喷头的动作温度应为 57 ℃且玻璃球直径必须为 2 mm 4. 高压九柱塞泵组泵体材料为不锈钢,泵组工作压力不小于 14 MPa 5. 细水雾粒径必须满足(Dv0.5)50～100 μm 6. 区域控制阀组执行器必须采用电动阀	1. 观察、测量外观尺寸 2. 核查质量证明文件、消防产品认证证书 3. 核对泵组参数
2	管道及配件安装	1. 管材采用满足系统工作压力要求的 316L 无缝不锈钢管,氩弧焊焊接或卡套连接 2. 管道与套管的空隙应用不燃材料填塞密实,细水雾管道过伸缩缝或沉降缝处需加补偿装置 3. 喷头安装时应使用专用的喷头工具,安装前应逐个核对型号、规格,并应符合设计要求 4. 闭式喷头的感温组件与顶棚或梁底距离不宜小于 75 mm,且不宜大于 150 mm,喷头可贴邻吊顶布置,喷头接口螺纹为 M18×1.5 5. 管道末端处应采用金属支架固定,支架或支架的位置应不影响喷头的喷雾效果,支架和喷头之间的管道长度不应大于 250 mm	1. 现场观察检查 2. 对照设计图纸检查 3. 尺量检查

续表

序号	重点	质量要求	检查方法
3	管道试压与吹扫	1.水压强度试验压力为系统工作压力的 1.5 倍,试压采用试压装置缓慢升压,当压力升至试验压力后,稳压 5 min,管道无损坏、变形,再将试验压力降至设计压力,稳压 120 min,以压力不降、无渗漏、目测管道无变形为合格 2.压力试验合格后,系统管道宜采用压缩空气或氮气进行吹扫,吹扫压力不应大于管道的设计压力,流速不宜小于 20 m/s	1.现场观察检查 2.对照设计图纸检查
4	试验与调试	1.调试时,末端放水装置须经泄压后排入排水系统 2.细水雾保护区域内的火灾报警控制系统及与细水雾系统的联动控制部分统一调试	观察、记录

2. 质量管控重点二:真空排水系统

(1)系统概述:地下一层卫生间设有真空排水系统,由真空机组(含真空泵、污水泵、真空污水罐等配件)、提升器等组成。污废水经重力流进真空提升器的污水箱体内,随着液位不断上升,感应管内的空气压力也增加,当空气压力达到足以触发控制阀设定值后,控制阀启动、开启隔膜阀,污废水进入真空管道,当感应管内压力下降时,允许阀开启一段时间并保持进气。达到预定时间后,控制阀中断真空供应,真空隔膜阀关闭,完成一次排污。

(2)质量管控重点、质量要求与检查方法:如表 5-3-2 所示。

表 5-3-2　真空排水系统质量管控重点、质量要求与检查方法

序号	重点	质量要求	检查方法
1	材料、设备进场验收	1.真空提升器采用控制阀,根据液位自动控制其开启和关闭 2.真空提升器采用 PE 材质、一体成型,或采用不锈钢材质 3.真空泵采用水环式真空泵,污水泵采用切割泵 4.真空提升器配备液位传感器,监视污水箱水位并上传报警信号至真空机组控制柜 5.真空排水系统内,采用承压 1.0 MPa 的 PVC 球阀	1.观察、测量外观尺寸 2.核查质量证明文件、消防产品认证证书 3.核对泵组参数
2	管道及配件安装	1.真空污水管在真空机组前采用 HDPE 管,电热熔连接;在机组后采用内涂塑外镀锌钢管,采用刚性卡箍连接 2.阀门与墙壁或顶板内侧的距离小于 200 mm 3.真空排水管道的坡度为 0.01,指向真空泵站方向	1.现场观察检查 2.对照设计图纸检查 3.尺量检查

续表

序号	重点	质量要求	检查方法
3	管道试压	1.真空排水系统的工作压力为$-0.07\sim-0.04$ MPa 2.真空管道安装完毕后对管道系统进行密闭性检查时,应使用真空泵将管道内抽至真空度为-0.07 MPa,保持 1 h,真空度下降不应超过 15% 3.漏压点检查采用对被测试管道加正压、在连接点刷涂肥皂水的方法	1.现场观察检查 2.对照设计图纸检查
4	调试与运行	1.真空系统真空度为$-0.07\sim-0.04$ MPa,设备运行噪声小于75 dB 2.设备机组、管道在运行时不得出现异常振动	观察、记录

3. 质量管控重点三:放射性污废水预处理系统

(1)系统概述:集成化质子治疗系统共有 3 组衰变池(负一层回旋加速器制药场所、PET工作场所和二层 PET 工作场所共用一组短衰变池,三层 SPECT 工作场所用一组衰变池,四层核素治疗工作场所用一组衰变池)。核医学科室放射性污废水经预处理后排入市政污水管网。

(2)处理工艺。

①该衰变池系统集合了三套衰变系统,分为一套长衰变与两套短衰变,长、短衰变都为两级衰变。

②长衰变系统,两个衰变水池交替使用,放射性污废水从核医学科室首先进前处理池(一用一备),前处理池切割潜污泵将废液搅碎并提升入一号衰变池。此时,其余池体进水口和出水口全部处于关闭状态。

③当一号衰变池液面达到设定液位时,一号衰变池的进水阀关闭,二号衰变池的进水阀开启,污水进入二号衰变池,当二号衰变池液面达到设定液位时,二号衰变池的进水阀关闭,在此过程中,一号衰变池的衰变周期到了,抽样检查合格后开启电动阀及其水泵,放射性污废水排至院内污水处理系统。如此循环,确保了每次排放的槽体内废液都是贮存时间最长的。

④当发生传感器故障,导致池体液位超过设定液位时,可通过每个池体的溢流口溢流到溢流池内,同时控制终端产生报警信号。当处理好传感器故障后,警报消失。

(3)质量管控重点、质量要求与检查方法:如表 5-3-3 所示。

表 5-3-3　放射性污废水预处理系统质量管控重点、质量要求与检查方法

序号	重点	质量要求	检查方法
1	材料、构配件进场验收	室外埋地管道采用 HDPE 管,管沟井内采用 304 无缝不锈钢管	1. 观察、测量外观尺寸 2. 核查质量证明文件、消防产品认证证书 3. 核对泵组参数
2	管道及配件安装	除衰变池排出到院内污水管网的不锈钢管道外,其余需包 6 mm 厚铅板	1. 现场观察检查 2. 对照设计图纸检查 3. 尺量检查
3	管道试压	1. 真空排水系统的工作压力为 $-0.07 \sim -0.04$ MPa 2. 真空管道安装完毕后对管道系统进行密闭性检查时,应使用真空泵将管道内抽至真空度为 -0.07 MPa,保持 1 h,真空度下降不应超过 15% 3. 漏压点检查采用对被测试管道加正压、在连接点刷涂肥皂水的方法	1. 现场观察检查 2. 对照设计图纸检查
4	调试与运行	1. 衰变池系统带有可视化控制终端(控制屏幕),此屏幕安装于一层消控室内(具体位置由业主或科室确定),四层护士站留一监控子屏,可以显示衰变系统运行工况 2. 所有防护部位的放射性污废水均需流至衰变池,经衰变、检测合格后再排往院内污水处理系统	观察、记录

六、配电系统监理质量管控

集成化质子治疗系统配电系统除保障常规的二级、三级负荷外,还要考虑大量的医疗设备用电(一级负荷),保障其供电可靠性、供电质量。按负荷类型、重要性划分用电级别,重点控制好配电系统的施工质量也是关键技术,列为监理质量管控重点之一。

1. 系统概述

(1)变配电室:按变配电室设于负荷中心的原则,于地下室设置 1 个 20/0.4 kV 变配电室,其位于地下室南侧区域,其 20 kV 电源由院区 20 kV 中心配电室引来,负责本项目供电。

(2)室外集装箱式柴油发电机:质子大楼在南侧庭院设置 1 处室外集装箱式柴油发电机,安装 1 台 800 kW(COP)柴油发电机组。

(3)UPS电源:为保证重要医疗设备,以及信息中心机房、消防及安防控制室等场所的供电,这些设备机房除按一级负荷供电,采用双电源供电、末端自动切换外,还应在各机房根据设备需要设置相应的 UPS 电源。

2.负荷统计

变配电室设置 2 台 1600 kVA 干式变压器,即质子大楼的变压器安装总量为 3200 kVA。

3.质量管控

配电系统质量管控重点、质量要求与检查方法如表 5-3-4 所示。

表 5-3-4 配电系统质量管控重点、质量要求与检查方法

序号	重点	质量要求	检查方法
1	材料、设备进场验收	1.查验合格证:合格证内容填写齐全、完整;CCC 认证报告齐全、有效 2.外观检查:包装完好,标志应齐全 3.检测绝缘性能	1.外观检查 2.审核出厂质量证明文件
2	配电设备安装	变压器安装: 1.箱体与保护导体可靠连接(螺栓连接或焊接),且有标志 2.配电间隔和静止补偿装置栅栏门的保护连接可靠(螺栓连接或焊接) 成套配电柜安装: 1.低压成套配电柜、箱及控制柜(台、箱)间线路的线间和线对地间绝缘电阻符合要求(线间和线对地间绝缘电阻,馈电线路不小于 0.5 MΩ,二次回路不小于 1 MΩ)	1.现场观察检查 2.用绝缘电阻测试仪测试
3	电缆敷设	1.电缆的敷设和排列布置符合设计要求,矿物绝缘电缆在温度变化大的场所、振动场所或穿越建筑物变形缝时采取"S"或"Ω"弯 2.当电缆敷设可能受到机械外力损伤、振动、浸水及腐蚀性或污染物质等损害时,采取防护措施 3.并联使用的电力电缆的型号、规格、长度相同 4.交流单芯电缆或分相后的每相电缆不得单根独穿于钢导管内,固定用的夹具和支架不形成闭合磁路 5.当电缆穿过零序电流互感器时,电缆金属护层和接地线对地绝缘	1.现场观察检查 2.对照设计图纸检查

续表

序号	重点	质量要求	检查方法
4	电缆头制作、导线连接和线路绝缘测试	1.电缆头可靠固定,不应使电器元器件或设备端子承受额外应力 2.电力电缆通电前应按《电气装置安装工程 电气设备交接试验标准》(GB 50150—2016)的规定进行耐压试验,并合格	用绝缘电阻测试仪测试并查阅绝缘电阻测试记录、交接试验记录
5	电气设备试验	1.试运行前,相关电气设备和线路试验合格 2.对现场单独安装的低压电器进行交接试验	试验时观察检查并查阅相关试验、测试记录
6	通电试运行	1.电动机试通电,并检查转向和机械转动情况 2.电气动力设备的运行电压、电流应正常,各种仪表指示正常	轴承温度采用测温仪测量,观察检查,并做记录

七、通风与空调系统监理质量管控

集成化质子治疗系统暖通系统主要包含空调水系统、多联机系统、净化空调系统、送风系统、排风系统、防排烟系统六大系统,其中工艺冷却水系统(为空调水系统的分支)、送排风系统(污染区)是暖通系统的特色,也是关键技术,列为监理质量管控重点。

1. 质量管控重点一:工艺冷却水系统

(1)系统概述:本项目质子机房需预留工艺冷却水系统,最大冷负荷为 80 kW(2 间共 160 kW),向水冷却系统的液-液交换器主冷却回路供水。冷源由六层屋面的 4 台单冷型风冷热泵机组提供,单台名义制冷量为 65 kW(全年极端天气下(−18.1～45 ℃)需保证单台实际最小制冷量为 40 kW)。该系统需全年 24 h 不间断运行,并保证供水温度小于 8 ℃,系统水流量大于 10.2 m³/h,备用冷源为城市自来水,作为应急水供应,故障时实现自动切换。

(2)质量管控重点、质量要求与检查方法:如表 5-3-5 所示。

表 5-3-5   工艺冷却水系统质量管控重点、质量要求与检查方法

序号	重点	质量要求	检查方法
1	材料、设备进场验收	主要设备、构件及材料应有技术质量鉴定文件和产品合格证,并应按设计要求检验规格及型号	1.观察、测量外观尺寸 2.核查质量证明文件、消防产品认证证书 3.核对泵组参数

续表

序号	重点	质量要求	检查方法
2	管道及配件安装	1. 管径≤DN32,选用镀锌钢管、螺纹连接;管径DN40～DN70,选用焊接钢管或无缝钢管(焊接或法兰连接);管径≥DN80,选用无缝钢管或法兰连接 2. 管道支吊架的安装位置应正确,埋件应牢固,与管道接触处须垫经防腐处理的硬木衬垫隔热,硬木衬垫厚度应以保温厚度为准,宽度与支吊架一致,表面平整 3. 立管管卡设置:层高小于 5 m 时,每层设置 1 个;层高大于 5 m 时,每层不少于 2 个	1. 现场观察检查 2. 对照设计图纸检查 3. 尺量检查
3	管道清洗与试压	供、回水管安装后,在连接末端设备前,应按分支环路(必要时可临时加旁通管及阀门)进行清洗排污(管内流速不小于 1.5 m/s),直至排水清净为合格	现场观察检查
4	防腐与绝热	1. 管道和设备的保温材料、消声材料和黏结剂选用不燃材料或难燃材料 2. 穿过防火墙和变形缝的风管两侧 2 m 范围内采用不燃材料及其黏结剂	1. 现场观察检查 2. 对照设计图纸检查
5	系统调试	1. 系统调试应由施工单位负责,监理单位监督,设计单位与建设单位参与配合 2. 系统调试仪器应在有效期内,调试分为设备的单机试运转与调试	1. 观察、记录 2. 查看调试报告

2. 质量管控重点二:送排风系统(污染区)

(1)系统概述:清洁区、污染区的送排风系统按区域独立设置,送排风系统风机设计联锁控制。不同污染等级区域压力梯度的设置,应符合气流组织原则,保证气流按清洁区→污染区方向流动。相邻相通不同污染等级房间的压差(负压)不小于 5 Pa,清洁区气压相对于室外大气压应保持正压。排风系统的过滤器宜设置压差检测、报警装置。屋顶的排风系统均经过滤器(高效过滤器和活性炭过滤器吸附)处理,满足环境评价要求后高空排放。

(2)质量管控重点、质量要求与检查方法:如表 5-3-6 所示。

表 5-3-6   送排风系统(污染区)质量管控重点、质量要求与检查方法

序号	重点	质量要求	检查方法
1	材料、设备进场验收	1. 金属风管的材料品种、规格、性能与厚度应符合设计要求,镀锌层厚度应符合设计要求 2. 产品的性能、技术参数应符合设计要求 3. 附带装箱清单、设备说明书、产品质量合格证书和性能检测报告	1. 观察测量 2. 核查质量证明文件 3. 开箱检验
2	风管及配件安装	1. 镀锌钢板的材料品种、规格、性能、厚度与镀锌层厚度应符合设计要求 2. 风管系统支吊架的形式和规格应按工程实际情况选用 3. 当风管穿过需要封闭的防火、防爆墙体或楼板时,必须设置厚度不小于 1.6 mm 的钢制防护套管;风管与防护套管之间应采用不燃柔性材料封堵严密 4. 风管部件及操作机构的安装应便于操作	1. 现场观察检查 2. 对照设计图纸检查 3. 尺量检查
3	严密性试验	1. 采用专用漏风量测量仪器检测 2. 低压系统风管:$Q_L \leqslant 0.1056P^{0.65}$ 式中:Q_L 为低压风管允许漏风量;P 为风管系统的工作压力(Pa)	漏风量测量仪器检测
4	风机及空气处理设备安装	1. 产品的性能、技术参数应符合设计要求,出口方向应正确 2. 叶轮旋转应平稳,每次停转后不应停留在同一位置上 3. 固定设备的地脚螺栓应紧固,并应采取防松动措施。落地安装时,应按设计要求设置减振装置,并应采取防止设备水平移位的措施 4. 悬挂安装时,吊架及减振装置应符合设计及产品技术文件的要求 5. 通风机传动装置的外露部位以及直通大气的进、出风口,必须装设防护罩、防护网或采取其他安全防护措施	1. 现场观察检查 2. 对照设计图纸检查

续表

序号	重点	质量要求	检查方法
5	系统调试	1.通风与空调工程安装完毕后进行系统调试:设备单机试运转及调试;系统非设计满负荷条件下的联合试运转及调试 2.设备单机试运转及调试符合下列规定:新风机叶轮旋转方向正确,运转平稳,无异常振动与声响;电动机运行功率符合设备技术文件要求,额定转速下连续运转 2 h后,滑动轴承外壳最高温度不大于 70 ℃,滚动轴承不大于 80 ℃	1.现场观察检查 2.电子温度计、分贝测量仪检测

八、重大方案研讨评审会

监理单位应及时根据项目的特殊性、复杂性、专业性组织业主、总分包、设备厂家等单位对重要工序开展重大方案研讨评审会。参会各方对重要工序可能发生的问题进行深入探讨,综合考虑问题发生的因素及解决办法,达到最优效果。

在质子加速器进场前,考虑到质子设备落位的战略意义、政治影响力,以及工期紧迫性,项目监理机构应及时组织相关单位开展设备进场前期工作推进会议,从设备吊装路线、吊装场地、设备到场时间、室内装修、供水供电、设备机房环境等多方面进行探讨,梳理现场施工进展、人员配备情况。对各类工序进行重要性分级,合理投入资源,促使各项工作顺利推进。

此外,项目监理机构还可组织防辐射混凝土浇筑、机架臂预埋件及治疗床预埋、质子设备吊装等会议进行讨论。

九、跟踪监测监理工作

1. 模板支撑架监测

(1)审查施工单位提交的模板支撑架方案是否按照专家意见进行修改,变形监测方案是否符合要求。

(2)检查杆件的设置和连接,扫地杆、支撑、剪刀撑等构件是否符合要求。

(3)检查底板是否积水,底座是否松动,立杆是否符合要求,连接扣件是否松动。

(4)检查施工过程中是否有超载的现象,脚手架架体和杆件是否有变形现象。

(5)脚手架在承受六级大风或大暴雨后必须进行全面检查。

（6）浇筑混凝土前必须检查支撑架是否可靠、扣件是否松动。浇筑混凝土时必须由模板支设班组设专人看模，随时检查支撑是否变形、松动，并组织及时恢复，在浇筑混凝土过程中应实施实时观测，一般监测频率为不超过 30 min 一次，浇筑完后不少于 2 h 一次。

（7）检查上层支架立杆是否对准下层支架立杆，立杆底部是否铺设垫板。

（8）检查模板支架立杆外侧周围是否按方案要求设置由下至上的竖向连续式剪刀撑。

（9）支架立杆呈一定角度倾斜，或者其顶表面倾斜时，检查是否有可靠措施确保支点稳定，支撑脚底是否有防滑移的可靠措施。

（10）检查立杆是否有搭接现象，立杆接长严禁搭接，必须采用对接扣件连接，相邻两立杆的对接接头不得在同步内，且对接接头沿竖向错开的距离不宜小于 500 mm，各接头中心距主节点不宜大于步距的 1/3。

（11）检查高支架四周外侧和中间有结构柱的部位是否已按方案要求设置拉结点。

（12）在浇捣梁板混凝土之前，必须由项目部组织对高支架进行全面检查，合格后方可进行浇筑，并且在混凝土浇筑过程中，项目技术负责人、质检员、施工员必须随时对高支架进行观测。

2. 大体积混凝土温度监测

监理应对大体积混凝土施工专项技术方案进行严格审查，同时召开由业主、监理单位及施工单位参与的技术专题会议，在进行讨论后将最终的技术方案交由总监理工程师核查，从而确定施工专项技术方案。监理人员应重点审查方案中以下内容。

（1）混凝土原材料的控制及配合比的选用、混凝土的试配结果是否满足设计和施工要求。

（2）混凝土浇筑过程中升温控制措施及抗裂缝措施，包括浇筑顺序、分层厚度控制、埋设循环水管降温措施等。

（3）测温孔的留设及布置是否科学合理，测温方案是否可行。

（4）大体积混凝土浇筑后温度应力及收缩应力的计算。

（5）混凝土浇筑施工机械设备及施工作业人员的保证，如需要夜间连续浇筑施工，应安排至少两组施工作业人员轮班进行施工，避免因疲劳作业影响最终施工质量。

（6）混凝土的保温及养护措施和方案。

（7）有无应急保障措施，是否考虑到特殊气候条件的影响，或机械设备突然损坏等问题的出现，以保证混凝土的连续浇筑。

（8）审查施工方案中温度及温度应力的计算，要求大体积混凝土内外温差不超过 25 ℃，温度陡降不应超过 10 ℃，因此，施工中应严格控制温差，以有效控制混凝土裂缝；审查测温措施及测温点布置是否合理；同时注意所采用的材料如水泥、砂石、外加剂等是否符合大体积混凝土的施工要求。

（9）审查混凝土浇筑分段分层的合理性，以利于热量散发，使温度分布均匀；审查温度控制方案的有效性，对温度变化进行预测，在预测的同时对温度进行监测。

十、医疗设备进场前置条件的组织与协调

因质子加速器、回旋加速器等设备进场前置条件较多，设备进场前的协调工作难点就是设备的进场时间节点与现场实际进度不匹配，出现最多的情况是计划工作因多专业施工的相互交叉干扰不能按计划完工导致进度有所滞后。对此，监理应充分发挥组织协调作用，加大组织协调的力度，在进度协调中要求总包在满足进度目标的前提下制订严格的进度计划，监理的主要工作是监督进度计划的落实，特别是工程实际进度较计划进度落后时，及时发现并要求施工单位采取措施，以保证计划的落实。当进度滞后较多时，监理应加大跟踪力度，必要时参加总包的每日生产调度会，要求采取增加作业人员、设备和加大平行作业等方式，以追回延误的工期，确保进度计划的有效实施。

对于多专业施工相互干扰的问题，监理协调主要是抓好总、分包的组织协调工作，要求总包依据合同规定组织分包按时进场、退场，在现场服从总包管理，履行分包的各项职责和对违章的责罚。监理要抓好总、分包对各自合同职责的有效落实。

此外，项目监理机构还应做到以下几点。

（1）针对医疗设备进场的时间节点、设备进场前置条件，项目监理机构首先建立医疗设备进度控制目标体系，明确建设工程现场监理组织机构中进度跟踪人员及其职责分工。

（2）项目监理机构应建立进度计划审核制度和进度计划实施中的检查分析制度。

（3）项目监理机构应建立进度协调会议制度，包括协调会议举行的时间、地点，协调会议的参加人员等；监理工程师应每月、每周定期组织召开不同层级的现场协调会议；在平行、交叉施工单位多，工序交接频繁且工期紧迫的情况下，现场协调会议需要每日召开。

（4）要求施工单位及设备厂家建立工程进度报告制度及进度信息沟通网络，在监理例会上汇报，特殊情况应及时进行汇报。

（5）加强对已完工工程的质量验收，避免给后续施工带来麻烦，减少协调工作量。

（6）加强沟通和信息交流，使存在的问题及早解决，避免问题的积累。

（7）统筹协调好施工场地平面规划和垂直运输方案。监理应协助建设单位，督促总包在进场初期就根据场地和工程的实际情况，科学合理地按时间和空间顺序制订好施工场地平面的使用计划，以保证整个工程的顺利进行，同时保证满足生产安全及消防的要求，为设备进场提供良好的条件。

第四节 设备吊装安全监理管控要点

质子加速器造价高,属于精密设备,在设备吊装过程中,采用大型履带吊车和液压提升机等先进的吊装机械设备,辅以标准化的吊装机索具,可以实现多工种的交叉作业。尽管如此,该过程的施工难度依然较大,危险性亦较高。这就需要在吊装施工过程中,采用技术成熟、可靠性高的吊装技术,并进行全面的安全管理以保证场内外的所有施工协调进行,确保吊装过程的流畅性和安全性。吊装过程中,任何疏漏都可能造成严重的后果,所以,加强吊装设备的组织和质量管理,注重质量控制,对确保吊装设备的整体施工将起到至关重要的作用。项目监理机构在设备吊装的全过程中应多方面考虑,保证设备安全落位。

一、施工方案的审查

(1)审查施工方案是否经过审核、批准程序,方案的编制人、审核人、审批人是否具有相应的资质。

(2)审查施工方案的内容是否全面、正确。

(3)审查施工方案中的受力计算、核算内容是否全面、正确。

(4)审查吊装作业平面布置图的内容是否正确、全面。

(5)审查吊机站位的地基是否按方案要求经过处理,其承载能力是否满足要求。

(6)吊装人员资质的审查:审查吊装人员的持证上岗情况,严禁无证上岗。重点审查司机、司索工、起重工的持证情况。

(7)审查实际吊装重量是否为设备重量及吊索具、附件等重量之和。

(8)根据吊机吊装作业的回转半径、吊臂长度等参数复核吊机工况表中的起重量是否大于实际吊装重量。

(9)审查吊装作业中使用的平衡梁等重要附件是否有强度计算书。

二、吊装机索具及配套设施的检查

(1)钢丝绳及起重用吊带的检查:检查钢丝绳及起重用吊带的质量证明文件,外观质量、使用的安全系数是否符合标准要求。

（2）绳卡的检查：检查绳卡的质量证明文件，绳卡的数量、间距是否符合规范要求。

（3）卸扣的检查：检查卸扣的质量证明文件，外观质量、额定载荷是否满足需要。

（4）吊点的位置、吊耳及平衡梁检查

①吊点：检查吊点的位置是否有利于设备就位；是否易于观察吊装机索具的受力情况；是否满足强度及稳定性的要求；吊装机索具应有足够的工作空间。

②吊耳：a.结构应满足自身强度和设备局部强度要求。b.检查吊耳出厂质量检验合格证，不应有裂纹、重皮、夹层等缺陷。与设备焊接的吊耳及焊材应与设备的材质相匹配。c.检查吊耳的位置、数量、方位与标高，应满足吊装技术措施要求。

③平衡梁：a.平衡梁应按其设计进行制作和使用。b.检查吊索与平衡梁的水平夹角，应大于 $60°$。

三、移动式起重机的检查

（1）检查移动式起重机的选择是否合理。

（2）单台起重机吊装的计算载荷应小于其额定载荷。

（3）检查起重机的工况选择是否合理。

（4）检查吊臂与设备外部附件的安全距离，不宜小于 200 mm。

（5）检查主吊滑轮组与设备的安全距离，不宜小于 200 mm。

（6）检查起重机、设备与周围设施的安全距离，不宜小于 200 mm。

（7）起重机的吊臂长度、工作半径应满足吊装技术措施要求。

（8）汽车式起重机支腿应完全伸出，底部承压面的承受力应大于支腿的压力。

四、吊装作业环境的控制

（1）应提前向当地气象部门了解并掌握吊装时的天气情况。

（2）吊装作业应在设置的警戒区域内进行，无关人员不应通过或停留。

（3）进行吊装作业时应遵守作业区域的防火防爆规定和要求。

（4）吊装前，应清理大型设备内外、桅杆上及通道上的残余材料、工具等。

（5）检查起重机回转范围内及行走方向的障碍物清理情况。

五、吊装过程中的检查

（1）检查设备固定是否牢靠，重心是否偏移。

（2）吊带不得绑缠有尖锐角边和粗糙表面的物体，不应打结或通过孔眼连接在一起使用。

（3）检查正式起吊前是否进行过试吊，重物吊离地面约 10 cm 时应暂停起吊并进行全面检查，确认一切正常，方可正式吊装。

（4）检查吊装地面是否有沉降现象发生。

（5）检查设备起吊和旋转过程中速度是否均匀和稳定，设备落位时，速度不得过快。

第五节 验收管理

一、材料和设备进场验收

1. 目的

本程序旨在对工程材料和设备进场验收的内容和方法做出具体规定，确保工程材料和设备的质量符合要求。

2. 材料和设备进场验收程序

（1）施工单位所提供的工程材料和设备进场时须会同监理单位进行检验和交货验收，施工单位将进场工程材料和设备的供货人、品种、规格、数量如实填写在材料进场检查及取样验收记录中，提供材料的合格证、出厂检验报告和产品质量证明等文件，满足合同约定的质量标准，经监理单位检验同意后方可进场。

（2）工程材料和设备进场后，施工单位要立即通知实验室在监理单位见证下进行材料的抽样检验和工程设备的检验测试，监理单位认为有必要时可按合同规定进行随机抽样检验。

（3）工程材料和设备经实验室检验和测试合格后，施工单位将检验和测试结果报送监理单位，经监理单位批准后，该批材料和设备方可使用。

（4）施工单位如不按材料和设备检查验收程序，违约使用了不合格的材料和设备，监理单位将按照合同的有关规定进行处理。

3. 材料和设备进场验收工作流程

材料和设备进场验收工作流程如图 5-5-1 所示。

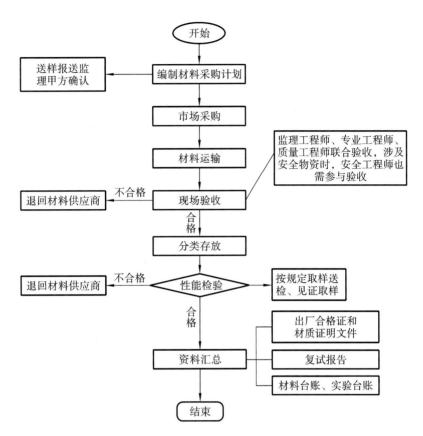

图 5-5-1 材料和设备进场验收工作流程

二、关键工序联合验收

1. 关键工序验收

关键工序验收作为分部工程验收的必要条件,是落实参建各方质量责任制、突出监督重点的一项有效的质量控制措施。关键工序验收的一般要求如下。

(1)关键工序的确定:各类工程关键工序可按表 5-5-1 确定,有特殊工艺的由参建各方于开工前商定。

表 5-5-1 各类工程关键工序检查项目表

序号	工程类别	关键工序	检查项目
1	基坑结构	钻孔灌注桩	钻孔深度、充盈系数、桩身完整性、桩长、桩径
		各类地基加固	强度检测指标
		钢筋	钢筋规格、数量、接头
		混凝土	混凝土抗压、抗渗强度

续表

序号	工程类别	关键工序	检查项目
2	城市道路	土路基	压实度
		基层	弯沉、压实度
		面层	厚度、弯沉、压实度,混凝土抗压、抗折强度
3	开槽埋管	基础	混凝土强度或砂垫层压实度
		管道安装	管道轴线、埋深,闭水试验
		回填	回填压实度、管道变形率

（2）关键工序验收人员的组成:关键工序验收由建设单位项目负责人组织,总监理工程师、施工单位项目经理、设计专业负责人参加。

（3）关键工序验收应分节点、分阶段进行:验收节点的设定可根据工程项目的规模和特点,由参建各方于开工前商定,也可参照表 5-5-2 执行。

表 5-5-2　各类工程阶段性(关键节点)验收计划表

序号	工程类别	验收阶段	验收部位(工序)	参加单位
1	基坑结构	基坑开挖条件验收	基坑围护及地基处理(已全部完成部分)	参建五方验收
		底板钢筋验收	底板钢筋(已完成部分)	参建四方验收
		结构完成	地下结构	参建四方验收
2	道路	基层施工条件验收	土路基(已完成部分)	参建四方验收
		面层施工条件验收	土路基(前次验收后的完成部分),基层(已完成部分)	参建四方验收
		100%面层完成	基层(前次验收后的完成部分),面层(已完成部分)	参建四方验收
3	开槽埋管(可分段)	沟槽开挖、管道基础(已完成部分)	开挖支护、管道基础(已完成部分)	参建四方验收
		管道铺设	管道铺设及接口(已完成部分)	参建四方验收
		沟槽回填	沟槽回填(已完成部分)	参建四方验收
4	房屋建筑(单位工程)	桩基	桩基完成部分,基坑开挖前	参建五方验收
		主体结构	顶板施工完成	参建四方验收
		二次结构	砌墙完成,抹灰前	参建四方验收
		钢结构	钢结构吊装完成,油漆施工前	参建四方验收
		装饰	完成80%	参建四方验收
		机电安装	完成80%	参建四方验收

（4）关键工序验收的条件：在确定的验收节点工作量全部完成；相关施工质量保证资料完整（附验收记录及相关检测报告）；施工单位完成关键工序自检，监理单位复查确认。

（5）关键工序的验收程序：参建各方对工程实体质量、内业资料检查验收后，提出验收意见，列出整改项目清单，填写关键工序质量验收记录表。

（6）关键工序的整改销项：施工单位根据会议纪要及整改项目清单进行整改，并出具销项报告，监理单位签字确认。

（7）单位（子单位）工程质量验收前，总监理工程师应汇总各分部工程关键工序质量验收资料并填写关键工序质量验收汇总记录。

2. 联合验收

（1）联合验收条件。

①建设项目规划许可证确定的各项工程内容及规定事项已全部竣工、完成，具备建设工程规划核实条件。

②建设项目工程质量符合验收规范、标准和图纸设计要求，已具备竣工验收条件。

③建设工程按消防设计要求建成并符合国家规定标准。

④建设项目已按照环境影响评估及其批复的要求建设，落实污染防治工作，配套污染治理设施。

⑤防雷装置按核准的设计要求建成，经防雷检测机构检测，符合国家规定标准。

⑥公用绿化全部竣工，已具备通水、通气、通电要求。

⑦检测中心出具沉降、节能、保温、钻心、路灯所接地等功能性检测报告。

除上述内容外，其他规定的测量和监测工作均已完成。

（2）联合验收程序。

①建设单位根据联合验收办提供的联合验收告知单准备验收资料。

②建设单位向联合验收办提出验收申请。

③联合验收办接收资料，材料不齐的出具补正清单。

④联合验收办组织人员审查资料。

⑤联合验收办组织人员进行现场勘察并提出验收意见，不合格的当场书面告知。

⑥建设单位提出复验申请。

⑦联合验收办组织人员进行复验并提出验收意见。

⑧联合验收办统一发放各部门出具的验收合格法律文书。

⑨建设单位向联合验收办申请办理竣工验收备案。

三、分部工程/竣工验收

1. 建筑工程质量验收划分

建筑工程质量验收应划分为单位工程、分部工程、分项工程和检验批的质量验收。

(1)单位工程质量验收应按下列原则划分:

①具备独立施工条件并能形成独立使用功能的建筑物或构筑物为一个单位工程。

②对于规模较大的单位工程,可将其能形成独立使用功能的部分划分为一个子单位工程。

(2)分部工程质量验收应按下列原则划分:

①可按专业性质、工程部位确定。

②当分部工程较大或较复杂时,可按材料种类、施工特点、施工程序、专业系统及类别将分部工程划分为若干子分部工程。

(3)分项工程可按主要工种、材料、施工工艺、设备类别进行质量验收划分。

(4)检验批质量验收可根据施工、质量控制和专业验收的需要,按工程量、楼层、施工段、变形缝进行划分。施工前,应由施工单位制订分项工程和检验批的质量验收划分方案,并由监理单位审核。对于相关专业验收规范未涵盖的分项工程和检验批,可由建设单位组织监理、施工单位等协商确定。

2. 建筑工程质量验收

(1)检验批质量验收合格者应符合下列规定:

①主控项目的质量经抽样检验均应合格。

②一般项目的质量经抽样检验合格。当采用计数抽样时,合格点率应符合有关专业验收规范的规定,且不得存在严重缺陷。对于计数抽样的一般项目,正常检验一次、二次抽样可按《建筑工程施工质量验收统一标准》(GB 50300—2013)附录 D 的内容判定。

③具有完整的施工操作依据、质量验收记录。

(2)分项工程质量验收合格者应符合下列规定:

①所含检验批的质量均应验收合格。

②所含检验批的质量验收记录应完整。

(3)分部工程质量验收合格者应符合下列规定:

①所含分项工程的质量均应验收合格。

②质量控制资料应完整。

③有关安全、节能、环境保护和主要使用功能的抽样检验结果应符合相应规定。

④观感质量应符合要求。

（4）单位工程质量验收合格者应符合下列规定：

①所含分部工程的质量均应验收合格。

②质量控制资料应完整。

③所含分部工程中有关安全、节能、环境保护和主要使用功能的检验资料应完整。

④主要使用功能的抽查结果应符合相关专业验收规范的规定。

⑤观感质量应符合要求。

（5）建筑工程质量验收不合格的处理：

①经返工或返修的检验批，应重新进行验收。

②经有资质的检测机构检测鉴定能够达到设计要求的检验批，应予以验收。

③经有资质的检测机构检测鉴定达不到设计要求，但经原设计单位核算认可能够满足安全和使用功能的检验批，可予以验收。

④经返修或加固处理的分项、分部工程，满足安全及使用功能要求时，可按技术处理方案和协商文件的要求予以验收。工程质量控制资料应齐全完整，当部分资料缺失时，应委托有资质的检测机构按有关标准进行相应的实体检验或抽样试验。

⑤经返修或加固处理仍不能满足安全或重要使用功能的分部工程及单位工程，严禁验收。

（6）建筑工程质量验收的程序和组织：

①检验批应由专业监理工程师组织施工单位项目专业质量检查员、专业工长等进行验收。

②分项工程应由专业监理工程师组织施工单位项目专业技术负责人等进行验收。

③分部工程应由总监理工程师组织施工单位项目负责人和项目技术负责人等进行验收；勘察、设计单位项目负责人和施工单位技术、质量部门负责人应参加地基与基础分部工程的验收；设计单位项目负责人和施工单位技术、质量部门负责人应参与主体结构、节能分部工程的验收。

④单位工程中的分包工程完工后，分包单位应对所承包的工程项目进行自检，并应按 GB 50300—2013 规定的程序进行验收。验收时，总包单位应派人参加。分包单位应将所分包工程的质量控制资料整理完整，并移交给总包单位。

⑤单位工程完工后，施工单位应组织有关人员进行自检。总监理工程师应组织各专业监理工程师对工程质量进行竣工预验收。存在施工质量问题时，应由施工单位整改。整改完毕后，由施工单位向建设单位提交工程竣工报告，申请工程竣工验收。

⑥建设单位收到工程竣工报告后，应由建设单位项目负责人组织监理、施工、设计、勘察等单位项目负责人进行单位工程验收。

（7）竣工验收流程：

①建筑工程竣工验收准备工作。

②建筑工程竣工验收监督（由监督站操作）。

③建筑工程竣工验收备案（由建设单位操作）。

④建筑工程竣工验收备案程序。

⑤组织现场验收的主要内容。

⑥建筑工程竣工验收程序。

⑦单位工程竣工质量初检（专家验收组核查）。

⑧建设项目专项验收阶段。

⑨单位工程竣工质量验收（质量监督组进行）。

⑩建设项目资料备案阶段。

⑪竣工验收移交交房阶段资料。

四、备案验收

在工程施工及竣工验收过程中，建设方主要对施工项目进行以下方面的验收。

（1）供水工程验收、供电工程验收、通信工程验收、天然气工程验收、供暖工程验收、排污工程验收、分户验收、规划验收、消防验收、环保验收、人防验收、气象验收、节能性能检测。

（2）在工程验收合格之日起 15 日内，向工程所在地的建设主管部门备案（住建委）。

（3）在工程验收之日起 5 日内，工程质量监督部门向备案机关提交工程质量监督报告。

（4）备案机关认为建设项目质量合格，施工过程中也没有其他违法行为的，该项目可以建立工程档案保存，项目可以投入使用。

（5）设备吊装、运输、安装、调试等的特殊验收。

第六章

集成化质子治疗系统调试和验收管理

第一节　设备进场前置条件

集成化质子治疗系统的建造是一项复杂的工程,为保证设备进场后安装顺利,合理缩短安装工期,提高整个项目建造效率,设备进场前须满足以下前置条件。

一、安装准备阶段概述

设备安装的前提是建筑结构基本完成且完全满足场地规划指南(site planning guide,SPG)的要求,SPG 由集成化质子治疗系统设备供应商提供,规定了建筑接口技术细节和要求。设备供应商有义务为客户提供建筑设计及施工方面的帮助和咨询,提供必要的技术支持和审核等。

设备安装由设备供应商负责,安装的组成人员包括安装、吊装、安全、质量、仓储物流等项目技术人员。

二、安装现场准备工作

1. 质子机房客户范围的准备

(1)质子机房除治疗室外的其他区域地面、墙面基础装修已完成,不再有产生扬尘、飞沫的作业,治疗室地面平整度($\leqslant 3$ mm)符合设备厂家 SPG 要求。

(2)暖通系统完成,保证温度((21 ± 2) ℃)、湿度(相对湿度为 $30\%\sim 70\%$,15 ℃温度下无冷凝)环境满足设备厂家 SPG 要求,排风系统运行正常。

(3)符合设备厂家 SPG 要求的正式供电系统(供电容量不小于 250 kVA)调试完成,并可投入使用,UPS 电源要求 250 kVA 工作载荷下全功率输出工作 30 min。

(4)供水和排水:冷却水系统的主管路施工及管道试验已完成,设施冷却水水质(总溶解固体<100 mg/L,pH $6.5\sim 10.5$,无可检测微生物)、流量(>170 L/min)、水压($0.41\sim 0.69$ MPa)和温度($\leqslant 8$ ℃),城市自来水流量(>30 L/min)、水压($0.41\sim 0.69$ MPa)和温度($\leqslant 27$ ℃)等参数均满足 SPG 要求,供水系统可连续正常运行,排水系统可正常使用。

(5)接地、防雷系统完成,接地电阻($\leqslant 1$ Ω)满足设备厂家 SPG 要求并按要求预留接地端子。

（6）质子区域电缆桥架施工完成，符合设备厂家 SPG 要求。

（7）满足安装及其他施工临时用电的需求。

（8）网络和通信：质子机房内和办公室均已接入互联网。

（9）安装所需的工作场地，包括道路和吊装场地，满足运输和承重的要求。

（10）其他配套系统功能性用房：如集水井、放射性废物暂存间、冷水机房、备品备件间等辅助用房土建及装修施工已完成，可正常使用。

（11）安全保卫：质子机房的防护门安装完毕，且可以上锁管理，其他设备吊装口等出入口有可靠的临时封闭措施。

（12）消防灭火系统完成。

（13）监控系统完成。

（14）门禁控制系统完成。

（15）现场办公室完成。

（16）人员所需的卫生场所完成。

2. Total-Body PET/CT 客户范围的准备

根据设备供应商的场地规划要求准备场地，并承担由此产生的所有费用。对最终的场地质量负责，配合设备供应商完成场地验收。

设备供应商的项目管理人员勘察现场时，客户有义务详细、清晰地告知现场的具体情形，如对本系统的干扰等不利因素，或是否满足国家医用诊断 X 射线辐射源标准、射线防护标准等。

协助系统安装后的调试工作，配合设备供应商完成安装后的系统验收工作。

三、设备供应商准备

1. 质子治疗系统供应商准备

（1）现场安装的各项管理制度。

（2）工程师和安装队全体人员的技术及安全培训。

（3）特种设备作业人员和特种作业操作人员必须持证上岗。

（4）安装手册、图纸等技术资料的准备。

（5）安装工具、材料、设备的准备，包括起重机、曲臂车和液压车等。

2. Total-Body PET/CT 供应商准备

（1）提供场地规划图纸，并协助客户完成场地准备。

（2）检查和验收场地，确保系统满足安装需求。

（3）系统的安装、调试与验收。

四、交叉施工的协调

1. 质子治疗系统施工协调

集成化质子治疗系统的建造是一项复杂的系统性工程,建造过程存在交叉施工的情况,为保证集成化质子治疗系统建造进度,避免建造过程中出现窝工、返工等问题,就建造过程中的交叉施工问题做如下说明。

(1)预埋件回填。设备供应商完成轴承支座定位固定后,通知客户施工方通过预留埋管向支撑预埋件与轴承支座间回填混凝土,以便后续机架臂安装等。

(2)吊装口封堵。加速器模块吊装完成后,暂时恢复临时吊装口封堵,待设备供应商完成加速器模块的旋转并安装到机架臂之后,通知客户封堵吊装口,封堵后必须完成屋顶防水工程。

(3)治疗室装修。装修设计应在设计阶段同时启动,治疗室内相关设备安装及校准完成后,通知客户开始治疗室装修施工,其间滑轨 CT 轨道安装后的混凝土回填等工作需穿插进行,合理规划施工顺序。

(4)安全联锁和剂量监测系统。此系统的施工需充分考虑质子治疗系统的安装、治疗室装修,质子治疗系统束流调试的需求,根据各阶段施工需求施工。

(5)暖通系统、消防系统、电气桥架。这些系统部分位于设备吊装口和设备在机房内安装就位的路径上,其安装需要和设备的吊装安装合理穿插进行。在暖通系统正式投入运行以控制机房内温湿度前,需要考虑应用临时空调系统对环境进行控制以满足设备安装要求。

2. Total-Body PET/CT 施工协调

客户应与施工单位商定并采取必要措施,确保机房及运输通道地面的承重能力满足系统要求。系统安装前,应严格检查机房的各项要求。如有偏差,应及时通知设备供应商,否则无法确保系统的顺利安装与最终交付。

第二节　设备调试前置条件

一、质子治疗系统调试前置条件

1. 调试设施前置条件

(1)设备进场的前置条件已全部满足。

（2）UPS 和应急电源激活并通过测试。

（3）控制室空间配有网络数据连接。

（4）设备的所有电气连接和接地已完成。

（5）已安装并激活所有紧急停止按钮。

（6）所有门指示灯开关已安装并正常工作。

（7）所有警示灯系统齐全。

（8）冷却水系统最终连接完成，系统激活。

（9）房间具备排气功能。

2. 调试设备前置条件

（1）调试设施的前置条件均已满足。

（2）临床用计算机连接完成。

（3）安装 X 射线屏蔽墙完成。

（4）集成化质子治疗系统的物理硬件设备已经完成安装，相关的电缆均已正确连接。

（5）完整、永久的供电和配电柜到位且功能正常，配电柜满足负载要求。

（6）场地辐射防护、门机联锁、温湿度控制、照明、空调和排风换气等安装调试完成并正常运行；第三方相关配套冷却水安装完成且功能正常。

（7）系统相位及电源检查：地线检查，输入电压检查并跳线。

二、Total-Body PET/CT 调试前置条件

为了保证 Total-Body PET/CT 设备满足正常运行和最佳图像质量要求，系统设备提供调试工具，对系统的性能状态进行检查及常规校正，包括服务安装维护及用户日常质控。系统执行调试前，需确认满足以下条件。

（1）确认场地满足设备运行要求，应遵守与系统安装相关的安全、电气、建筑和射线防护等国家或当地的法律规范。

（2）确认系统安装完成后可正常上电启动，且主控软件无异常报错。

（3）确认系统的功能按键、急停开关、上下电控制均可正常使用。

（4）确认检查床垂直和水平方向的运动控制正常。

（5）系统上电一段时间后，确认环境温湿度和探测器温度处于正常稳定状态，确保冷却系统正常工作。

（6）确保现场满足辐射源操作要求，PET 系统调试过程中客户需提供放射性同位素（^{18}F液体源或^{68}Ge固体源）及合格的活度计，并配置相应防护设备来减少对操作人员的辐射剂量。

（7）确认校正模体及配套工具完备，若模体有破损、划痕、漏水，有污染物沉淀等，则需更换或清洗。

三、回旋加速器 PETtrace 800 调试前置条件

检查和确认回旋加速器设备物理安装已经完成。根据场地准备手册要求，确认供电和配电柜等到位且功能正常；确认场地辐射防护、门机联锁、温湿度控制、照明、空调和排风换气等安装调试完成并正常运行；确认第三方相关配套（如冷水机、空压机、热室、气瓶和减压阀等）安装完成且功能正常。

此外，还应对系统相位及电源进行如下检查：①地线检查；②输入电压检查并跳线；③PDU电压检查；④CAB3柜电压检查；⑤RFPG柜电压检查；⑥PSMC柜电压检查；⑦水冷系统电压检查；⑧急停按钮检查。

第三节　设备调试流程及注意事项

检查场地安全、警报装置和安全警示标志等，确认场地环境满足安全要求；确保工艺冷却水和城市冷却水供应正常，温度、湿度符合要求，检查空调和排风系统等功能完全正常；确认场地环境满足设备运行要求，确保人员和环境安全；确认场地满足开机通电调试条件，检查和确认输入电源电压满足要求，配电柜空开符合要求。

调试加速器时进行超导磁体和加速器出束调试的人员必须是经过培训并获得超导磁体操作和加速器操作证书的专业人员，并且有超导磁体和加速器操作经验，如果没有相关的操作经验，需要在有经验的专业人员监督下进行独立操作，并严格按照调试流程进行调试。

一、质子治疗系统调试流程及注意事项

集成化质子治疗系统包括多个子系统，子系统分成两个大类：第一类是主要与加速器紧密相关的，用于产生束流的系统；第二类是为治疗目的而设计的系统。

第一类系统有冷却水和低温系统、超导磁体系统、失超保护系统、真空系统、离子源系统和射频系统。

第二类系统有外机架、内机架、束流扫描系统、剂量监测系统、患者定位系统、治疗控制系统。

这两类系统都由很多电气设备组成,供电和电气控制也是所有系统的基础。集成化质子治疗系统有为所有子系统供电的电源控制机柜、辅助的不间断电源(UPS)系统以及低压配电柜,作为用户单位电力系统的接口。

(一)调试流程

调试的基本流程是先调试与加速器相关联的系统,从设备中获得束流,因为与治疗相关的系统调试需要用束流进行调试。又因为集成化质子治疗系统的特点,加速器固定在外机架上,外机架虽然是为治疗目的而设计的,但是调试的过程中需要优先调试,这样才能在调试加速器的过程中根据需要放置加速器的位置。下面简要介绍整个系统的调试流程。

1. 治疗控制系统检查

按照操作指南安装好治疗控制系统客户端,并检查需要的电缆都已正确连接,治疗控制系统客户端 TC 正常工作,打开系统,进入 Service 操作界面,调试过程中很多操作工作在 TC 上进行,因此治疗控制系统终端需要优先准备好。

2. UPS 系统调试

UPS 系统的设计目的是在输入交流电断电的情况下,能够为整个系统提供短时间(至少 2 h)的供电,以保证控制系统和低温系统/超导磁体系统有足够的时间恢复到安全或者停机的状态。

UPS 系统的调试包括检查电路的功能性,检查 UPS 系统相关状态信号是否正确地发送到质子治疗控制系统中。当 UPS 系统发生异常时,质子治疗控制系统能够及时监控到 UPS 系统的异常变化,从而采取预定的流程降低风险。

UPS 系统调试主要通过断开输入交流电、旁路交流电或者 UPS 电源等实现,这些操作都需要在质子治疗控制系统操作终端 TC 中得到反馈并在其中产生联锁。

3. 外机架检查

集成化质子治疗系统的主要创新就是使加速器小型化,继而把加速器直接放在外机架上,省去了束流传输线。外机架由两个绕固定轴的转臂、固定在转臂一端带有支撑桶的加速器和转臂另一端的配重块组成。外机架总重 110 t,总高度 7.3 m,束流出射口在绕等中心约 2 m 的半径上转动。外机架的转动角度范围(束流的照射角度)为 −5°～185°。其中束流垂直向下的方向定义为 0°,束流垂直向上为 180°,水平出射为 90°。图 6-3-1 所示为外机架模型图。

(1)外机架开始调试前,检查设备安装现场是否有物品位于机架旋转的路径上,清空机架旋转空间,确保不会发生任何物品和人员的碰撞,关闭房间的门,检查电气安全。外机架的运动操作必须由通过认证的机架操作工程师进行,同时每次需要至少两个人共同执行。

(2)根据作业指导书的操作步骤,依次对外机架各个部分上电,在设备机柜、设备控制计算

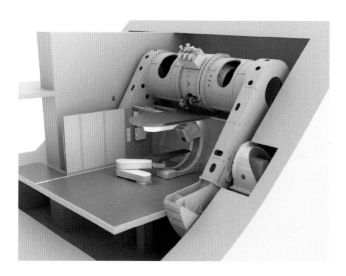

图 6-3-1　外机架模型图

机和 TC 上验证相关信号和在 TC 上的正常显示,完成作业指导书的测试并记录。

(3)对外机架的通信进行检查和调试,完成并通过作业指导书中的各项测试。

(4)对外机架的运动进行测试和调试,并记录测试的结果。

(5)对外机架的限位进行验证和设置。

(6)对外机架的安全联锁和运动进行测试和验证。

(7)对外机架编码器的偏移量进行校准。

4. 真空系统调试

集成化质子治疗系统的真空系统由真空腔、真空管道、真空模组、真空计和阀门以及真空控制系统组成,是一个非常紧凑的系统(图 6-3-2)。真空腔主要有加速器束流腔、射频腔和束流引出管道三个部分,通过真空管道与真空泵组相通。真空泵组由一台机械前级泵和一台分子泵组成。加速器正常工作的真空压力为 5×10^{-6} Torr。

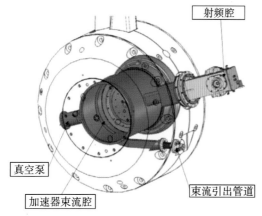
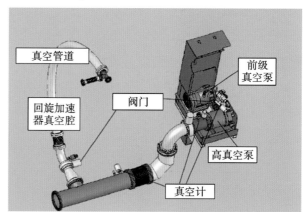

图 6-3-2　真空系统组成

除了束流加速和引出路径上的真空腔室外,超导同步回旋加速器的低温系统也包括几个真空密封的腔室,但是低温部分的腔室采用真空是为了降低热传导,更有效地维持低温。这部分的真空腔室包括低温塔的低温腔、氦气压缩机工作腔,其真空是在调试低温冷却之前用真空维护泵组一次性抽好,密封性加上极低的温度有利于维持其内真空度。

真空系统的调试主要是根据操作指南使用真空维护泵组对低温腔、氦气压缩机工作腔和氦气冷却腔抽真空和真空检漏,使用系统的真空泵组对加速器束流腔和射频腔抽真空,根据操作指南上的参数要求确保真空度和漏率符合要求。

5. 冷却和低温系统检查

集成化质子治疗系统的冷却系统主要由 3 台水冷热交换机和 4 台氦气低温压缩机组成。

(1)检查水冷热交换机的输入工艺冷却水的功能、温度、流量,城市冷却水的供应。

(2)检查水冷热交换机管路的连接(一级循环和二级循环)。

(3)检查水冷热交换机的电路连接(一级循环和二级循环)。

(4)开启水冷热交换机,检查冷却水机运行状态,并按照操作指南上的操作流程和参数设置和确认每一台水冷热交换机的运行参数,调节流量阀门。按照操作指南对水冷热交换机输出回路上的温度、流量监控控制器进行温度和流量的联锁设置。

(5)检查氦气低温压缩机氦气回路管道的连接、电路的连接,确认氦气低温压缩机氦气压力在正常范围内。开启氦气低温压缩机,确认其功能正常。注意在室温下勿长时间开启氦气低温压缩机,以免过载和损害其寿命。

(6)按照操作指南对水冷热交换机的软件联锁进行检查和测试,确保联锁保护的功能正常。

(7)按照操作指南对冷却和低温设备进行总体的测试和联锁的检查。

6. 超导磁体冷却和励磁

集成化质子治疗系统的超导磁体使用了 NbTi 超导磁体,工作温度为 4.4 K(1 K＝－272.15 ℃),需要液氦提供低温环境。图 6-3-3 所示为所使用的超导磁体及其低温冷却设备结构图。

(1)根据操作指南的要求,使用液氮和液氦。通过向低温冷却塔的液氦回路腔灌充液氮和液氦的操作冷却超导磁体。在充入液氮和液氦之前,启动氦气低温压缩机。

(2)超导磁体系统的冷却需要将加速器放置到 90°的位置,即冷却塔完全向上的位置。

(3)在冷却降温过程中,需要时刻关注冷却塔的温度,并对冷却过程中的参数进行记录。从室温冷却到 90 K,使用液氮进行冷却;从 90 K 冷却到 4.4 K,需要使用液氦进行冷却。在冷却过程中要记录液氮和液氦的使用量,关注 TC 界面上监控温度的变化。

(4)冷却温度达到设定值(4.4 K)后,还要关注液氦冷却回路内液氦的量,使其保持在操作

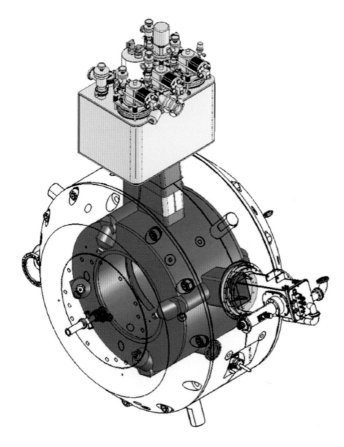

图 6-3-3　超导磁体及其低温冷却设备结构

指南要求的范围内。在冷却过程中还要保持对磁体位置的监控以及冷却液氦回路中液氦的液面和氦气压力的监控,冷却完成后按照操作指南对冷却后的超导磁体进行稳定性测试。

(5)按照操作指南对超导磁体进行励磁前的检查。

(6)按照操作指南对超导磁体进行励磁,在励磁过程中对设备励磁状态进行记录。在励磁过程中,监测线圈的温度变化、氦气压力的变化和加热器功率的变化。

(7)经过多次励磁成功后可以对超导磁体进行自动励磁,自动励磁时也需要对过程进行记录和监控。

7.等中心确认

等中心位置是质子治疗系统中非常重要的一个位置,治疗室内设备的校准都以等中心为参考点。等中心的位置是由外机架确定的,按照操作指南,使用如图 6-3-4 所示的测量布局和测量设备经纬仪确定等中心的位置,以及内机架相对于等中心的偏差,校准内机架到等中心的位置在误差要求的范围内(在内机架 $0°\sim180°$ 的转动范围和伸展范围内,束流面内和垂直于束流面内的两个方向的位置偏差不超过 $\pm0.5\ mm$)。

8.X 射线患者定位系统校准

患者定位系统包括 X 射线定位系统、治疗床定位系统和激光定位系统。

图 6-3-4 等中心位置的测量和内机架校准方法

（1）按照操作指南对 X 射线定位系统中的平板探测器进行机械定位、调节和校准。对 X 射线定位系统中的球管进行定位、调节和校准。

（2）校准 X 射线球管和 Verity 的射线影像中心到机械等中心。校准完成后，对 Verity 的射线影像中心（虚拟十字线中心）和机架 90°时的机械等中心进行定量测量，并进行记录。

（3）对激光定位系统进行校准，确保机械等中心、X 射线定位系统中心、治疗床定位系统的等中心和激光定位系统的等中心在误差范围内是重合的。

9. 射频系统调试

射频系统主要由射频控制模块（RFCM）、射频放大器、旋转电容器、定向射频耦合器等部分组成（图 6-3-5）。

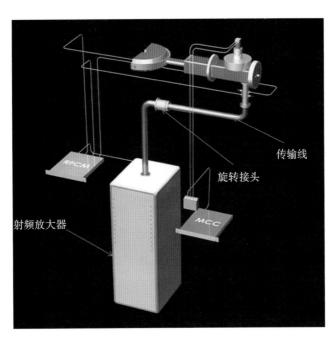

图 6-3-5 射频系统主要设备示意图

在进行射频调试之前,需要检查射频放大器的功能是否正常,DC Bias 的高压线连接是否正确,RFCM 的功能是否正常且接线是否正确。在进行射频调试时超导磁体电流需要加到 400 A,加速器束流腔的真空度要高于 5×10^{-6} Torr,控制系统 TC 工作正常。

10. 离子源和初级束流测试

离子源采用了对称位于磁场中心轴上的冷阴极 PIG 离子源,氢气电离后产生质子。

(1)超导磁体冷却和射频系统调试完成后,可以按照操作指南进行束流初步调试。安装到医院的系统已经在工厂进行了加速器束流的初步调试,因此在医院按照操作指南进行初步的出束调试相对容易,束流初步调试时能够观察到束流的引出,如可以在法拉第杯上测量到束流,或者用胶片在束流出射口观测到束流等。初级束流引出后需要根据调试指南对束流进行精确测量和调节,调整束流的能量、形状、引出效率、流强和位置等,优化引出的束流。

(2)按照操作指南分别使用水箱、多层电离室、静电计等测量布拉格峰的位置,校准束流在水中的射程。通过在不同角度调整超导磁体形成的磁场分布以及引出轨道上磁场分布和形状,调整诸如射频幅度表,DC Bias 电压,离子源阴极电压,氢气流量,射频的起始和停止频率等参数来优化束流的性能(束流位置、束流电流、束斑尺寸、束流能量和能量分散)。上述操作是对加速器引出的初级束流性能的优化,可确保直接从加速器引出的初级束流的稳定性和性能符合治疗的需求。

(3)初级束流的优化是调试中工作量比较大的一个过程,需要不断的尝试和调节才能获得比较好的束流性能。

(4)完成对初级束流的优化后,可以对用于治疗的束流的参数进行调试。

11. 剂量系统线性校准

(1)对离子源的脉冲信号宽度进行自动校准,产生用于束流电荷控制的配置文件脉冲宽度表。

(2)在外机架设定的不同角度都生成这样的脉冲宽度表,并保存至系统的基准配置文件中。

(3)使用 XYZ 剂量平面对剂量系统进行校准。校准结束后将校准结果保存至系统的剂量基准文件中。该过程中也对 X 轴剂量、Y 轴剂量和 XYZ 剂量平面 2 的剂量进行校准。

(4)对剂量控制的精度和涨落进行优化。在进行优化时,按照平均误差、最大误差的标准偏差的顺序进行调节。优化结束后进行测试,验证优化后的结果符合要求,并将优化后的数据基准表更新到临床模式下。

(5)校准和优化剂量与束流电荷测量值(MU)之间的线性关系。该校准需要在对扫描磁铁和电离室的位置进行校准之后进行。剂量在治疗时是一个无法直接测量的量,可以直接测量的值是每次束流的电荷量,因此需要在这两个量之间建立联系,在治疗时通过监测 MU 获得照射的剂量。

（6）该线性校准最后通过的标准在完成优化后不再进行任何调整，之后 7 天的重复测量都能符合设定的要求。

（7）对射野边界或者 TIC 测量边界的束流进行修正。该修正流程是在对剂量做完所有的校准和对扫描磁铁和电离室探测器的位置做完校准之后才进行的。

12. 扫描磁铁和穿透式电离室校准

（1）安装扫描磁铁，并连接冷却水管和电缆，检查扫描磁铁冷却水压力和温度是否正常。

（2）对扫描磁铁的放大器进行配置和测试。

（3）对扫描磁铁和穿透式电离室进行位置的校准。该校准过程通过对等中心位置的探测器上扫描的分布，校准扫描磁铁电流和束流角度之间的关系。本过程完成后输出束流在等中心的位置与扫描磁铁的参数、穿透式电离室 TIC 的位置之间的基准数据文件。在该过程中先测量并设置扫描磁铁在横向的平面/十字交叉平面两个方向上的斜率和补偿参数的初始值，再对不同束流出射方向的 σ 值进行测量，然后进行扫描磁铁和穿透式电离室的参数校准，最后对磁滞的影响进行校准。本次校准也会输出一系列的系统基准参数表。

13. 治疗头的射程调节器校准及能量确认

（1）对射程调节器的厚度数据进行测量和验证，通过测量设备中所定义的所有射程调节器的布拉格峰的深度，确认所有射程调节器的板子都符合系统的设定。

（2）验证射程调节器在使用中的运动和出束的同步性。

14. 治疗头的自适应多叶光栅校准及束斑位置确认

对自适应多叶光栅进行位置校准：通过测量并不断调整多叶光栅的校准参数，实现多叶光栅的位置校准。

15. 影像系统校准

对 X 射线系统的 Verity 2D 进行校准和验证。

16. 治疗床定位校准

对治疗床移动位置进行校准：按照操作指南使用 X 射线校准和其他校准工具，治疗床可以绕等中心位置转动。

17. 联锁测试

按照操作指南中流程定义的顺序对系统中所有联锁信号进行测试并记录，确认联锁满足最后系统的性能要求。

测试之前请确认测试中使用的工具全部准备好。

18. 束流性能的最终测试

确认所有系统的基准数据已经完成，所有的基准数据已经被锁定不再更改，设备已经具备移交用户的条件,在移交用户之前,按照操作指南对设备的整体束流性能进行内部的测试验收。

测试之前请确认测试中使用的工具全部准备好。测试时应该保持设备处于可用于治疗的正常状态,不得使任何联锁短路,所有的系统误差范围都应为可用于治疗的正常范围,所有的基准数据和文件都已确认不再更改。

19. 基准数据的备份

对所有的基准数据(包括设备和束流测试过程中的数据,设备和束流最终测试数据)进行备份、保存和归档。

20. 用户验收

协助用户进行验收测试,具体流程为治疗流程验证、用户移交设备性能验收测试、验收报告、文档资料移交。

(二)调试注意事项

(1)在进行调试时,首先要注意安全。根据安全要求,需要进行以下基本安全防护。如佩戴个人安全防护用品,遵守电气操作安全流程、上锁和标签使用流程等,在进行不同的子系统调试时,还应根据每个子系统的特点,遵守特殊的安全要求。

(2)当使用束流时,严格按照辐射防护的管理流程操作,出束时不得待在治疗室、地下室设备间和上层维修间,严格执行出束的清场流程,进入上述房间时佩戴个人剂量计。被束流打到的物体都有可能活化,对活化的物体按照放射性固体废物的管理流程操作和储存。

(3)在进行超导磁体的励磁操作和加速器的调试操作前,必须经过培训并获得超导磁体操作证书和加速器操作证书。

(4)外机架调试时除要做好通用的安全防护外,还要注意对外机架转动区域的检查,确认在机架转动的区域没有可能造成危险的人或物的存在,注意每次转动外机架前都要确认清空机架转动区域。对外机架进行调试时,必须由经认证的机架调试工程师进行操作,做好上锁和标签的管理。每次运动操作必须由至少两名人员完成:通过认证的机架调试工程师进行主要的操作,另一名人员要观察机架的转动区域,并控制刹车按钮,两名人员之间要保持可靠的通信。

(5)在进行水冷热交换机和低温系统的调试时,如果需要打开冷却机或者压缩机,要确保上一级的冷却系统在正常工作。氦气低温压缩机在常温下进行测试时不能长时间开机,测试完成后要及时关机。

(6)对超导磁体的冷却需要用到液氮和液氦,它们都是温度极低的液体,在灌充到设备的过程中吸热气化,会导致周围的温度降低。工作人员在操作时会接触流有液氮和液氦的气管,装液氮和液氦的冷却罐,直接接触皮肤有可能造成低温冻伤,所以要做好低温防护,如穿长袖服装,操作时戴保温手套和防护面罩。冷却过程中液氮和液氦会气化导致大量的氮气和氦气积聚在工作场所,因此要保持工作场所通风,防止工作人员发生窒息。

(7)在使用液氮和液氦冷却超导磁体的过程中,要保证充入液氦回路内的压力高于大气压,防止空气倒灌入液氦回路中。使用液氮和液氦开始冷却超导磁体系统时,加速器系统的位置应该转动到 90°的方向,即冷却塔正好朝上的位置。

(8)在进行 X 射线定位系统的校准时,要做好个人的防护,穿戴好个人防护用品。在对 X 射线球管进行调节和校准时要遵循 X 射线的操作流程。在发出 X 射线时确保无人在房间内,操作人员要位于屏蔽的操作间内或者在外部控制室内操作。

(9)在进行激光定位系统的校准时,避免直视激光,以免造成视网膜的损伤。

(10)对治疗床进行定位校准时,要佩戴个人防护用品,在操作治疗床移动时,注意观察治疗床的运动,防止被治疗床碰伤、挤伤。同时要注意治疗室内的其他物品,如内机架、外机架等,避免操作治疗床时和其他物品发生碰撞。

(11)对治疗床进行定位校准时,治疗室的温度变化不应超过 4 ℃,相对湿度控制在 30%～75% 之间。当温湿度超过上述范围时,校准流程有可能失败。

(12)只有经过培训的工程师才能操作治疗床的移动和进行校准。这项校准操作需要 50 h 的连续操作,所以需要事先安排好轮班的人员,每班需要至少两名工程师共同操作。

二、Total-Body PET/CT 调试流程及注意事项

1. 系统调试流程

Total-Body PET/CT 设备安装完成后,需要厂家服务工程师进行首次安装调试,以保证设备达到厂家标定的性能验收指标,客户验收合格后方可使用。Total-Body PET/CT 调试流程如图 6-3-6 所示。

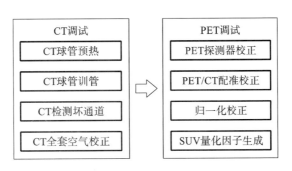

图 6-3-6　Total-Body PET/CT 调试流程

（1）CT 调试校正：包含 CT 球管预热、CT 球管训管、CT 检测坏通道和 CT 全套空气校正。

（2）PET 调试校正：包含 PET 探测器校正（包含 LUT 位置、能量和 TOF 校正）、PET/CT 配准校正、归一化校正和 SUV 量化因子生成。

Total-Body PET/CT 调试步骤如表 6-3-1 所示。

表 6-3-1　Total-Body PET/CT 调试步骤

调试内容	操作步骤
CT 球管预热	1. 打开日常服务界面，进入球管预热界面 2. 设置目标热容量，点击开始，等待进度 100% 完成后退出 主要作用：提高球管的热容量以保证 CT 系统在最佳状态工作
CT 球管训管	1. 打开 CT 服务工具，进入球管训管界面 2. 按下扫描按钮，等待进度 100% 完成后退出 应用场景：首次安装，更换球管，频繁打火，长时间下电
CT 检测坏通道	1. 打开 CT 服务工具，选择"Mark Bad Channel" 2. 执行扫描，开始校正，待所有协议成功执行后退出 3. 检查是否标记出坏通道，若当前系统标记过多，则需及时处理
CT 全套空气校正	1. 打开日常服务界面，进入空气校正界面 2. 勾选所有选项，执行全套空气校正

续表

调试内容	操作步骤
PET 探测器校正	1.准备好灌注完 ^{18}F 的棒源水模,定位到 PET 视野中心 2.进入 PET 服务工具界面,使用 LUT、能量、TOF 校正工具 3.依次完成采集和数据处理,生成校正文件 4.使校正结果生效,重启 PET 系统
PET/CT 配准校正	1.将灌注 ^{18}F 的配准水模摆放在 PET 横向视野中心 2.进入检查界面,选择配准校正的特殊协议,执行完 CT 和 PET 扫描流程后正常重建图像,退出界面 3.使用配准工具加载 CT 和 PET 图像,生成新的图像配准矩阵

调试内容	操作步骤
归一化校正	1.将灌注^{18}F的均匀水模摆放在PET横向视野中心 2.进入PET服务工具,选择归一化校正的特殊校正协议,执行完CT和PET扫描流程后正常重建图像,退出界面 3.使校正结果生效
SUV量化因子生成	1.将灌注^{18}F的均匀水模(记录活度信息)摆放在PET视野中心 2.进入检查界面,选择SUV量化的特殊协议,执行完CT和PET扫描流程后正常重建图像,退出界面 3.使用PET量化因子生成工具加载CT和PET图像,生成正确的SUV量化因子

2. 系统调试注意事项

（1）调试过程中扫描间除必要模体摆放调整操作外，禁止人员进入，确保扫描过程中屏蔽门关闭，没有人员进入。

（2）确保扫描孔径内没有其他异物，检查床行程范围内没有其他物品干涉。

（3）模体在灌注液体时需确保没有明显的气泡，避免影响校正结果；注射辐射源时需保证模体的密封性，防止辐射源泄漏。

三、回旋加速器 PETtrace 800 调试流程及注意事项

检查场地安全、警报装置和安全警示标志等，确认场地环境满足安全要求。通知现场受影响或可能受影响的人员，确保人员和环境安全。

确认场地满足开机通电调试条件，加速器相关的辅助和支持设备（冷水机、空气压缩机等）运转正常，根据参数要求调节压缩空气压力、气瓶气体减压阀压力，设置水冷温度等。检查和确认输入电源电压满足要求，配电柜空开符合要求。

必须由具有回旋加速器 PETtrace 800 培训资质的工程师严格按照设备安装手册的开机调试流程进行调试。

子系统开机顺序：水冷系统—控制系统—物理位置调整—诊断系统—束流引出系统及射频 Flap 调整—真空系统—磁体系统—氦气冷却系统—离子源系统—束流调整系统—功能测试—FDG 合成—化学合成系统。

第四节　设备验收前置条件

一、质子治疗系统验收前置条件

1. 验收设施前置条件

设施验收前，应当进行职业病危害控制效果评价，并向相应的卫生行政部门提交建设项目竣工卫生验收申请、建设项目卫生审查资料、职业病危害控制效果辐射防护评价报告、放射诊疗项目建设项目验收报告，申请进行卫生验收。对于质子治疗建设项目，还需提交卫生部门指定的放射卫生技术机构出具的职业病危害控制效果评价报告技术审查意见和设备性能检测报告。

2. 验收设备前置条件

确认现场环境满足设备运行要求和安全要求；器械已完全、正确安装，所有配置功能都正常，各系统相关参数均在标称范围内，相关辅助和支持设备运转正常且满足设备正常运行需求；验收相关人员均已到场。

3. 验收医院科室前置条件

医院科室验收前应当具有国家规定的相应专业技术人员，具有开展相应工作的配套设施和设备。

应当按照相应标准设置多重安全联锁系统、剂量监测系统、影像监控、对讲装置和固定式剂量监测报警装置；配备放疗剂量仪、剂量扫描装置和个人剂量报警仪。

产生放射性废气、废液、固体废物的，具有确保放射性废气、废液、固体废物达标排放的处理能力或者可行的处理方案；具有辐射事件应急处理预案。

装有放射性同位素和放射性废物的设备、容器，设有电离辐射标志；放射性同位素和放射性废物储存场所，设有电离辐射警告标志及必要的文字说明；放射诊疗工作场所的入口处，设有电离辐射警告标志；放射诊疗工作场所应当按照有关标准的要求分为控制区、监督区，在控制区进出口及其他适当位置，设有电离辐射警告标志和工作指示灯。

二、Total-Body PET/CT 验收前置条件

检查场地安全、警报装置和安全警示标志等，确认场地环境满足安全要求；确保热室防护、密闭和排风等功能完全正常；确认场地环境满足设备运行要求。通知现场受影响或可能受影响的人员，确保人员和环境安全。

确认所有配置功能都正常，各系统相关参数均在标称范围内，相关辅助和支持设备运转正常且满足回旋加速器运行需求。

Total-Body PET/CT 设备完成安装调试后，需执行相应的系统验收流程，确保系统性能及运行状态满足要求，保证图像质量，为诊断提供可靠参考。相关前置条件如下。

（1）确认场地满足设备运行要求，应遵守与系统安装相关的安全、电气、建筑和射线防护等国家或当地的法律规范。

（2）确保设备验收前已完成系统调试，保证设备在最佳工作状态运行。

（3）确保现场满足辐射源操作要求，PET 系统验收过程中需要客户提供放射性同位素（^{18}F 液体源）及合格的活度计，并配置相应防护设备来减少对操作人员的辐射剂量。

（4）确认验收模体及配套工具完备；若模体有破损、划痕，漏水，有污染物沉淀等，则需更换或清洗。

第五节　设备验收流程及注意事项

一、质子治疗系统验收流程及注意事项

(一)验收流程

1. 安全测试

(1)移动和门联锁。

所需设备:秒表、精密尺。

测试步骤:

①快速旋转治疗机架,并按下急停按钮。

②当按下急停按钮时,确定治疗机架旋转停止所需的度数,并记录结果。

③在缓慢移动治疗床时,启动挤压/碰撞传感器并记录治疗床移动的距离。

④在缓慢移动治疗床的同时,启动急停按钮并记录治疗床移动的距离。

⑤在缓慢移动治疗床的同时,放开手持件使能键,记录治疗床移动的距离。

⑥启动束流后,打开地下室门,束流应终止。

⑦启动束流后,打开治疗室门,束流应暂停。

⑧延伸成像面板,离开房间,并尝试启动束流。

⑨确认所有治疗床的挤压/碰撞传感器均正常工作。

(2)指示灯和患者音视频监测。

所需设备:无。

测试步骤:

①在束流开启的情况下,确保"束流开启"指示灯是亮的。

②在 X 射线开启的情况下,确保"X 射线使用中"指示灯是亮的。

③在等中心附近放置音乐源,并以类似患者谈话的音量播放音乐。

④在束流启动的情况下,确保患者能够清晰地听到音乐。

⑤在束流开启的情况下,确保视频显示器上没有过多的干扰。

2. 机械测试

(1)治疗床位移和旋转精度偏差。

所需设备:立方体模体、治疗床床面配重、数字水平仪、秒表、精密尺。

测试步骤：

①将治疗床等中心定位在表面、横向中线和从治疗床床面纵向大约 20 cm 处。

②治疗床围绕上一步骤中定位的点旋转。

③将治疗床旋转到 45°的最大位置。

④使用秒表记录在 45°～135°移动治疗床所用的时间，计算转速。

⑤使用立方体模体和影像系统测量治疗床等中心度。

⑥放置并固定配重于治疗床床面。

⑦将立方体模体放在治疗床床面。

⑧将立方体模体中心与 X 射线等中心（红色十字准线）对齐，使其在 PA（正位）和 LAT（左侧位）方向上的差异均在 0.02 cm 内。

⑨利用影像系统测量立方体模体中心相对于 X 射线等中心的位置。

⑩确定该基线位置后，将治疗床旋转到下一个测量位置（如 180°）。

⑪利用影像系统测量立方体模体中心相对于 X 射线等中心的位置。

⑫重复上述步骤，完成所有治疗床角度的测试。

⑬验证治疗床床面可在整个治疗区域内平移。

⑭验证治疗床床面可以从等中心垂直平移。

⑮验证每个轴上的最大旋转度。

（2）治疗头移动。

所需设备：秒表、精密钢尺、前指针。

测试步骤：

①将治疗机架旋转至 90°，完全缩回治疗头。

②把精密钢尺贴在治疗床末端的表面上。

③使用影像系统，将钢尺末端对准等中心以下 15 cm 处，使钢尺从等中心处延伸到治疗头下方。避免治疗床和治疗头之间发生碰撞。

④将前指针与治疗头连接，使该点与钢尺足够接近，以确保准确测量。

⑤从最大延伸部位开始，将治疗头移动到任意位置，并使用前指针和精密钢尺测量每个位置与等中心之间的距离。

⑥记录最大和最小治疗头延伸距离。

⑦记录任意位置的中间距离和最大偏差。

⑧将治疗头外延部分移动至最大位置。将治疗头朝等中心处缓慢移动，并使用秒表记录从 30 cm 处延伸至 20 cm 处所需的时间，计算速度。

⑨至少计算 3 次，并记录平均值。

（3）治疗机架机械旋转。

所需设备：数字水平仪、秒表、十字叉工具。

测试步骤：

①在快速模式下，记录治疗机架从 0°旋转到 180°的时间，得出治疗机架的旋转速度。

②为治疗机架设置 5 个角度，并用数字水平仪抵靠十字叉工具来独立测量角度，确定治疗机架旋转的角度精度。求出所有角度的最大角度偏差，从而确定精度。

3. 剂量测试

（1）射程精度和末端剂量跌落。

所需设备：水模体、布拉格峰电离室。

测试步骤：

①将治疗机架旋转角度设置为 0°。

②设置水模体，使等中心位于水中深度约 15 cm 的位置。

③设置一个束流，将单个笔形束流沿着中心轴传送到最大深度。

④输送束流，测量深度剂量曲线。

⑤分析该射程（预期射程$\geqslant$32.0 g/cm^2）的深度剂量曲线。

⑥分析远端降落的深度剂量曲线。

⑦输送第二深度射程的束流，测量深度剂量曲线。

⑧分析该射程的深度剂量曲线。

⑨设置一个束流，沿中心轴传送单个笔形束流，射程为 1.0 g/cm^2。

⑩输送束流，测量深度剂量曲线。

⑪分析该射程（预期射程$\leqslant$1.1 g/cm^2）的深度剂量曲线。

⑫分析远端降落的深度剂量曲线。

⑬设置一系列束流，将单个笔形束流沿着中心轴传送到以下近似射程：5.0 g/cm^2、10.0 g/cm^2、15.0 g/cm^2、20.0 g/cm^2、25.0 g/cm^2。

⑭将各束流单独传送，并测量深度剂量曲线。

⑮分析每个束流的深度剂量曲线，并验证所有实测射程与预期射程之间的差异。

（2）束斑大小和形状。

所需设备：辐射变色胶片或闪烁探测器，胶片分析软件或闪烁探测器分析软件，足够用作束流阻拦装置的材料。

测试步骤：

①将治疗机架旋转至 0°。

②设置垂直于中心笔形束流的照射探测器。放置探测器，使其与等中心重合。不使用增

强装置。

③将束流阻拦装置材料放置在等中心下游至少20 cm处。

④设置一束束流,沿中心轴向32.0 g/cm² 的深度照射一束未准直的笔形束流,该束流具有足够的监测单位(MU),以便在探测器上充分暴露。

⑤束流照射笔形束流后,用适当的分析软件分析暴露情况。

⑥测量束斑的基本 X 和 Y 西格玛。将束斑大小记录为 X 和 Y 西格玛的平均值。

⑦测量长轴西格玛(束斑最宽)和短轴西格玛(束斑最窄)。

(3)剂量率。

所需设备:二维矩阵探测器。

测试步骤:

①设置一束 SFUD 束流。

②将治疗机架旋转角度设置为90°。

③使用装有相应增强装置的二维矩阵探测器,通过该治疗野扩展的布拉格峰(SOBP)测量至少3个垂直于束流轴的平面。这些平面应在等中心处与束流轴相交,并且在 SOBP 的末端和近端内至少1 cm。

④检查每个横向平面,确认所提供的剂量为2 Gy,并且每个平面上的视野宽度至少为10 cm。

⑤验证传送到1 L体积的剂量率至少为2 Gy/min。

(4)最大照射野范围。

所需设备:固体水模体、二维矩阵探测器。

测试步骤:

①将二维矩阵探测器放置在装有束流阻拦装置的治疗床上,并相对于中心射线居中。抬高治疗床的高度,使二维矩阵探测器平面位于等中心处。

②加载预定义的治疗计划,该计划用于在等中心提供最大的均匀照射野范围。

③将照射野传送到二维矩阵探测器。

④记录二维矩阵探测器软件报告的照射野范围(交叉平面和平面内的平均值)。

4. 完成验收

完成应用培训、签收和设备移交。

(二)验收注意事项

确保工作人员和整个设施的安全,尤其是系统安全。不得在非安全条件下进行验收测试,包括但不限于客户设施的电气、机械、联锁和照射安全条件。应确保在进行验收测试之前所有安全措施已实施到位。为确保验收测试期间的安全性，应在所有其他测试进行之前对患者和工作人员安全设施（联锁）进行测试。

二、Total-Body PET/CT 验收流程及注意事项

在系统首次安装调试完成后，对设备需要按照规定要求进行性能测试和质控，以监控系统稳定性，保证图像质量，为诊断提供可靠参考。根据执行目的的不同，检测分为三种场景（表6-5-1）。

表 6-5-1　检测类型、应用场景和作用

检测类型	应用场景	作用	频次	结果记录
验收检测	设备验收	设备安装完毕，鉴定其影像质量、性能指标是否符合约定值（生成基线值）	机器现场安装调试完成后	记录验收结果
稳定性检测	客户自查	确定系统在给定条件下形成的影像相对初始状态的变化是否仍符合控制标准	每月一次	记录每次结果
状态检测	第三方检测机构	监管部门评价	通常一年一次	记录每次结果

1. 验收检测

CT 验收检测：按照《X 射线计算机断层摄影装置质量保证检测规范》（GB 17589—2011）的标准，主要检测项有 CT 值、均匀性、噪声、重建层厚偏差、CT 值线性、高对比度分辨力。设备厂家提供相应的 CT IQ 验收检测报告。

PET 验收检测：检测项包括无源质控、有源质控、PET/CT 融合精度、SUV 均匀性、SUV 准确性以及 NEMA 性能。设备厂家提供相应的验收检测报告。

Total-Body PET/CT 验收流程如图 6-5-1 所示。

2. 稳定性检测

用户在日常使用期间，需定期对设备进行性能测试，以便及时发现设备性能变化。当日常质控发现问题时，由厂家服务工程师重新进行相关校准，确保设备处于最佳运行状态。

设备厂家提供日常服务工具，包括图像质量检测、PET 无源质控和有源质控工具。

PET 无源质控工具：主要检查 PET 系统的温湿度、供电电压和本地计数率是否在正常范围内，以确认 PET 系统是否处在最佳状态，建议每天进行一次检测。

PET 有源质控工具：主要检查 PET 探测器状态（包括 LUT 位置、能量和时间指标的偏

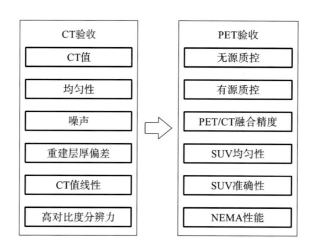

图 6-5-1　Total-Body PET/CT 验收流程

移),系统运行的温湿度和工作电压,以确保 PET 图像质量和性能状态正常,建议每周进行一次检测。

3. 状态检测

CT 状态检测:第三方检测机构验收时,基于系统模,使用系统提供的 IQ check 工具,按照工具提示要求正确摆放模体,自动完成图像质量检测,并生成报告。具体检测项如下:CT 值、噪声、均匀性、重建层厚偏差、CT 值线性、低对比度分辨力、空间分辨率等。

PET 状态检测:验收操作以第三方检测机构人员为主,按实际要求的内容进行验收,测试方法可参考 NEMA 2007 标准要求执行,设备厂家提供 NEMA 采集和分析软件工具,方便现场人员操作和生成报告。主要检测项如下:空间分辨率、灵敏度、散射分数、准确性、图像质量。

三、系统验收注意事项

(1)验收过程中扫描间除必要模体摆放调整操作外,禁止人员进入,确保扫描过程中屏蔽门关闭,没有人员进入。

(2)确保扫描孔径内没有其他异物,检查床行程范围内没有其他物品干扰。

(3)模体在灌注液体时需保证没有明显的气泡,避免影响测量结果;注射辐射源时需保证模体的密封性,防止辐射源泄漏。

四、回旋加速器 PETtrace 800 验收流程及注意事项

检查场地安全、警报装置和安全警示标志等,确认场地环境满足安全要求。确保热室防护、密闭和排风等功能完全正常;确认场地环境满足设备运行要求。通知现场受影响或可能受

影响的人员，确保人员和环境安全。

必须具有回旋加速器 PETtrace 800 培训资质的工程师，严格按照 PETtrace 800 性能验证程序进行验收测试，并成功达到产品各项配置的标称性能要求。

完成应用培训、签收和设备移交。

第七章

集成化质子治疗系统运行和维护管理

第一节　引　言

质子治疗系统质量保证体系的主要目标是经过周密计划而采取一系列必要的措施，保证集成化质子治疗系统在整个治疗过程中的各个环节尽可能按国际标准准确、安全地执行。

质量保证方案编制依据的是国际辐射单位和测量委员会（International Commission on Radiation Units and Measurements，ICRU）的建议，即用于患者的剂量应在规定剂量的±5％以内。考虑到辐射剂量到患者的靶区包含许多步骤，故每一步都必须达到优于5％的精确性，才能达到这一规范标准。

质子加速器质量保证（quality assurance，QA）的目的在于确保设备特性不会明显偏离验收和调试时所得的基准值。许多基准值被用于治疗计划系统，使治疗设备更具特性化和/或模式化，因而可以直接影响到使用该设备治疗的每个患者的治疗计划的设计。如偏离基准值就意味着患者没有获得最佳的治疗。很多原因可导致设备参数偏离基准值。设备故障、机械故障、物理事故或元件失效均可导致意想不到的设备性能的改变。替换主要组件也可能使原始参数发生变化，从而改变设备的性能。此外，机器元件的老化也可能使一些设备性能逐渐发生改变。因此，在制订一个定期的质量保证计划时，必须要考虑到这些可能导致原始参数发生变化的因素。

描述QA检测的实验技术不是质量保证方案的目的，目前的医疗保健环境对员工技能提出了更高的要求，检测应该简便、快捷、重复性好。质子加速器的QA程序是由团队共同完成的，这个团队通常由物理师、放射剂量师、临床医师和加速器工程师组成，各司其职，分工完成，并建议质子加速器QA流程由资深医学物理师（quality medical physicist，QMP）来全面负责完成。

最后，质量保证方案提出连接到加速器的成像设备和呼吸门控系统的建议标准，以连接呼吸系统信号的加速器运行系统作为呼吸门控。因为成像和门控的安全性、机械和运行属性特征都与加速器密切相关，因此建立成像和门控的标准是非常必要的。

第二节　集成化质子治疗系统整体质量保证体系

一、医用质子加速器质量保证功能需求分析

质量保证体系总结了目前所推荐的质子加速器质量保证监测项目，所列出的所有检测对于确保设备高质量且安全地完成质子放射治疗任务都是十分重要的。

二、剂量监测和校准

剂量监测及校准流程如表 7-2-1 所示。

表 7-2-1　剂量监测及校准流程

序号	监测项目	使用设备	测量方法
1	绝对校准	剂量仪主机＋电离室＋三维水箱/固体水模	按治疗设备验收条件设置三维水箱/固体水模，使用电离室和剂量仪测量射野中心轴内/外给定点在给定跳数的吸收剂量
2	重复性	同上	同 1，重复测量
3	线性	同上	同 1，并测量给定能量在不同深度处的吸收剂量和不同能量在固定深度处的吸收剂量
4	最终效果	同上	按治疗设备验收条件设置三维水箱/固体水模，实施给定临床治疗计划，测量给定点的吸收剂量

三、治疗束流稳定性检查

治疗束流稳定性检查流程如表 7-2-2 所示。

表 7-2-2　治疗束流稳定性检查流程

序号	监测项目	使用设备	测量方法
1	SOBP-PDD	多层电离室系统＋测量分析软件	将多层电离室系统按等中心位置摆放,使质子束沿射野中心轴垂直射入多层电离室系统,利用分析软件读取被测量质子束的 PDD
2	远距离和一致性	同上	同上
3	SOBP 深度	同上	同上
4	纵向半影宽度	同上	同上
5	SOBP 平坦	同上	同上
6	光斑指标	胶片＋支撑装置＋读片仪器或特制的专门测量射束光斑的探测器＋支架＋软件	利用支撑装置将胶片按给定条件摆放,再用射线束照射胶片,利用读片仪器和软件对光斑指标进行分析和检查或将光斑探测器置于支架上,按给定条件摆放,对质子束进行测量,利用分析软件对光斑指标进行分析和检查
7	水箱内 PDD	三维水箱＋电离室	按要求设置好三维水箱,在出束过程中控制电离室沿射野中心轴运动,利用测量软件读取水箱内质子束的 PDD 曲线

注:PDD,percentage depth dose,百分深度剂量;SOBP-PDD,spread-out Bragg peak-PDD,扩展布拉格峰的百分深度剂量。

四、射野一致性检查

射野一致性检查流程如表 7-2-3 所示。

表 7-2-3　射野一致性检查流程

序号	监测项目	使用设备	测量方法
1	截面	二维电离室矩阵＋模体＋支架＋软件或带电离室水箱＋支架＋软件	按给定条件设置二维电离室矩阵及模体,测量给定射野内任一截面的剂量分布或按给定条件设置三维水箱及电离室,测量给定射野内任一截面的剂量分布
2	全野	同上	按给定条件设置二维电离室矩阵＋模体或三维水箱＋电离室,测量给定射野全野剂量分布
3	深度	同上	按给定条件设置二维电离室矩阵＋模体或三维水箱＋电离室,测量给定射野在给定深度的剂量分布
4	对称性和平面性	同上	同 1 测量方法

五、相对输出因子监测

相对输出因子监测流程如表 7-2-4 所示。

表 7-2-4　相对输出因子监测流程

序号	监测项目	使用设备	测量方法
1	SOBP 因子	多层电离室系统＋支架＋测量分析软件 或三维水箱＋电离室＋测量分析软件	按给定条件设置多层电离室系统和支架，使射束垂直入射，利用测量分析软件可读取 SOBP 曲线 或按给定条件设置三维水箱和电离室，出束测量，利用测量分析软件分析 SOBP 曲线

六、等中心及治疗床监测

等中心及治疗床监测流程如表 7-2-5 所示。

表 7-2-5　等中心及治疗床监测流程

序号	监测项目	使用设备	测量方法
1	平移	专用治疗床验证模体	将模体按等中心摆放在治疗床上，依据给定步骤操作治疗床，检查治疗床位移
2	旋转	同上	同上
3	表凹陷	同上	同上
4	垂直行程	同上	同上
5	等中心点	同上	同上
6	星点拍摄分析	胶片＋分析软件	将胶片置于等中心处，旋转机架或准直器，按设置条件进行出束曝光，分析胶片曝光图像

七、质量保证方案说明

1. 监测频率

按美国医学物理师协会(American Association of Physicists in Medicine，AAPM)的报告，QA 检测分为日检、月检、年检。监测频率的基本原则是既要考虑均衡的经济成本又要力求精确无误。

日检(或在某些情况下是周检)是指监测记录那些影响患者放射剂量的参数变化,包括剂量测定(输出稳定性)或几何特征(激光灯,光学距离指示器,辐射野面积)。每日安全性监测还包括对患者的视频监控器以及门锁装置的检测。对电子射野影像装置(EPID)和千伏成像而言,要每天监测其操作状态、功能以及碰撞联锁。日检通常在每天早上由设备预热技师完成,该技师需经有资质的资深医学物理师(QMP)培训,熟知应依循的策略和程序,应具有对在检测过程中所发现的任何超出容差值范围情况的处理能力。

月检包括那些在一个月内发生变化的可能性较小的因素。同时,增加了每月对呼吸门控的检测以及更多 EPID 和千伏成像的定量检测。这些检测通常是由 QMP 参与完成的,并且一般由他们操作。

年检类似于设备验收测试和调试程序期间进行的一系列检测。在剂量测定系统年度审查时,为达到其稳定性,需要进行校准、验证和更新。

2. 验收测试程序标准

在设备验收的过程中,设备生产厂商为达到让客户满意的目的,展示了设备的性能和规格,这些应作为签订合同的条款之一。剂量测定和机械检试应该满足合同规定的规范值。验收测试和调试并设置基准值,其目的在于在以后设备工作运行中有利于剂量检测和保持射束的稳定性,并验证该设备的机械功能和绝对值在一定的容差值范围内。对于本方案而言,验收的各项基准值应达到设备报告书内规定标准。

经过验收合格的设备,其临床应用所需要的治疗射束特性是通过调试而确立的。通常一些射束特征可能在验收测试过程中获得。这些射束特征确立了基准值,检查该值的相对稳定性可为以后剂量质量可靠性检测提供依据。

3. 容差值参考指南

容差值是通过对单台设备参数进行二次方程式求和得出的,这些数值的设定是为了使整体剂量测定不确定性<5%和整体空间不确定性<5 mm。

容差值应被说明如下:如果在验收与调试期间测得的基线参数发生改变,其中任何一项超过规定数值时,都需采取必要的处理措施。因此,如果正在进行的 QA 测量值超出了容差值(允许偏差)范围,那么就应该对设备进行调试修正,将其测量值调整到符合规范的范围之内。容差值的范围决定行动(采取处理措施)的等级(由医学物理师和 QA 工作人员采取的逐级步骤)。但是,如果某些设备的基线参数屡次检测都难以满足容差值的要求,则应采取适当的操作措施加以校正。这些校正操作应该由医学物理师根据具体情况而定,设定采取恰当的操作级别(检测校正、择期校正或立即停止设备使用)。所有参与 QA 过程的人员都应熟知这些操作行动(措施)。

我们的目的不是对行动类型做出规范的建议,而是对 QA 过程中所需的行动类型提供指导。我们认为行动分为三种类型,按行动等级次序从低到高排列如下。

1级:检查行动(措施)。从多次反复的QA程序中可以得到正常操作条件下的预期测量值。突然出现明显偏离预期值,即使测量本身没超过容差值,也应该引起医学物理师的注意。正常质子加速器操作或测量之外的干扰因素也可导致一些测量值发生改变。例如,更换人员、设置更改或维护保养均可导致测量值变化。测量值变化也可能表明设备已经出现问题,尽管还没有超出容差值QA标准,但变化仍然存在。治疗可继续进行,但应进行常规QA以查明其原因。

2级:我们提出可能需要择期行动的两个例子加以说明。第一,QA程序的测试结果连续达到或接近容差值就应该在1～2个工作日检查问题或计划维修。第二,单次结果超过了容差值,但超出范围不大,也应该检查其原因或择期维修。在这种情况下,偏差可能略微超过容差值,但是几天内(少于1周)的临床影响可能不明显。治疗可继续进行,但是应该计划在1～2个工作日排除产生问题的原因。

3级:立即采取行动或停止治疗行为或校正。检测结果可能提示需要立即暂停与测得的剂量测定参数相关的治疗。例如,非功能性安全联锁故障或剂量学参数出现明显误差,就需要完全停止使用质子加速器。在问题被纠正以前,该项治疗工作必须停止。

就这三级行动而言,需要制定规范具体说明与2级和3级行动相关的指标,即偏离基准线的误差值和容差值。目前并没有资料具体说明1级参数的阈值;这些阈值来源于QA数据。1级参数的阈值并不是一个关键要求,但它可能会导致重大QA程序的改进。

4.不确定性、可重复性和精确度

测试过程应能够区分小于容差值的参数变化或行动等级。相关的测量有其不确定性,这取决于所使用的技术、测量设备、操作人员和测量记录。

测量不确定性(或精确性)是指测量结果相对于校定标准(基准值)的预期误差。

测量可重复性涉及设备测量的统计数据,即每次被测量数据结果没有发生变化,测量设置没有发生改变,重复测量的记录值存在一个约等于平均值的标准偏差。

测量精度与测量设备的显示器分辨率相关。

5.射线成像

无论是二维还是三维射线成像设备,都有自己的几何坐标系统。对以治疗射束中心作为成像中心的二维射野成像设备,以手动的操作方法或用软件处理所生成的图像均可能导致治疗坐标出现一些误差。通常情况下,成像坐系与照射坐标系是通过校准程序联系在一起的。因此,关键在于确保这两个坐标系的一致性以满足影像引导放疗程序的临床需要。QA条例中"成像和治疗坐标一致"就是该检测的目的所在,而且适用于各种成像体系。此外,任何利用室内成像系统对患者实施摆位和/或重新摆位,不论是二维还是三维,均需遵照厂家所提供的软件,对机载图像与参考图像进行比较并记录。这一过程的 QA 可通过已知转换的仿真体模研究来完成,建议每个临床系统都使用这种方法。该程序的精确性应每日检测。

千伏成像设备的临床应用在 AAPM TG-104 号报告中进行了系统的总结,但报告中没有对 QA 容差值提出具体的建议规范。报告提出了使用室内千伏成像系统的基本建议标准。千伏成像在放射肿瘤靶区定位的基本目的不同于诊断影像,放射肿瘤学更注重定位的准确性。然而定位准确性取决于肿瘤所在部位解剖结构的能见度。能见度高的解剖结构可获得清晰度高的图像,并且图像质量与成像剂量成正比。因此,仔细均衡调试图像质量和成像剂量,而不影响定位准确性是至关重要的。最近推出了多种千伏成像系统,所用的千伏成像系统包括二维射线成像、二维荧光检查成像、三维层析成像,以及与器官运动相关的四维成像系统。每个成像系统都应该由制造商和用户共同制定成像系统验收测试标准。这些标准所包含的指标应与其安全性、图像质量、成像剂量、定位准确性密切相关。验收检测时建立的基准值数据(包括检测的平均值和范围或测得数值的上、下限)可作为 QA 标准。

平面千伏成像系统最基本的 QA 主要是进行二维 X 射线成像,用放射成像(平面图像-平片)或连续荧光成像检测。放射二维成像在定位骨骼结构和体内/植入的高密度标记物方面功能强大,成像剂量微量,成像也很快。荧光成像在监控器官运动方面功效显著,但应注意成像剂量。验收测试的基准值数据建议用作图像质量的 QA 标准。使用者应保证获得不低于此标准数据的图像质量。

锥形束 CT 可以提供良好的软组织和体积信息,主要用于靶区定位。该报告的系列 CT(包括轴向和螺旋 CT),主要是指在轨 CT 系统。摆位和再次摆位的准确度应包括诊疗台从治疗位移动到成像摆位的情况。尽管图像重建的空间准确性是最重要的,图像的质量参数(如对比度、噪声、均匀性和空间分辨率)也应得到重视。此外,应该遵照制造商对于成像系统重新校准程序的建议,除非用户有充分的研究证据证明可以降低检验程序的频率。因为这类成像系统几乎每天都在使用,通常被用来传输有效的辐射剂量,因此建议至少每年对成像剂量和射束质量/能量进行一次检测。对千伏成像设备也是如此,验收检测时获得的基准数据(包括平均值、范围或测得数值的上、下限)用作其 QA 检测标准。应根据基准值来验收确立成像剂量和射束流能量变化的容差值,这样才能达到既保证不明显增加患者临床随机和确定性风险,又保持图像质量参数不变的目的。我们确信,成像剂量进行年度复查就足够了,因为其对总剂量影响最小,并且已经开展了许多参数的日检和月检,足以发现对剂量有潜在影响的变化。

6. 呼吸门控

尽管实施的方式有所不同,但是所有的呼吸技术基本上都要求辐射光束应与患者的呼吸周期保持同步。在呼吸门控的状态下加速器射束特性的确定是在调试这种模式的过程中完成的。建议使用模拟人体器官随呼吸运动的动态模体来检测靶区定位和呼吸门控治疗的准确性。月检与年检项目表中描述了相关呼吸门控加速器操作测试,包括测量射束能量稳定性,射束输出稳定性,相位/使用的振幅控制窗口的即时精度,代用品呼吸相位/振幅的校准和门机联锁测试。

第三节　质量保证方案团队职责

质量保证(QA)方案的表格所列项目内容基于当前质子加速器 QA 体系的基本要求,所建议的容差值应根据所用机器功能、预期用途的不同而异。

(1)报告建议成立一个由 QA 团队组成的部门,其作用在于支持所有 QA 活动并制定必要的政策和程序。这些政策和程序应该便于 QA 团队所有成员通过复印件或网络获得。政策和程序应确立 QA 相关人员的作用和职责。对于 QA 检测,应提供设备使用的详细说明,这些装置的十字校准,测量频率和编制结果文档。考虑到可能出现的设备故障,政策和程序也需提供一些可供选择替代的检测方法。

(2)实施这些建议的第一步就是确立该部门的具体标准,即基准值和用于所有 QA 检测的绝对参考值。QA 团队需要定期开会,根据设定的标准监控检测结果,便于确保机器性能,明确治疗计划的计算是否存在任何显著的剂量偏差。有许多商用 QA 设备可以用于日检、周检和月检。这些 QA 设备的制造商都会提供详细的操作流程来指导用户正确使用这些设备。建议在使用基于制造商所提供的参考指南的任何特定 QA 程序之前,应首先对这些设备的准确性和稳定性进行检测。也需要对这些设备的正确使用以及恰当的特定 QA 检测进行评估。

(3)资深医学物理师(QMP)可以领导 QA 团队。他/她的职责应该是给团队其他成员(如临床医师和放射剂量师)提供充分的培训,以便团队成员能够清楚地理解并遵循这些政策和程序。例如,QA 设备操作的培训可以包括适当的设备预热时间,如何解释检测所得到的数据,结果超出了容差值时应该如何处理等。建议 QMP 在容差超出标准的情况下提供适当干预等级标准和通告方法。

(4)在通常情况下,日检 QA 工作应由放疗技师使用多功能剂量校准工具来完成。对于这类工作,我们建议使用坚固、易于摆位的设备。例如,IBA 公司生产的商用 Sphinx 日检模体。这种设备的优点在于不必反复设置就能有效检测众多的射束参数,如绝对剂量、光斑位置、光斑大小等。由于日检 QA 测试设备使用频繁,应该仔细记录影响探测器反应效果的校正因子,包括排气室温度和压力校正因子、静电计校正因子、射线泄漏修正因子等。应记录所有的结果(永久电子版格式或硬拷贝格式均可),并应便于随时供检验使用。应该有清晰的指南供检验操作人员使用,说明如果检测结果超出了容差值范围应采取的适当处理措施。此外,QMP应每月至少审查和签署一次报告。

(5)每月QA任务应由QMP或QMP直接指导的人员负责执行。日检、月检和年检的一些检测项目会有所重叠,这种频率的重叠应有一定程度的独立性,这样月检才不会仅仅是单纯的日检。这可以通过有别于日检的独立测量设备来实现,独立于日检的全面月检是由QMP决定的。这应包括参与验证的设备通过冗余测量及确认对日常流程的记录检查。例如,如果利用多探测器阵列测量每日输出及每月剂量,则随后需要使用一个带有模体的电离室对年度基础上的阵列输出测量数据(包括参考过去的基准值)进行比较。这就增强了日检设备的可信度并将明确某些趋势,否则可能在很长一段时间内,如一年内都不能发现这些趋势。这样的比较可使资源有限的机构有效利用最少的设备。至于日常QA测试任务,应使用永久电子版格式,或硬拷贝格式来记录所有的结果,并应便于随时供检测目的使用。重要的是,医学物理师应十字校准用于等效或替代系统的所有设备。应该有清晰的指南供检验操作人员使用,以说明如果检测超出容差值范围应采取的适当行动措施。其指导原则通常包括二次重复检查和通知QMP。此外,QMP应该在接到通知后15天内完成复检,并签署报告。

(6)报告中一年一度的QA项目体现了最广泛的机器性能测试。这些检查有时被市或省监管机构采用,以确保质子加速器有足够的功能解决患者和环境安全关注的问题。由于这个原因,建议年检由一名QMP和QA团队其他成员共同完成。强烈建议,QA仪器和设备,如电离室和扫描水箱,应该在使用之前得到充分(全面彻底)检查。测量应按照AAPM TG-106报告,通过经调试的有质量保证的设备来进行。

(7)每当采用一个新的或修改的程序时,建议进行端口对端口的系统检测,以确保整体系统辐射传输的保真度。这一检测可以通过创建一组临床治疗计划来完成,这是该设备临床病案的典型特征,然后通过数据网络传输计划数据到治疗设备上得以实施。如果记录和验证系统是数据的渠道,那么它必须包含端口对端口的检测。每当软件变化导致治疗计划软件、记录和验证软件或辐射传输软件发生改变时,就必须进行端口对端口的检测。尤其对于治疗计划,需要进行点剂量的测量以确保剂量计算和治疗过程的稳定性。为了保证各种系统组件的寿命,这些端口对端口的检测应记录在案并永久保存。

(8)在年度QA复审期间,应按照TG-51标定的操作步骤使用电离室与中国国家计量院可追踪校正因子来校准机器的绝对剂量输出。一旦机器输出被校准,所有辅助性QA检测,包括日检和月检QA检测设备,都应对这些校准结果进行反复、十字交叉检查。虽然用户手册并没有对新设备提出独立、具体的验收检测建议(标准),但是我们提倡将用户手册所推荐的年度QA测试作为常规指南,针对供应商的设备进行验收和容差值复查。

在完成检测后,建议做一个年度QA总结报告。该报告应阐明关于建议容差值的重要意

义。该报告可以分为以下部分：剂量、机械、安全、成像、特殊设备与程序。QA 报告应由 QMP
审核，签名并存档，以备将来机器保养维修和检查之需。

第四节　单室质子治疗系统运行和维护

本节旨在描述建议的质量检查和校准，以支持实现 Mevion S250i 的最佳日常操作。

一、日常 QA 检查

进行日常 QA 检查是系统日常正常启动的一部分。

控制系统进行自动检查（包括真空检查、磁体电荷检查、X 射线归位和 FSS 归位）时，系统
会要求附加检查，以验证系统是否准备好输送治疗。这些检查可能包括以下内容：①安全联锁
激活；②音频和室内摄像机检查；③室内激光器对准；④输出恒定性、射野平坦度和射程；
⑤Verity患者摆位系统，包括成像系统、显示、立体定向摄像机；⑥治疗床，包括校准和等中心
设置。

1. 联锁检查

联锁检查会测试计时器和剂量单位差动闭锁，可使用等效测试。每次放疗前，通过测试电
荷注入，验证剂量平面的功能。在该测试中，从剂量测定模块引入少量电荷到剂量平面中，并
监测循环积分器信号，以验证测得的电荷是否位于目标值的公差范围内。如果电荷未位于公
差范围内，则阻止资料。以此验证剂量平面的性能及其终止放疗的能力。

监测计数检查：

(1)通过从 OIS 向治疗控制台发送测试患者资料，检查是否准备好输送治疗。

(2)编辑"MU2 剂量"字段，使其数值小于 10 MU。

(3)启动治疗射束。

(4)确认在剂量达到编辑的剂量设定值时，射束停止。

(5)重置剂量字段。

另外，还应对治疗室门、治疗头和红色安全按钮进行联锁检查。

2. 射束启动光线检查

启动质子束，并验证射束启动时的视觉指示。此外，启动各 X 射线源发射 X 射线，并验证
发生暴露事件时的听觉和视觉指示。

3.成像系统校准

成像系统检查和校准由迈胜工作人员按照维护计划进行,但使用者可随时决定成像系统是否需要进行检查或校准。

4.恒定性检查

恒定性检查是一项持续进行的检查,旨在对射束参数进行比较分析。日常检查可包括输出因数、射野平坦度和射程。其他定期检查应包括在能量选择板的每种可能临床配置下,射束射程的恒定性。通常的做法是每日在图表上记录和绘制这些参数。

5.Verity、治疗床和激光器检查

对 Verity 患者摆位系统、治疗床性能和激光器对准进行日常检查有助于确保未因前一天的使用或可能发生的事件而导致设备性能退化。通常,可将包含不透射线球体和激光标记的模体固定在治疗床上,并在预定的治疗床位置处成像。然后,在射线照相或 3D 成像仪模式下使用 Verity 患者摆位系统,校正位置,使之与等中心点相匹配。然后加载治疗射野,在此期间需要旋转治疗床。记录校正数据以及与激光器检查进行比较有助于确保所有系统每天保持一致。

二、定期维护

定期维护包括对治疗系统进行物理对准,以确保系统维持规定的公差。该步骤将在例行预防性维护期间进行,通常遵循 AAPM TG-142 综合对准报告中概述的程序。此外,用户还可以对系统对准进行常规 QA 测量,并将发现的不合格项报告给迈胜。年度例行维护(ARM)持续 3～4 天,在此期间执行所有需要停机的年度维护。详细计划表请参见表 7-4-1。

表 7-4-1 根据 SER14-1R9 制订的 Mevion S250i 维护计划

子系统	描述	WI	频率	目标持续时间	RTS	磁体状态
治疗床	治疗床旋转性能检查	34676	每月一次	02:00	35506	不适用
治疗床	治疗床面检查	25772	每月一次	00:15	不适用	不适用
治疗床	治疗床控制器通风孔清洁	25772	每年一次	00:30	35506	不适用
治疗床	治疗床立柱检查	25772	每年一次	01:30	35506	不适用
治疗床	治疗床机械臂上臂/前臂/腕部检查	25772	每年一次	04:30	35506	不适用
治疗床	治疗床手控盒检查	25772	每年一次	00:30	35506	不适用

续表

子系统	描述	WI	频率	目标持续时间	RTS	磁体状态
治疗床	治疗床限位开关（和夹紧传感器）检查	25772	每年一次	02:00	35506	不适用
治疗床	治疗床 A1 下降回路检查/测试	25772	每两年一次	00:30	35506	不适用
治疗床	Kuka 电池检查和更换	33005	每季度检查/每两年更换一次	24:00	35506	不适用
剂量测定	在 HMUC（♯31227）中更换电池（♯36567）	39672	每年一次	00:20	37691-HMUC 功能的一般检查	充电荷
剂量测定	检查 TIC 和 BEQ 湿度-交换干燥剂（根据需要），然后完成全部线性测量（仅限测量，不得更改任何值）。与工程部讨论故障	36792（仅测量）	每月一次	01:00	如果无变化，则不适用	充电荷
引出	ACP 性能检查和霍尔重置（根据需要）	37896	每月一次	08:00	37691-HMUC 一般检查	充电荷
磁体	ST 冷却头（3）(SumiTomo)	19169	基于性能 2	120:00	32912-预热 RTS	放电
磁体	CM 冷却头(CryoMech)	31492	基于性能 2	不适用	32912-预热 RTS	放电
磁体	检查冷却头电源线	25770	基于性能 2	00:30	不适用	不适用
磁体	测试磁体急停按钮	25770	基于性能 2	00:30	不适用	不适用
磁体	检查氦气输送管线	25770	每季度一次	01:00	不适用（检查）|19169/31492	不适用
磁体	CM 冷冻压缩机油吸附器	25770	每两年一次	00:30	37691-一般检查	放电
磁体	ST 冷冻压缩机油吸附器(3)	25770	每三年一次	01:30	37691-一般检查	放电
外部机架	润滑机架驱动小齿轮（球形）轴承	21525	每季度一次	03:00	37691-一般检查	不适用
外部机架	润滑机架主轴承（内辊）	21525	每季度一次	03:00	37691-一般检查	不适用
外部机架	润滑机架主轴承（外部从动齿轮）	21525	每半年一次	01:00	37691-一般检查	不适用
外部机架	机架齿轮箱油液分析（右侧和左侧）	26001	每两年一次	01:30	37691-一般检查	不适用

续表

子系统	描述	WI	频率	目标持续时间	RTS	磁体状态
患者摆位	清洁 TC 和 Verity 计算机	41659	每年一次	02:00	32916-一般检查	不适用
患者摆位	激光准直	41033	每月一次	02:00	不适用	不适用
患者摆位	X 射线发生器清洁和校准	25342	每半年一次	00:30	35506	不适用
患者摆位	PA 来源检查、清洁和润滑	25342	每半年一次	00:30	35506	不适用
患者摆位	X 射线面板和轨道检查、清洁以及面板人体工学力检查	25342	每半年一次	01:30	不适用	不适用
患者摆位	治疗室限位开关和联锁检查	25342	每半年一次	00:30	不适用	不适用
患者摆位	X 射线发生器检查和清洁	25342	每年一次	01:30	35506	不适用
患者摆位	X 射线发生器 CPU 板电池更换	25342	每五年一次	00:30	35506	不适用
治疗机架	检查/润滑 Theta 和伸展轴承/轨道，Theta 齿轮和制动链，伸展螺钉和小齿轮。检查伸展传动带	25858	每季度一次	05:00	不适用	不适用
治疗机架	检查 Theta 和伸展驱动电机/制动器/分解器和 Theta 二级制动器	25859	每季度一次	02:00	不适用	不适用
治疗机架	检查 Theta 和伸展次级分解器	25859	每半年一次	02:00	不适用	不适用
治疗机架	检查并润滑导轨罩	25883	每半年一次	04:00	不适用	不适用
真空	更换涡旋泵	26263	每年一次	01:00	37691-一般检查	放电
水冷却	水撬/冷冻压缩机读数，水平	25049,29365	每月一次	00:15	不适用	不适用
水冷却	水质测试	25049,21882	每月一次	00:30	不适用	不适用
水冷却	冲洗并更换水和过滤器	25049	每半年一次	08:00	37691-一般检查	放电
水冷却	循环热交换器和自来水旁路	25049	每半年一次	00:30	37691-一般检查	放电
水冷却	反向冲洗 Y 形过滤器	25049	每年一次	01:00	37691-一般检查	放电
S250i 系统	(每日自动)记录系统读数:机架角度、磁体电流、氦水平、压力、加热器功率、外部导线温度、线圈温度、冷冻真空、回旋加速器真空、前级真空、涡轮真空。(每月)验证读数是否完整	不适用	每月一次	不适用	不适用	不适用

续表

子系统	描述	WI	频率	目标 持续时间	RTS	磁体 状态
S250i 系统	束流检查	37895	每季度一次	不适用	37691—一般检查	充电荷
S250i 系统	硬件安全系统(用扫描等效物代替散射特定测试)	35886	每季度一次	不适用	37691—一般检查	不适用
S250i 系统	更换次级 UPS 电池	SURTA2200 RMXL2U1	每三年一次	00:30	37691—一般检查	放电
S250i 系统	确认服务屏幕上"射束形状"→"射程调节器"选项卡中的射程移位器罐 1 和罐 2 的位置未超过指示正确定位的线	不适用	每周一次	00:15	不适用	充电荷
S250i 系统	使用 Elmo 检查用于将射程移位器板保持在射束位置之外的电机电流。如果电流值大于 1.0 A,向工程部报告	不适用	每周一次	00:15	不适用	充电荷
离子源	检查氢气机箱中的氢气压力。在每日日志中记录当天的压力读数。如有必要,更换氢气瓶	22791	每月一次		请参见 37691 中的相关章节	不适用

三、计划外维护

计划外维护是指因为任何系统形式、装配或功能劣化而必须进行的工作,包括任何种类的小修和大修。

Mevion S250i 中包含的组件和连接件的复杂度、尺寸和数量非常大。虽然进行过广泛的设计建模和寿命测试,但无法保证这些组件在设备的正常使用期间不会发生故障。

(1)过度磨损。有些组件在治疗过程中会大量使用,如手控盒和治疗床,此类高使用率组件可能出现非预期故障或者因使用不当而发生故障。这些组件的维修工作应当尽快进行,以尽可能降低对操作的影响。

(2)负载过度。根据系统设计,在营业时间内进行操作,可能因患者负载或物理工作量增加导致的过度使用而使一些组件承受的压力超出其设计值。

(3)中子诱导故障。已知某些固态组件（如 Mevion S250i 内部及周围的组件）易受高能中子的影响。根据系统设计，可在中子背景条件下进行操作，在某些情况下，可采取组件合理定位和补充屏蔽措施，但无法保证完全不出现中子诱导故障。预计随着时间的推移，组件会因中子事件的影响而失效。

（4）供应组件的寿命。Mevion S250i 中某些组件被选定用于提供专门的功能特性，因此属于高度协调设备。预防性维护计划已考虑到制造商对这些组件的寿命估计，并留有一定余量。但此类估计的性质仍然表明，一些单独的部件可能会过早失效。与此有关的示例之一是冷却器的冷却头，对于该部件，计划每年进行一次维护。

（5）其他原因。为使系统安全运行，操作系统需要大量组件和连接件，据预计，一些组件可能会随时间的推移，由于与上述原因无关的其他原因而失效。

第五节 2 米 PET/CT 系统运行和维护

为了保证 PET/CT 系统能够长期稳定运行，延长设备寿命，降低故障风险，保持设备的图像质量能为临床诊断提供可靠的依据，定期进行运行检查和维护校准是必不可少的（图 7-5-1）。

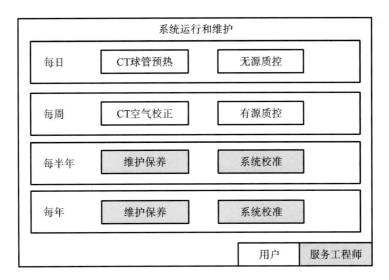

图 7-5-1 2 米 PET/CT 系统运行和维护界面

2 米 PET/CT 系统的运行检查包括了对 CT 和 PET 两个组成部分的检查。CT 日常运行检查一般包括 CT 球管预热、CT 空气校正等，根据系统状态和使用频次略有差别。PET 日常运行检查一般包括无源质控和有源质控，包含了对系统温湿度、计数率、探测器状态等系统状态的检查，检查周期根据具体检查项分为日检、周检等。

2 米 PET/CT 系统软件为用户提供了日检和周检的质控工具,用户可根据日常使用情况来自由选择检查项目,日检推荐完成 CT 球管预热和常见参数的空气校正,以及 PET 无源质控;周检推荐完成 CT 全部参数的空气校正和 PET 有源质控(图 7-5-2)。设备机房运行环境要求保持恒温恒湿,操作间温度保持在 18~26 ℃,扫描间温度保持在 20~24 ℃,相对湿度保持在 30%~70%。

图 7-5-2 2 米 PET/CT 系统质控工具操作界面

其中 PET 有源质控需要额外使用辐射源支持,有^{18}F-FDG 液体辐射源和^{68}Ge 固体辐射源两种可供用户选择(图 7-5-3)。

此外,2 米 PET/CT 系统厂家也提供了设备维护保养服务,按照维护周期一般分为半年和一年;维护项目主要包括常规检查、系统部件检查、系统清洁,以及系统校准,整个系统维护过程按照项目内容需要 2~3 天(表 7-5-1)。

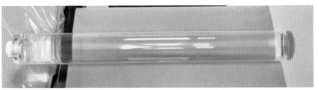

^{18}F–FDG质控模体

^{68}Ge质控模体

图 7-5-3　PET 有源质控常用辐射源

表 7-5-1　2 米 PET/CT 系统厂家维护计划

分类	维护项目	周期
常规检查	检查网电源电压、房间环境、安全标签、线缆	半年
CT 部件	维护球管和高压发生器	半年
机架部件	检查滑环碳刷、散热风扇、多楔带、线缆	半年
	检查导轨、接地线、地脚螺栓	一年
外壳	清洁外壳、通风网、防水圈	半年
检查床	维护卷帘、导轨、接地线	一年
冷却部件	检查冷水机管路，清洁防尘滤网、循环水	一年
控制台	清洁计算机滤网、外壳部件，检查线缆连接	半年
供电部件	检查 PSC 电源分配单元风扇和外壳、维护配电箱	半年
系统校准	CT 系统校准，PET 系统校准，检查工作流和配置	半年

第六节　回旋加速器系统运行和维护

一、回旋加速器 PETtrace 800 系统的运行

场地规划指南详细介绍了如何通过主系统来操作 PETtrace 800 系统（系统已由经授权的人员正确安装和启用），开始操作之前，确保已准备好所有必需的化学品及附件。

在启动回旋加速器 PETtrace 800 系统之前必须执行的日常例检内容如下。

(1)设备室和回旋加速器室不漏水。

(2)设备室和回旋加速器室中通风系统正常工作,相对湿度为 30%～60%,温度为 18～25 ℃。

(3)设备室中的柜 1 至柜 3 处以及次级冷却单元处有电,加速器控制单元(ACU)正常并在运行。

(4)用于靶气体和氦气的气阀是打开的。

(5)辐射屏蔽门(可选)是关闭的。

(6)回旋加速器室内无人。

(7)通向回旋加速器室的门是关闭的。

(8)设施安全系统允许存在射束。

设备标准生产程序包含以下步骤。

(1)选择生产方法。

(2)开始照射。

(3)通过选择"Delivery"(传输)或者"End production"(结束生产)来停止照射。

(4)化学处理。

(5)结束处理和生成报告。

如果使用气体靶,建议在生产之前对靶气体进行泄漏检查。

二、回旋加速器 PETtrace 800 系统的定期维护

(1)严格按照操作流程进行维护,关闭真空系统,至少等待 1 h,待真空系统的 BV 和 RP 显示红灯后,才能关闭水冷系统、空气压缩机以及其他系统的电源。

(2)关闭所有气瓶的总阀门,以免气瓶漏气。

(3)确认一级水冷和二级水冷的自来水补水阀门关闭(常闭),以免意外跑水。

设备停机期间的维护:

(1)要保证设备所处环境的温湿度符合要求,以便长假后重新启用时,设备可以尽快投入运转。

(2)做好安全防范,加强全面巡视,防止水、电跑冒滴漏等情况发生。做好相应防护,对扫描架、扫描床、PDU、操作台及相关附件进行遮盖。

(3)回旋加速器系统关机断电。

第八章

集成化质子治疗系统后续与展望

第一节　发展中的质子治疗技术

2021 年全球新发癌症病例超 2000 万例,其中中国新发癌症 482 万例,占全球的 24.1%,是美国新发癌症人数的两倍,而当前我国癌症治疗水平与美国等国家相比还有很大差距。随着世界各国癌症治疗技术的快速发展,质子、重离子治疗肿瘤技术以其更加精准的宽度方向控制,已成为新一代更加有效的肿瘤治疗技术。

目前质子放射治疗接近临床的前沿探索领域主要集中在 FLASH 疗法和迷你质子束放射治疗(pMBRT)两个方向,两者分别从时间与空间结构维度对质子束展开超越常规放射治疗设定的研究,主要目的皆为增强正常组织放射耐受性,降低正常组织并发症概率(NTCP),从而扩宽治疗窗口。两者间,FLASH 疗法更具备产品化潜力,因此也成为主流质子放射治疗系统厂商研发的主要方向之一。

相信在未来的临床试验中会有更多的经验数据支撑质子治疗技术快速发展,推动质子治疗技术成为适应证更多的高端放射治疗技术。

第二节　质子治疗技术应用意义

一、降低肿瘤发病率、死亡率

我国作为人口大国,在相对落后的诊疗技术和医疗条件下,也成了癌症大国。据全国肿瘤登记中心数据,我国癌症发病率约为 186/10 万,死亡率约为 106/10 万;而死亡率已高于全球平均水平(17%)。

增加民众对于癌症筛查的重视程度,使民众在自身经济能力允许范围内实现更加健康的生活方式,更需要积极发展质子治疗机构及配套的肿瘤筛查技术,以达到降低病患初次就诊时癌症的严重程度的目的,从而实现死亡率的降低。

二、发展高精端的肿瘤治疗技术

从各类典型癌症的五年生存率来看,我国癌症治疗水平明显低于美国等发达国家。以胰腺癌为例,2010—2014 年,胰腺癌患者五年生存率仅 9.9％,与之相比,同年度美国胰腺癌患者五年生存率达到 11.5％;儿童急性淋巴细胞白血病所有种类的对比更加明显,我国五年生存率为 57.7％,美国则达到 89.5％。一个重要方面就是质子治疗技术的落后,质子治疗相比于传统放射治疗,对正常组织的伤害更小,有着更好的疗效。这项技术的推广,必定能在一定程度上提高我国癌症患者的五年生存率。

三、应用与创新促进技术进步

技术只有在不断的应用与创新中才能实现进步。有了想法,必须要通过实践进行检验,在检验中发现问题,再进一步解决问题,才能形成技术发展的健康循环。在没有治疗设施、没有收治患者的条件下,无论如何都是无法实现新的想法的。我国要想实现在质子治疗领域的技术进步,一方面要向先进技术学习,另一方面要进行自主研发,而自主研发的基础仍然以先进技术为模型。

参考文献

[1] Frank S J, Zhu X R.质子治疗:适应证、技术与疗效[M].傅深,李左峰,周光明,译.北京:
    人民卫生出版社,2023.

[2] 赵振堂,张满洲,张天爵,等.质子治疗加速器原理与关键技术[M].上海:上海交通大学
    出版社,2021.

[3] 姚激,张建忠,乐云,等.质子治疗中心工程策划、设计与施工管理[M].上海:同济大学出
    版社,2019.

[4] 刘世耀.质子治疗设备的现状和发展[J].基础医学与临床,2005,25(2):123-127.

[5] 吴青彪,彭毅,王庆斌,等.恒健质子治疗装置的辐射与屏蔽设计[J].南方能源建设,
    2016,3(3):16-22.

[6] 宋钢.质子加速器治疗系统感生放射性辐射剂量研究[D].济南:山东大学,2013.